丽水市生物多样性本底调查

庆元卷

雷金松　主编

中国环境出版集团·北京

图书在版编目（CIP）数据

丽水市生物多样性本底调查. 庆元卷 / 雷金松主编
. -- 北京 : 中国环境出版集团, 2024.12
ISBN 978-7-5111-5817-8

Ⅰ. ①丽… Ⅱ. ①雷… Ⅲ. ①生物多样性－调查研究
－庆元县 Ⅳ. ①Q16

中国国家版本馆 CIP 数据核字(2024)第 043918 号

责任编辑 丁莞歆
封面设计 宋 瑞

出版发行 中国环境出版集团
（100062 北京市东城区广渠门内大街 16 号）
网 址：http://www.cesp.com.cn
电子邮箱：bjgl@cesp.com.cn
联系电话：010-67112765（编辑管理部）
010-67147349（第四分社）
发行热线：010-67125803，010-67113405（传真）
印 刷 玖龙（天津）印刷有限公司
经 销 各地新华书店
版 次 2024 年 12 月第 1 版
印 次 2024 年 12 月第 1 次印刷
开 本 880×1230 1/16
印 张 14.25
字 数 410 千字
定 价 115.00 元

序言

丽水是华东地区重要的生态屏障，拥有无与伦比的生态优势。为了保护好这一生态屏障，实现其生态功能稳定发挥，乃至进一步提升其生态功能，创造未来的生物产业，发挥其生态、经济和社会效益，就必须阐明其生态优势产生的根基是什么、构成生态功能的生物多样性的物种是哪些、是什么样的生态系统将这些物种组成和谐的生命共同体、如何才能保障其生态功能的可持续发挥等科学问题。丽水市生态环境局联合生态环境部南京环境科学研究所等 50 余家单位的科技工作者开展了这一系列的相关研究，取得了丰硕的科研成果，汇集了“丽水市生物多样性本底调查”系列图书。

丽水全域内海拔 1 000 m 以上的山峰有 3 573 座，森林覆盖率高达 81.7%，生态环境状况指数已连续 18 年位居全省第一，被称为“中国生态第一市”，也素有“江南秘境”“浙江绿谷”“天然氧吧”等美誉。良好的生态环境孕育了丰富的生物物种资源，丽水作为全国 32 个陆地生物多样性保护优先区之一，其物种多样性居全省之冠，是名副其实的生物宝库。

生物多样性是人类可持续发展的基础，是地球生命共同体的血脉和根基。生物多样性保护是一项浩大而复杂的生态工程，不仅需要多学科专家的合作，也需要政府与民间的共同努力，令人庆幸的是，当下人们越来越重视生物多样性保护。作为“绿水青山就是金山银山”理念的重要萌发地和先行实践地，丽水始终坚持“生态优先，绿色发展”这一核心战略，一以贯之地推进生物多样性保护工作，开展了一系列创新探索：高站位谋划，编制了《丽水市生物多样性保护与可持续利用发展规划（2020—2035 年）》；高标准保护，努力建设以百山祖国家公园为主体的自然保护地体系；全地域调查，高起点推进全域生物多样性调查工作，发现了百山祖角蟾、丽水丽丝盖伞等多种新物种，特别是曾被宣布灭绝的阳彩臂金龟又在丽水被发现有稳定种群，为丽水的生物多样性增添了浓墨重彩的一笔；数字化赋能、可持续利用、全社会参与……一系列行动彰显了丽水守护绿水青山的决心，也坚定着丽水未来携手共建万物和谐的美丽家园的方向。

“丽水市生物多样性本底调查”系列图书从多彩的生态系统、多样的物种和丰富的遗传资源等角度出发，以专业、故事、科普的多样化笔触系统展示了丽水生物多样性之丰、之美和之魅，让广大读者领略诗画浙江大花园最美核心区的无穷魅力。或是翱翔苍天，或是枕眠草木，万物一幕幕自由又安逸的剪影是对丽水生态最好的认可，也是丽水生物多样性的生动写照，彰显出丽水作为华东生物王国的独特魅力。当那些千姿百态的珍稀物种“组团”映入眼帘时，仿佛让人身临其境地融入奇妙多彩的丽水大自然。

多年从事生物学和林学研究的工作经历让我深刻体会到，生物圈中的每个生态系统都与周围的其他生态系统相关联。这种关联性表现在方方面面，比如长江和黄河作为河流生态系统，源自西部源头的森林生态系统、草原生态系统，河水奔流东去，滋润着沿途的农田生态系统，养育着亿万人口和其他生物，在沿途形成了湖泊生态系统、湿地生态系统，最终挟裹着陆地上的土壤和其他物质汇入海洋生态系统。丽水的生态保护和建设同样立足本地、关系到全国乃至全球的共同利益。

在 2021 年 10 月于昆明举办的《生物多样性公约》缔约方大会第十五次会议（COP15）第一阶段会议上，丽水在生态文明论坛上分享了生物多样性保护案例，得到了全世界的广泛关注和点赞。丽水的工作是令人瞩目的，也给我留下了非常深刻的印象。

如今，丽水继续秉承“绿水青山就是金山银山”的理念走向未来，不仅通过生物多样性保护实现生态屏障功能的可持续稳定发挥，而且在生态产业化和产业生态化思想的指引下，正在探索如何将保护生物资源的生产力转化为新兴产业，把生物多样性保护工作作为丽水建设共同富裕示范区的动力源泉。我们的心愿是，高水平打造“全国生物多样性保护引领区”，积极探索人与自然和谐共生之路，争当全球生物多样性保护与可持续利用的参与者、贡献者、引领者，为建设人与自然和谐共生的美丽家园做出更大贡献。

中国工程院院士

前言

生物多样性本底调查是开展生物多样性保护的重要基础性工作。为进一步摸清浙江省生物多样性本底情况，有针对性地开展生物多样性保护与监管，浙江省生态环境厅和浙江省林业局联合发布《关于开展重点区域生物多样性调查评估工作的通知》（浙环发〔2019〕25 号），其中，浙江省丽水市庆元县被列为重点调查区域。根据通知要求，丽水市生态环境局和丽水市生态环境局庆元分局联合生态环境部南京环境科学研究所开展了庆元县生物多样性本底调查，基本掌握了庆元县生物多样性本底现状，为全面提升庆元县生物多样性保护水平和管理决策能力提供了坚实的数据支撑。

2019—2020 年，庆元县全域开展了为期一年的调查。该调查按照 10 km×10 km 网格进行抽样，调查内容涵盖生态系统、高等植物、陆生脊椎动物（哺乳动物、鸟类、两栖爬行动物）、陆生昆虫、水生生物（淡水鱼类、大型底栖无脊椎动物）、大型真菌等类群。调查共记录到物种 5 095 种。其中，国家一级重点保护野生动植物 8 种，国家二级重点保护野生动植物 95 种。

高等植物调查共记录到 2 314 种，隶属 236 科 951 属。其中，陆生维管植物 194 科 883 属 2 180 种，苔藓植物 42 科 68 属 134 种。国家一级重点保护野生植物 3 种，国家二级重点保护野生植物 48 种。

陆生脊椎动物调查共记录到 281 种，隶属 26 目 81 科。其中，国家一级重点保护野生动物 4 种，国家二级重点保护野生动物 43 种。调查共记录到哺乳动物 7 目 15 科 24 种，其中国家一级重点保护野生动物 1 种，国家二级重点保护野生动物 3 种；鸟类共 16 目 49 科 191 种，其中国家一级重点保护野生动物 3 种，国家二级重点保护野生动物 37 种；爬行动物共 1 目 8 科 35 种；两栖动物共 2 目 9 科 31 种，其中国家二级重点保护野生动物 3 种。

陆生昆虫调查共记录到 20 目 222 科 2 200 种。其中，国家一级重点保护野生动物 1 种，国家二级重点保护野生动物 4 种。

水生生物调查共记录到淡水鱼类 5 目 11 科 53 种；大型底栖无脊椎动物 98 种，隶属 4 门 5 纲 28 科 79 属。

大型真菌调查共记录到 16 目 45 科 149 种。

编　者

2024 年 1 月

目录

第1章

总　论

1.1　区域概况

1.1.1　行政区划

庆元县位于浙江省西南部，地处北纬 27°25′～27°51′、东经 118°50′～119°30′之间。东、南、西三面与福建省寿宁、政和、松溪三县交界，北与浙江省龙泉市、景宁畲族自治县接壤。南北长 49 km，东西宽 67 km，总面积为 1 898 km^2。县政府驻地松源街道，距丽水市 210 km，距杭州市 532 km。2020 年，全县辖濛洲、松源、屏都 3 个街道，竹口、荷地、黄田、左溪、贤良、百山祖 6 个镇，安南、隆宫、五大堡、岭头、淤上、张村、江根、官塘、龙溪、举水 10 个乡，共 19 个乡级政区。2020 年年末，全县户籍人口 20.29 万人，较上年年末减少 1 047 人。其中，男性人口 10.48 万人，女性人口 9.81 万人，分别占总人口的 51.66%和 48.34%，性别比（以女性为 100）为 100∶107；全年出生人口 1 558 人，出生率为 7.66‰；死亡人口 1 260 人，死亡率为 6.19‰；人口自然增长率为 1.46‰。

1.1.2　经济及社会发展状况

1．经济发展

2020 年，庆元县地区生产总值为 78.93 亿元，较 2019 年增长 2.07%；固定资产投资增长 5%；财政总收入为 8.15 亿元，其中一般公共预算收入为 5.25 亿元；城镇、农村居民人均可支配收入分别为 42 642 元和 20 364 元，增长 5.3%和 8.0%。

2．社会发展

2020 年，庆元县率先实现公共资源交易“最多跑一次”，一般企业投资项目审批“最多 80 天”，企业开办实现“零成本”“一日办结”，营商环境评价考核全市第二。拓宽“绿水青山”向“金山银山”转化的通道，开展生态价值转换贷款的授信额度为 1 830 万元。推进国企改革，完成融资 6 亿元。开展“善庆年”活动，嘉善—庆元—九寨沟飞地产业园开园。出台人才科技新政，与西湖大学、浙江中医药大学、浙江省发展规划研究院、上海农业科学院食用菌研究所等建立了战略合作关系，携手龙泉市推进跨山统筹发展。出台招商引资项目引荐奖励办法，成立长三角、珠三角驻点招商部，签约项目 59 个，签约总额为 75.37 亿元，落地开工项目 46 个。

在国家重点生态功能区评价考核中，庆元县两年蝉联浙江省第一，实现全省生态保护指数“四连冠”、生态环境状况指数“五连冠”；荣登“中国县域全生态百优榜”，入选浙江省大花园示范县，“五水共治”群众幸福感指数全市第一。连续 20 年出境水质达到功能区标准，2020 年 $PM_{2.5}$ 年均值下降至 19 μg/m^3，空气优良率达 100%。百山祖国家公园通过国家公园体制试点评估验收，在全市率先完成地役权改革、生态搬迁等硬核任务，上榜“2020 中国改革年度十佳案例”，发现全球两栖动物新物种——百山祖角蟾（*Megophrys kuatunensis*）。

1.2 自然资源与地理环境

1.2.1 地质地貌

1. 地质

庆元县属新华夏构造体系，处在东南沿海丘陵地带的复式隆起带内，以新华夏构造体系最为发育，由一系列强大的冲断裂、挤压带组成，以庆元和张村两个断裂带为代表，总体走向为北东 15°～30°。境内岩石以火山喷出岩为主，为老竹-庆元火山活动带晚侏罗纪火山活动的形成岩石，约占全县面积的 75.0%，主要为流纹质、英安质和晶玻屑凝火岩或熔结凝灰岩。受风化侵蚀作用为主的外动力地质作用，该区域形成了特有的工程地质岩组和裂隙系统，对地质灾害的产生有着深刻的影响。复杂的地质环境条件及不断增强的人类工程活动决定了庆元县的地质灾害发生较为频繁。

2. 地貌

庆元县的地形属浙西南中山区，有溪谷、盆地、丘陵、低山、中山等多种地貌，地势由东北向西南倾斜。东北部为洞宫山脉所踞，多崇山峻岭、深谷陡坡，海拔 1 500 m 以上的山峰有 23 座，主峰百山祖的海拔为 1 856.7 m，为浙江省第二高峰，百山祖北麓斋郎村的海拔为 1 210 m，是全县最高居民点，山间盆（谷）地相对高度海拔为 600～800 m；西南部和中部是仙霞岭—枫岭余脉，地势较东北部平缓，谷地较宽，山间盆（谷）地相对高度海拔为 330～600 m，新窑村海拔为 240 m，是全县最低点。

1.2.2 气候特征

庆元县的气候属亚热带季风区，温暖湿润、四季分明，年平均气温 17.4℃，降水量 1 760 mm，无霜期 245 天。总体特点是冬无严寒、夏无酷暑，就局部而言，东北部气温较西南部和中部低，无霜期短，昼夜温差大。这一气候最适宜香菇等菌类生长。

境内群峰巍峨，山谷幽深，盆地平坦，特殊的地理环境形成了立体形的山区气候，不同高度的季节差异很大。春季冷暖气流交汇频繁，气温逐渐回升，雨量开始增多，气温变幅大，偶有春寒或倒春寒出现。夏季分二期：5 月下旬至 7 月上旬为初夏梅雨期，雨量集中，多大雨、暴雨，时有洪涝发生，温度、湿度同步增长；7 月中旬至 8 月上旬为盛夏伏旱期，多晴热天气，局部有雷阵雨，气温高、日照长、蒸发大，即使是三伏时节，1 000 m 以上的山区仍是清凉世界。秋季气温缓慢波动下降，昼夜温差大，是降水最少的季节。冬季气温急剧下降，多晴冷天气。

松源镇等低地区最热月（7 月）的平均气温为 26.9℃，最冷月（1 月）的平均气温为 7℃。夏季极端最高气温为 41.1℃，极端最低气温为 10.7℃。冬季日均气温低于 0℃的天数不多，最少的年份（1990 年）仅有 6 天。气温变化较大，冷害概率较大，春寒概率为 50%，秋寒概率为 40%，荷地、百山祖等高山地区春秋季遇冷概率比低海拔地区高。属立体气候，高低差异明显。根据测定，海拔每升高 100 m 温度降低 0.53℃，降水量增长 42.3 mm，无霜期缩短 7 天。雨量充沛，分布欠均。据测定，年平均降水量为 1 740～2 350 mm，高低相差 610 mm。中部地区的南、北两侧中山区雨量较多，东部次之，西部最少。5 月、6 月为多雨期，全年一般 6 月最多，12 月最少，多与少相差 7～10 倍。

1.2.3 水文与水资源

庆元县境内有大小溪流 926 条，较大的有松源溪（总长 59 km，支流 202 条）、安溪（总长 16 km，支流 87 条）、竹口溪（总长 29 km，支流 87 条）、南阳溪（总长 44 km，支流 115 条）、左溪（总长 26 km，支流 142 条）、西溪（总长 26 km，支流 51 条）、八炉溪（总长 25 km，支流 55 条）。分布在东部地区的南阳溪、左溪向东流入瓯江，分布在西部地区的松源溪、安溪、竹口溪向西南流入闽江，分布在东南部的西溪、八炉溪向东南注入交溪（福安江），有“水流两省达三江”之说。

县内较大的人工湖泊（水库）有兰溪桥水库（水域面积 70 hm^2）、马蹄岙水库（水域面积 25 hm^2）、大岩坑水库（水域面积 41 hm^2）、左溪水库（水域面积 83 hm^2）。

1.2.4 土壤与矿产资源

1. 土壤

由于生物、气候、成土母质及地形等因素，庆元县的土壤类型可分为 4 个土类、9 个亚类、30 个土属、72 个土种。其分布规律一般是海拔 800 m 以上的山地为黄壤；800 m 以下的山地为红壤，局部有黄红壤；中、西部低山台地的山垄、山坡及洪积地等开阔平缓地区多为水稻土。

2．矿产资源

庆元县境内的矿种有23种，其中金属矿有金、银、铜、铁、铅、锌、钨、钼、锡、铀、稀土11种，非金属矿有煤、磷、高岭土、叶蜡石、钾长石、石英、白云母、水晶、大理岩、花岗岩、砖瓦用全风化泥岩、黄砂12种。已开发利用的矿种有11种，其中金属矿2种、非金属矿9种；正在开采的矿种有5种，均为非金属矿产。全县矿产地质勘查程度总体较低，已查明资源储量的小型矿床有6个，分别是老鹰岩铅锌矿、官坳铅锌矿、桉树坳铅锌矿、隆宫乡生水塘钾长石矿、山丘大理岩矿、荷地稀土矿。

第 2 章

调查技术方法

2.1　调查区域

根据浙江省生态环境厅和浙江省林业局联合发布的《关于开展重点区域生物多样性调查评估工作的通知》(浙环发〔2019〕25 号)，庆元县被列为重点调查区域。本项目调查范围为庆元县全域，重点调查县域范围内的自然保护区、森林公园、饮用水水源保护区、生态公益林等重要生态功能区。

调查前，根据《关于发布县域生物多样性调查与评估技术规定的公告》(环境保护部公告 2017 年第 84 号)的要求，采用 10 km×10 km 的网格作为基本调查单元，制作庆元县 10 km×10 km 网格并进行编号，每个网格代表一个调查单元，共划分了 39 个调查单元。在县域范围内，若该调查单元面积≥25 km^2(网格面积的 25%)，则视为有效调查单元，必须纳入本次生物多样性调查工作范围；反之，则为非有效调查单元。经统计，庆元县共有有效调查单元 19 个。

2.2　调查时间

2019 年 11 月，丽水市生态环境局委托生态环境部南京环境科学研究所在庆元县开展为期一年的生物多样性本底调查。调查团队于 2019 年 12 月下旬启动了庆元县鸟类冬季调查，随后陆续开展了高等植物、两栖爬行动物、哺乳动物、水生生物、大型真菌等类群的调查，各生物类群分别至少开展了 3 次野外调查，并结合遥感和地理信息技术对庆元县的土地利用、植被类型、基础设施等生态系统格局及其变化进行了详细描述。截至 2020 年 12 月，完成了庆元县生物多样性本底调查。

2.3 调查方法

庆元县生物多样性本底调查的对象涉及县域范围内的生态系统和物种多样性的调查，包括高等植物、陆生脊椎动物、陆生昆虫、水生生物、大型真菌等类群。

2.3.1 生态系统调查方法

1. 调查与评价内容

本项目主要基于卫星遥感影像解译、地面核查及查阅历史资料等技术手段，调查庆元县生态系统的主要类型、面积、组成和分布特征等信息。生态系统调查与评价内容包括以下 3 个方面。

（1）生态系统类型分布与构成的现状评价

以 2019 年的数据为基础，分别从生态系统一级分类和三级分类分析与评估区域生态系统类型和空间分布特征，以及各类型生态系统构成和面积比例，具体内容如下：

①分析区域内不同生态系统类型的空间分布；

②分析与评价不同生态系统类型的构成与面积比例。

（2）生态系统分布与构成的变化评价

以 2010 年和 2019 年的数据为基础，分别从生态系统一级分类和三级分类分析与评价生态系统类型与分布的变化过程与趋势，具体内容如下：

①分析与评价近 10 年各类型生态系统空间分布的变化特征；

②分析与评价近 10 年各类型生态系统的构成与面积比例的变化特征。

（3）生态系统景观格局特征分析与评价

分别以生态系统一级分类和三级分类数据为基础，分析与评价该区域 2010 年和 2019 年两个时期的生态系统景观格局特征，重点评价生态系统的连通性、破碎化程度及其变化趋势。

2. 调查与评价指标

根据调查与评价内容，构建县域生态系统格局调查与评价指标体系（表 2-1）。

表 2-1 县域生态系统格局调查与评价指标体系

调查内容	调查与评价指标	数据需求
生态系统类型与结构	基于一级分类的各类生态系统类型结构比例	各类生态系统面积
		各类生态系统分布
	基于三级分类的各类生态系统类型结构比例	各子类型生态系统面积
		各子类型生态系统分布
生态系统结构变化	生态系统类型面积变化率	2010—2019 年各时段一级和三级各类生态系统面积

调查内容	调查与评价指标	数据需求
生态系统景观格局特征及其变化	斑块数（NP）/个	2010—2019 年各时段一级和三级各类生态系统分布
	平均斑块面积（MPS）/hm^2	2010—2019 年各时段一级和三级各类生态系统分布
	边界密度（ED）/（m/hm^2）	2010—2019 年各时段一级和三级各类生态系统分布
	最邻近距离（ENN）/m	2010—2019 年各时段一级和三级各类生态系统分布
	聚集度指数（CONTAG）/%	2010—2019 年各时段一级和三级各类生态系统分布

3．调查与分析方法

（1）数据源与数据处理

遥感数据源：包括分辨率为 30 m 的环境卫星 CCD（显微摄影装置）影像或 Landsat TM/ETM 影像，以及高分辨率的商业遥感数据（以下简称高分遥感影像，10 m 以下）。区域尺度调查和评估使用环境卫星 CCD 影像或 Landsat TM/ETM 影像，重要物种栖息地调查与评估可采用高分遥感影像，数据需求见表 2-2。

表 2-2　庆元县生态系统调查与评价遥感数据需求

卫星种类	分辨率	时相
环境卫星 CCD 影像	30 m	2010 年、2019 年
Landsat TM/ETM 影像	30 m	2010 年、2019 年
高分遥感影像	10 m 以内	2019 年

“3S”技术处理：运用 Erdas9.3 软件选取 60 个易于识别的同名地物点与实地调研的地面控制点对影像进行几何精纠正，均方根误差（RMSE）控制在 0.5 个像元之内。对纠正后的影像进行镶嵌处理，建立 2 个时期的区域遥感影像数据库。依据遥感图像中地物及其周边环境的颜色、纹理、形状、结构等特征，结合已有研究成果及野外调查数据，建立研究区遥感解译标志。以实地考察区域特点的结果为基础，结合专家经验，采用先目视解译、后非监督分类的方法将区域的生态系统类型进行解译。2010 年和 2019 年两期生态系统空间分布数据集的精度要求至少达到III级分类水平。

（2）分析和评价方法

本研究的各项任务主要以构建评估指标体系进行分析和评估。各项任务的分析和评价方法如下：

①基于一级分类的各类生态系统结构比例

该比例指土地覆被分类系统中基于一级分类的各类生态系统的面积比例。计算方法为

$$P_{ij} = \frac{S_{ij}}{\mathrm{TS}} \tag{2-1}$$

式中，P_{ij}——土地覆被分类系统中基于一级分类的第 i 类生态系统在第 j 年的面积比例；

S_{ij}——土地覆被分类系统中基于一级分类的第 i 类生态系统在第 j 年的面积，km^2；

TS——评价区域总面积，km^2。

②基于三级分类的各类生态系统类型结构比例

该比例指土地覆被分类系统中基于三级分类的各类生态系统的面积比例。计算方法为

$$P'_{ij} = \frac{S'_{ij}}{\mathrm{TS}} \tag{2-2}$$

式中，P'_{ij}——土地覆被分类系统中基于三级分类的第 i 类生态系统在第 j 年的面积比例；

S'_{ij}——土地覆被分类系统中基于三级分类的第 i 类生态系统在第 j 年的面积，km^2；

TS——评价区域总面积，km^2。

③生态系统类型面积变化

该变化指研究区一定时间范围内某种生态系统类型的数量变化情况。计算方法为

$$E_v = \mathrm{EU}_b - \mathrm{EU}_a \tag{2-3}$$

式中，E_v——研究时段内某一生态系统类型的变化；

EU_a、EU_b—研究期初（EU_a）及研究期末（EU_b）某一种生态系统类型的面积，km^2。

④斑块数

斑块数（NP）指评价范围内斑块的数量，可应用 GIS 技术及景观结构分析软件 FRAGSTATS 4.1 进行计算。其生态学意义是，斑块个数可以反映景观的空间格局，经常被用来描述整个景观的异质性，一般规律是斑块个数越多，破碎度越高；斑块个数越少，破碎度越低。

⑤平均斑块面积

平均斑块面积（MPS）指评价范围内的平均斑块面积，可应用 GIS 技术及景观结构分析软件 FRAGSTATS 4.1 进行分析。计算方法如下：

$$\mathrm{MPS} = \mathrm{CA} / \mathrm{NP} \tag{2-4}$$

式中，MPS——平均斑块面积，hm^2；

CA——景物或某一斑块类型总面积，hm^2；

NP——斑块数量，个。

其生态学意义是，MPS 代表一种平均状况，在景观结构分析中反映两方面的意义：一是景观中 MPS 值的分布区间对图像或地图的范围及景观中最小斑块粒径的选取有制约作用；二是 MPS 可以指征景观的破碎程度。

⑥边界密度

边界密度（ED）可以从边形特征描述景观的破碎化程度。计算方法为

$$\mathrm{ED}_i = \frac{1}{A_i}\sum_{j=1}^{m} P_{ij} \tag{2-5}$$

$$\mathrm{ED} = \frac{1}{A}\sum_{i=1}^{m}\sum_{j=1}^{m} P_{ij} \tag{2-6}$$

式中，ED——景观边界密度，m/hm^2；

A_i——景观中第 i 类景观要素斑块面积，hm^2；

P_{ij}——景观中第 i 类景观要素斑块与相邻第 j 类景观要素斑块间的边界长度，m。

其生态学意义是，ED 可以从斑块的边界周长方面反映景观类型的破碎程度。ED 值越大，景观类型被边界割裂的程度越高；反之，景观类型保存完好、连通性高。该指标在一定程度上反映了景观类型的破碎化程度，与生态扩散过程相关，也影响干扰的扩散。

⑦最邻近距离

最邻近距离（ENN）指某景观类型斑块之间的平均最近距离。计算方法为

$$\mathrm{ENN} = \frac{\sum_{i=1}^{m}\sum_{j=1}^{n} h_{ij}}{N} \tag{2-7}$$

式中，ENN——最邻近距离，m；

i——斑块类型，$i = 1$，…，m；

j——斑块数目，$j = 1$，…，n；

h_{ij}——斑块 ij 与其最近邻体的距离，m；

N——景观中斑块总数，个。

其生态学意义是，一般来说 ENN 值大，反映出同类型斑块间的相隔距离远，分布较离散；反之，说明同类型斑块间的相隔距离近，呈团聚分布。另外，斑块间距离的远近对干扰有很大影响，如距离近，相互间容易发生干扰；距离远，相互干扰就少。

⑧聚集度指数

聚集度指数（CONTAG）反映景观中不同斑块类型的非随机性或聚集程度。计算方法为

$$\mathrm{CONTAG} = \left[1 + \left(\sum_{i=1}^{m}\sum_{k=1}^{m}\left[P_i\left(\frac{g_{ik}}{\sum_{k=1}^{m} g_{ik}}\right)\right]\left[\ln(P_i)\left(\frac{g_{ik}}{\sum_{k=1}^{m} g_{ik}}\right)\right] / 2\ln(m)\right)\right](100) \tag{2-8}$$

式中，CONTAG——聚集度指数；

P_i——i 类型斑块所占面积百分比，%；

g_{ik}——i 类型斑块和 k 类型斑块毗邻的数目，个；

m——景观中的斑块类型总数目，个。

其生态学意义是，理论上，CONTAG 值较小时表明景观中存在许多小斑块，趋于 100 时表明景观中有连接度极高的优势斑块类型存在。CONTAG 指标描述的是景观里不同斑块类型的团聚程度或延展趋势。该指标因含有空间信息而成为描述景观格局最重要的指数之一。一般来说，高蔓延度值表明景观中的某种优势斑块类型形成了良好的连接性；反之，则表明景观是具有多种要素的密集格局，景观的破碎化程度较高。

2.3.2 高等植物调查方法

高等植物调查主要依据庆元县的自然生态系统类型，通过野外实地调查和历史资料收集整理，全面了解庆元县高等植物的种类组成、种群分布等。调查对象包括苔藓植物、蕨类植物、裸子植物和被子植物。对于国家、浙江省重点保护野生植物或特有物种的分布区域，适当增加调查强度。在县域高等植物物种多样性现状的基础上，评估了物种丰富度、特有种及珍稀濒危状况。

1. 调查方法

样线法：高等植物调查主要采用样线法。苔藓植物样线调查需在特殊分布生境及分布较丰富的区域布设调查样线，采集不同生境、不同海拔的苔藓植物，并进行标号和记录，然后对标本进行鉴定与分类，拍摄生态照及其电子显微照。陆生维管植物样线调查需在植物分布丰富的典型生境布设调查线路，通过徒步行走开展调查，随时记录沿途观察到的植物种类、分布、生境等信息，拍摄植物及其生境照片，并记录调查线路轨迹，当调查线路不能连续行走时可采取分段的方式。森林类型的调查线路每条长度不低于 3 km，灌丛类型的调查线路每条长度不低于 2 km，草地、湿地、经济林类型的调查线路每条长度不低于 1 km。

样方法：重点物种和植被类型调查采用样方法。苔藓植物样方大小为 10 cm×10 cm，观察记录物种相对盖度、优势种等，需对树附生、岩面生、土生群落进行调查。陆生维管植物样方调查时，森林群落样方大小为 10 m×10 m，灌丛群落样方大小为 5 m×5 m，草本群落样方大小为 2 m×2 m，观察记录重点物种所在生境、植物群落等信息及样方内目标物种的种群状况。

2. 鉴定方法

苔藓植物：采回的标本放置于实验室阴凉处，部分孢子体未成熟的植物体放置于低温培养箱培养至成熟后鉴定。利用显微镜和解剖镜等工具观察配子体（有无假根、茎的分支形态、叶的着生位置及形态、叶细胞大小、有疣和无疣、中肋有无和长短、植物体有无芽孢等）和孢子体（孢子形态、孢蒴形状、蒴齿变化等）的形态特征并进行鉴定，分别拍摄植物生态照及显微照。

蕨类植物：野外肉眼直接观察或利用手持放大镜观察，记录蕨类植物根状茎、叶片，尤其是孢子囊群、孢子囊穗的形态特征，并记录蕨类植物种类。分别拍摄植物生长环境、植物个体全貌特征、植物根状茎、茎、叶，孢子囊群、孢子囊穗的特征照片。适当采集具有孢子囊群、孢子囊穗的蕨类植物标本，那些在野外调查过程中难以确定种类的必须采集植物标本，以便在室内作进一步的物种鉴定。

裸子植物：野外肉眼直接观察或利用手持放大镜观察，记录裸子植物茎、叶、大小孢子叶球或雌雄球花，尤其是球果的形态特征，并记录裸子植物种类。分别拍摄植物生长环境、植物个体全貌特征，植物茎、叶、雌雄球花、球果的特征照片。适当采集具有枝叶、雌雄球花、球果的植物标本，那些在野外调查过程中难以确定种类的必须采集植物标本，以便在室内作进一步的物种鉴定。

被子植物：野外肉眼直接观察或利用手持放大镜观察，记录被子植物茎、叶、花、果实的形态特征，并记录植物是否含有乳汁、挥发油，是否为寄生或腐生植物及其寄主植物，利用挖掘工具适当采集一些草本植物的地下营养器官，如根状茎、块茎、鳞茎、球茎、块根等。分别拍摄植物生长环境，植物个体全貌特征，植物地下营养器官，地上茎、叶、花、果实及种子的特征照片。适当采集具有枝叶、花、果实的植物标本，那些在野外调查过程中难以确定种类的必须采集植物标本，以便在室内作进一步的物种鉴定。

3. 调查工具

野外调查仪器与工具主要有手持可折叠的 10 倍放大镜、手持 GPS、望远镜、枝剪、铁锹、铲子、油灰刀、塑料袋、硅胶、报纸，自封袋、标签纸、标本采集袋、标本夹、瓦楞纸板、挂号牌、野外采集记录本、钢卷尺、长卷尺、测深杆、测高杆、TruPulse 激光测高测距仪、防水工作服、高筒胶靴、橡胶手套、铁耙、锚型沉水植物打捞器、水桶、铅笔、签字笔、数码相机、笔记本电脑、充电器、移动硬盘及防雨、防晒、防虫咬等防护用品和创可贴、消毒酒精等常规药品。

室内植物标本压制与鉴定、数据录入常用仪器与工具主要有植物标本材料烘箱、吸水纸、标本夹、体视显微镜（解剖镜）、CCD、镊子、解剖针、台式电脑、标本柜等。

2.3.3 陆生脊椎动物调查方法

通过野外实地调查，并结合对历史资料的整理分析，全面了解庆元县陆生脊椎动物（包括哺乳动物、鸟类和两栖爬行动物）的物种组成、分布、生境、受威胁因素和保护现状，并针对重点保护野生动物的栖息地适当增加调查强度，在庆元县陆生脊椎动物物种多样性现状的基础上，评估物种丰富度及其分布状况、栖息地质量、受威胁情况及保护现状。根据各动物类群采用不同的调查方法和工具。

1. 哺乳动物

（1）调查方法

红外相机自动拍摄法：对于大中型哺乳动物，采用红外相机自动拍摄法调查，在林地、灌丛生境设置红外相机。红外相机设置拍照+视频模式，每 2～3 个月更换一次相机内存卡并获取照片，根据照片读取动物种类信息。

笼捕法：对于小型陆生哺乳动物，如刺猬、啮齿类等，采用笼捕法调查，于下午天黑前在林间、灌丛、草地、水边等生境布设捕鼠笼，放置诱饵，次日上午进行检视，对捕到的动物拍照记录。使用 GPS、相机等设备准确记录时间、地点、动物种类和数量等数据。

铗日法：对于小型陆生哺乳动物，如啮齿类等，采用铗日法调查，于下午天黑前布设铗子，放置诱饵，次日上午进行检视，对捕到的动物拍照记录。使用 GPS、相机等设备准确记录时间、地点、动物种类和数量等数据。

网捕法：对于飞行类哺乳动物采用网捕法调查，其中对于洞穴型翼手目，采用网捕法调查其物种和个体数量；对于树栖型翼手目，将雾网或蝙蝠竖琴网安放在林道等飞行活动通道，捕获并记录物种和个体数量。使用 GPS、相机等设备准确记录时间、地点、动物种类和数量等数据。

（2）调查工具

调查工具包括地图、GPS 定位仪、对讲机、卫星电话、照相机、红外相机、夜视仪、摄像机、录音机、捕鼠笼、鼠铗、雾网、竖琴网及必要的野外防护设备和药品等。

2．鸟类

（1）调查方法

样线法：调查人员选择鸟类活动频繁的时段，以 1.5～3 km/h 的步行速度沿着设置好的固定样线行走，记录沿线两侧（包括前方）各约 100 m 看到和听到的鸟类。调查时用双筒望远镜确定目标，并记录鸟类名称、数量、经纬度、海拔、所处生境类型、栖息地受干扰情况及影像等信息。每条样线长度为 1～2 km。

样点法：以观察者为中心形成一个圆，记录一定范围内的所有鸟类个体。调查时用双筒望远镜或单筒望远镜确定目标，记录观察到的鸟类名称、数量、经纬度、所处生境类型、栖息地受干扰情况及影像等信息。

红外相机辅助调查法：结合哺乳动物红外相机自动拍摄法开展地面活动的鸟类调查，尤其是鸡形目等的调查，具体的调查方法详见哺乳动物调查方法部分。

（2）调查工具

调查工具包括 GPS 定位仪、双筒望远镜、单筒望远镜（三脚架）、数码相机、记录本、笔、工具书等。

3．两栖爬行动物

（1）调查方法

两栖爬行动物调查以样线法为主，调查记录样线两侧的两栖爬行动物。对于一些狭域分布的物种，如角蟾等，需要选择特定繁殖季、固定繁殖场来开展详细调查，获取翔实的数据。对于庆元县植被类型保存较好的地区，如南部的凤阳山区域，适当增加调查力度，开展栖息地的全面调查。另外，在生境比较复杂、可视性较差的地区，可扩大范围详细搜寻。

样线法：根据影响两栖爬行动物分布的环境因素，如海拔梯度、植被类型、水域等科学合理地设置样线，样线应尽可能包含各种生境类型，包括水域、耕地、林地等。两栖动物调查以短样线为主，样线长度在 100～500 m；爬行动物调查以长样线为主，样线长度在 500～2 000 m。样线的宽度根据视野情况而定，一般为 2～6 m。对于样线难以达到最低要求的特殊情况，可以适当增加样线数。采用样线法调查时，调查人员应沿样线观察两栖爬行动物，行进期间对看到的或路死个体进行现场鉴定并记录物种名称、形态、经纬度和个体数量。每条样线通常分配 2～3 人开展调查，其中 1～2 人负责调查报告种类和记录数量，1 人负责拍照并记录轨迹样线信息，包括海拔、地理坐标、栖息地生境等信息。

走访调查法：走访的对象主要是当地管理部门的技术人员及当地居民，通过向他们展示动物图鉴核实近期见到的两栖爬行动物种类，并了解其分布状况，最终确定庆元县内现有两栖爬行动物种类及分布情况。

室内分子鉴定：对于在野外不易鉴定到种的个体及可能为新种的个体，应采集少量个体标本带回至室内，经清水冲洗，最终用浓度为 75%的酒精保存。根据需要进行组织取样，用于后续的 DNA 测序鉴定。

（2）调查工具

调查工具包括 GPS 定位仪、数码相机、头灯、手电筒、录音设备、抄网、塑料袋、密封袋、塑料瓶、水鞋、塑料桶、记录表、记录笔、镊子、针线、注射器、麻醉瓶、纱布、脱脂棉、乙醇、常备药品及野外个人防护用品等。

2.3.4　陆生昆虫调查方法

陆生昆虫多样性调查尽可能涵盖庆元县全部的陆生昆虫物种种类，其中蝴蝶作为环境指示生物物种是必须调查的类群。通过调查了解庆元县陆生昆虫的分布、生境状况等，综合评估庆元县陆生昆虫物种丰富度和空间分布格局。

1．调查方法

样线法：调查时沿生境路线缓慢匀速前行，速度为 1～2.5 km/h。不固定调查样线长度，根据典型生境区域情况开展调查。样线踏查行进期间记录物种名称和个体数量、经纬度、海拔、生境类型等信息，两人一组，一人观测拍照，报告种类和数量，另一人记录。记录样线左右各 2.5 m、上方 5 m、前方 5 m 范围内见到的所有昆虫及枯枝落叶、树洞、石块下等生境中的种类和数量。对于非保护物种和不能确定的种类，采用网捕后进行鉴定的方法完成，现场鉴定疑难样本应带回实验室进行处理或借用分子手段进行鉴定。调查主要在晴朗或多云、温暖、风速小于 40 km/h 的气候条件下进行。白天的调查时间一般为 9：00—18：00，考虑有些昆虫的夜行性活动习性，夜晚在植被丰富区域增加一些补充调查，调查采用样线法、灯诱法、陷阱法等。调查避开夏季中午极热天气或大风大雨天气。

马来氏网法：马来氏网是一种架设于野外的帐幕类采集工具，其底部及垂直面为黑色纱网，上部为白色网，当昆虫从地下爬出，或沿地面飞行时受垂直网拦截停下，利用昆虫的趋光性和趋高习性，引导其向上爬入顶部的采集筒中（采集筒须加酒精）来完成定点采集，记录采集到的物种名称、数量、采集点经纬度、海拔、生境类型、采集时间、人员等信息。

灯诱法：即在夜晚应用灯光将具有趋光性的昆虫吸引过来再行采集的方法。选择典型生境开阔区域进行夜间采集和灯诱法调查，时间一般为 19：00—22：00。诱虫灯采用高压汞灯，功率为 450 W，保障诱虫灯有足够的亮度和射程，使用落地式白色幕布支架进行昆虫诱集，记录采集到的物种名称、数量、采集点经纬度、海拔、生境类型、采集时间、人员等信息。

陷阱法：在主要样线的典型生境（植被丰富、生境多样）布设陷阱，采用一次性塑料杯子（＞100 mL）布设于样线上，杯子放置于土壤中，杯口上沿与地面平齐，在距离杯口 2/3 处设置出水口。杯中盛有化学诱捕剂（陈醋、高度白酒及蝉粉等组成）以引诱附近的昆虫，陷阱内建议用糖、醋、酒精、水等组成引诱剂或防腐剂。记录采集到的物种名称、数量、采集点经纬度、海拔、生境类型、采集时间、人员等信息。

2. 调查工具

调查工具包括长焦照相机、微距照相机、捕虫网（包括气网、扫网、马来氏网）、高压汞灯、蓄电池（+逆变器）、灯诱设备、黄盘、一次性塑料杯、工兵铲、无水酒精、白酒、陈醋、可乐、洗涤灵、三角纸袋、标本保存瓶、GPS 定位仪、记录本、标签纸、记录笔、铅笔、吸水纸、昆虫针、三级台、标本盒、自封袋、氨水、注射器、针插标本板、镊子、解剖针、乳胶手套、胶鞋、手电筒等。

2.3.5 水生生物调查方法

水生生物多样性调查工作主要针对庆元县的湖泊、水库和河流等水域进行实地调查，并结合历史资料收集整理，全面了解庆元县包括淡水鱼类、大型底栖无脊椎动物在内的水生生物物种种类组成和种群分布等，并综合评估水生生物栖息地质量及受威胁状况。根据不同类群的生活习性采取不同的调查方法和工具。

1. 淡水鱼类

（1）调查方法

鱼类多样性调查以现场捕获法为主，并辅以渔获物统计法和走访调查法。

现场捕获法：在溪流和坑塘等区域的断面和样点处进行自行采集，以撒网、浮网、拖网、地笼等采样工具采集鱼类样本，记录采集到的物种名称、数量、采集点经纬度、海拔、生境类型、采集时间、人员等信息。

渔获物统计法：统计调查水体区域内各类渔具渔法所捕捞的渔获物中的所有种类。

走访调查法：走访渔民、码头、水产市场等有当地鱼类交易的地方，或者休闲垂钓的地方，采集鱼类标本进行补充调查。

（2）调查工具

调查工具包括解剖剪、镊子、水桶、福尔马林溶液、乙醇、自封袋、标本瓶、解剖镜、电子秤、手抄网等渔具、流速仪、GPS 定位仪、深水温度计、透明度盘、多普勒剖面仪、水质分析仪、标签纸等。

2．大型底栖无脊椎动物

（1）调查方法

大型底栖无脊椎动物调查在河道可涉水区域进行，采用彼德逊采泥器、D 形网、带网夹泥器等工具在河道断面进行采样，每个断面尽可能多地采集不同生境的小样方。每个小生境样方的采集距离为 30 cm，一个调查点需采集 10～15 个小样方。经 40 目钢筛筛洗后置于酒精内保存，带回实验室进行后续处理。

彼德逊采泥器采样：采用 1/16 m^2 的普通彼德逊（水深小于 3 m）或加重彼德逊（水深大于 3 m）开展调查，通常每个样点需要完成 3 个成功的彼德逊泥样，用于采集昆虫幼虫、寡毛类及小型软体动物。

拖网采样：在水深小于 2 m 的河流沿岸的浅水区使用拖网进行定性样品采集。采样时，将拖网（带有重锤）抛入水中，在船上缓慢拖行（船速 5～10 km/h）20～30 m 后提起拖网。

带网夹泥器采样：是一种大型底栖动物夹网，用来采集大型软体动物，采集面积为 1/16 m^2。采得泥样后应将网口闭紧，放在水中涤荡，清除网中泥沙，然后提出水面，拣出其中全部螺、蚌等底栖动物。

采样框定量采样：滩涂大型底栖动物采样时根据滩涂湿地现场状况用 GPS 精确定位确定站位，以后的采集站位根据首次的经纬度确定。定量采集用面积为 0.15 m^2 的采样框确定采样范围，选取框内范围的所有大型底栖动物，包括砾石表面的动物；挖出采样框内的底泥，用孔径 0.1 mm 的筛子冲洗去泥，获取大型底栖动物，挖掘深度约为 30 cm。每站重复采样两次，获得样品合并为一个，作为该站样品。

定性采集：定性采集是在采集点附近尽可能多地采集生物样品种类，补充定量采集生物种数的不足。所获生物样品用 95%的酒精固定后带回实验室。

室内鉴定：在实验室内对所获样品进行挑选、种类鉴定、个体计数和电子天平称重，统计并计算种数、栖息密度、生物量。样品采集和实验室内处理均按照《海洋调查规范　第 6 部分：海洋生物调查》（GB/T 12763.6—2007）进行。在生物取样的同时，利用温度计对采样点的间隙水温度进行现场精确测量并记录。

（2）调查工具

调查工具包括标本箱、称重工具、GPS 定位仪、数码相机、地图、彼德逊采泥器、D 型网、拖网、样品瓶、深水温度计、直尺、游标卡尺、光学显微镜、体视显微镜等。

2.3.6 大型真菌调查方法

大型真菌多样性调查主要依据庆元县主要自然生态系统类型，通过野外实地调查，并结合对历史资料的整理分析，全面了解庆元县大型真菌物种组成、分布、生境、威胁因子和保护现状，重点关注食用价值和药用价值较高的菌种分布情况，在庆元县大型真菌物种多样性现状基础上，评估物种丰富度、特有性和应用价值等信息。

1. 调查方法

样线法：依据生境类型选择调查样线，沿着选定样线对遇到的大型真菌进行标本及影像采集，并录入其生境、基物、GPS 点位、分布地点等关键数据信息，样线长度不少于 500 m，每年调查 3 次。

访谈（问）法：通过访谈的形式对采集、利用真菌资源有经验的农户、当地有关技术人员和专家进行访问。走访当地市场，了解该地出产的和自由市场上出售的各种野生食用菌和药用菌的情况。

2. 调查工具

调查工具包括 GPS 定位仪、便携烘干机、标本盒、标尺、采集刀（铲）、野外采集记录本、铅笔、签字笔、数码相机、笔记本电脑、标签、吸水纸、锡纸、镊子、个人野外调查防护用品与装备等。

第 3 章

生态系统

3.1 生态系统结构特征

根据 2019 年生态系统遥感调查结果，庆元县森林生态系统的面积为 1 424.35 km^2，约占区域总面积的 75.04%，主要为常绿针叶林、针阔混交林和常绿阔叶林，分别约占该系统总面积的 45.05%、24.54%和 24.52%；灌丛生态系统的面积为 31.15 km^2，约占区域总面积的 1.64%，主要为常绿阔叶灌木林，约占该系统总面积的 92.39%；草地生态系统的面积为 63.56 km^2，约占区域总面积的 3.35%，为草丛；湿地生态系统的面积为 13.79 km^2，约占区域总面积的 0.73%，主要为河流，约占该系统总面积的 95.72%；农田生态系统的面积为 291.15 km^2，约占区域总面积的 15.34%，主要为水田和旱地，分别约占该系统总面积的 68.21%和 30.18%；城镇生态系统的面积为 57.4 km^2，约占区域总面积的 3.02%，主要为居住地和交通用地，分别占该系统总面积的 64.37%和 29.23%；裸地生态系统的面积为 6.06 km^2，约占区域总面积的 0.32%，主要为裸岩，约占该系统总面积的 98.37%。结果显示，该区域以自然生态系统为主，约合占区域总面积的 80.76%，其中生物多样性丰富的森林生态系统占主导地位，广泛分布于全县；非自然生态系统则主要为农田和城镇生态系统，约合占区域总面积的 18.47%，零星散布于全县。

3.2 生态系统变化分析

2010—2019 年，庆元县生态系统呈草地、农田、城镇和裸地总面积增加，而森林、湿地和灌丛总面积减少的趋势（表 3-1、图 3-1）。10 年间，森林生态系统面积共减少 98.58 km^2，减少的主要为常绿针叶林、针阔混交林和落叶针叶林，分别减少了 29.92 km^2、24.18 km^2 和 21.67 km^2；减少的森林主要转向农田、草地和城镇，其中减少的常绿针叶林、针阔混交林和常绿阔叶林主要转向旱地、草丛和水田。灌丛生态系统面积减少了 2.51 km^2，减少的主要为常绿阔叶灌木林；减少的灌丛主要转向农田，其中减少的常绿阔叶灌木林主要转向旱地和水田。草地生态系统面积增加了 43.41 km^2，增加的为草丛；增加的草地主要来源于森林和农田，其中增加的草丛主要来源于水田、常绿针叶林和落叶针叶林。湿地生态系统面积共减少 7.32 km^2，减少的主要为河流和水库/坑塘；减少的湿地主要转向森林和农田，其中减少的河流主要转向常绿针叶林、裸岩和水田，水库/坑塘主要转向河流。农田生态系统面积共增加 43.21 km^2，增加的主要为旱地，净增加了 48.96 km^2；增加的农田主要来源于森林，其中增加的旱地主要来源于水田和常绿针叶林。城镇生态系统面积共增加 15.76 km^2，增加的主要为交通用地，净增加了 15.55 km^2；增加的城镇主要来源于农田和森林，其中增加的交通用地主要来源于水田和针阔混交林。裸地生态系统面积共增加 6.06 km^2，增加的主要为裸岩，净增加了 5.96 km^2；增加的裸地主要来源于森林和湿地，其中增加的裸岩主要来源于河流、常绿针叶林和常绿阔叶林。结果显示，庆元县生态系统之间的转化主要存在于森林、草地和农田之间，相互之间的转化相对频繁，而其余自然生态系统的整体变化程度较小。

表 3-1 庆元县生态系统一级转移矩阵

单位：km^2

	森林	灌丛	草地	湿地	农田	城镇	裸地
森林	1 416.29		26.86	2.29	62.30	12.09	3.10
灌丛		31.13	0.41	0.06	1.63	0.35	0.07
草地			14.03	0.19	4.73	1.01	0.19
湿地	6.55		1.08	8.12	1.95	1.88	1.52
农田	0.01		19.53	2.11	206.10	19.35	0.83
城镇	1.49	0.03	1.64	1.01	14.43	22.72	0.34

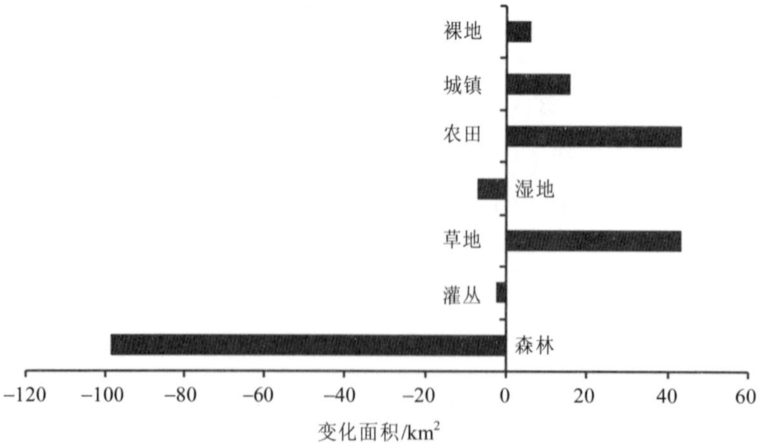

（a）一级生态系统

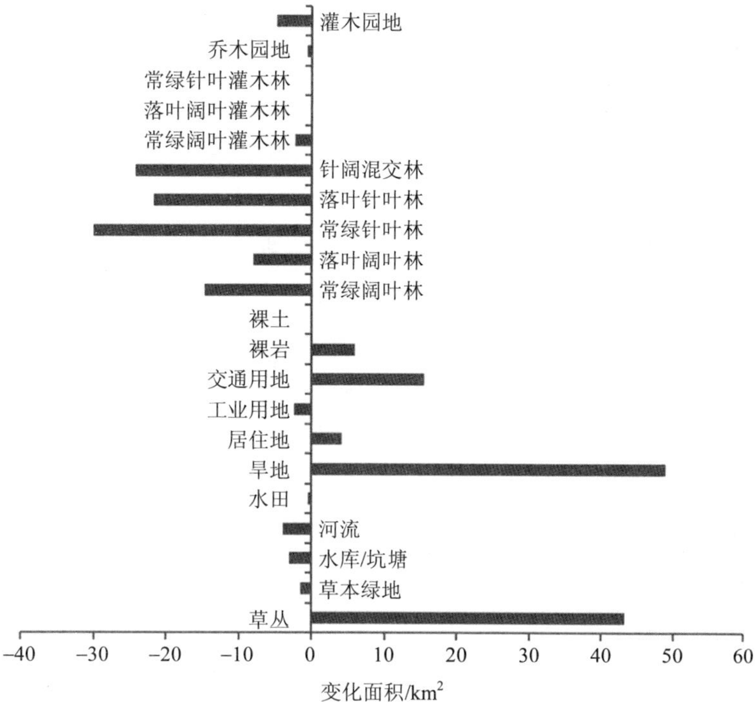

（b）三级生态系统

图 3-1 庆元县 2010—2019 年生态系统面积变化

3.3 生态系统景观格局分析

根据 2019 年生态系统景观格局分析结果，庆元县一级生态系统的斑块数为 33 099 个，平均斑块面积为 5.70 hm^2，边界密度为 73.35 m/hm^2，聚集度指数为 67.36%，最邻近距离为 118.31 m（表 3-2）。其中，斑块主要为城镇、草地和农田，其斑块数分别为 12 036 个、6 691 个和 5 664 个；平均斑块面积则以森林为最大，为 81.25 hm^2，最小为裸地，为 0.24 hm^2；边界密度以森林为最大，为 51.24 m/hm^2，农田次之，为 44.42 m/hm^2，最小为裸地，为 3.17 m/hm^2；最邻近距离以灌丛为最大，为 298.98 m，以森林为最小，为 78.21 m（表 3-3）。

表 3-2 庆元县一、三级生态系统景观格局特征及其变化

年份	斑块个数（NP）/个		平均斑块面积（MPS）/hm^2		边界密度（ED）/（m/hm^2）		聚集度指数（CONT）/%		最邻近距离（ENN）/m	
	一级	三级	一级	三级	一级	三级	一级	三级	一级	三级
2010	5 820	23 923	32.43	7.89	37.34	103.08	73.74	57.05	254.48	208.06
2019	33 099	64 382	5.70	2.93	73.35	139.25	67.36	53.71	118.31	130.01

表 3-3 庆元县一级生态系统斑块景观格局特征及其变化

类型	斑块数（NP）/个		边界密度（ED）/（m/hm²）		平均斑块面积（MPS）/hm²		最邻近距离（ENN）/m	
	2010 年	2019 年	2010 年	2019 年	2010 年	2019 年	2010 年	2019 年
森林	645	1 753	30.86	51.24	236.11	81.25	88.00	78.21
灌丛	1 765	1 855	7.20	7.00	1.91	1.68	328.05	298.98
草地	565	6 691	3.20	18.24	3.57	0.95	401.68	123.87
湿地	546	2 617	4.28	4.92	3.87	0.53	146.98	133.09
农田	1 350	5 664	23.07	44.42	18.37	5.14	170.13	95.44
城镇	949	12 036	6.06	17.71	4.39	0.48	324.99	97.22
裸地		2 483		3.17		0.24		135.39

2019 年庆元县三级生态系统的斑块数为 64 382 个，平均斑块面积为 2.93 hm²，边界密度为 139.25 m/hm²，聚集度指数为 53.71%，最邻近距离为 130.01 m。其中，斑块主要为交通用地、草丛、旱地和水田，其斑块数分别为 11 537 个、6 691 个、6 326 个和 6 025 个；平均斑块面积以常绿针叶林为最大，为 13.52 hm²，落叶阔叶灌木林次之，为 11.00 hm²，最小为交通用地，仅为 0.15 hm²；边界密度以常绿针叶林为最大，为 61.94 m/hm²，以裸土为最小，仅为 0.04 m/hm²；最邻近距离以落叶阔叶灌木林为最大，为 2 810.71 m，以常绿针叶林为最小，为 91.78 m（表 3-4）。

表 3-4 庆元县三级生态系统斑块景观格局特征及其变化

类型	斑块数（NP）/个		边界密度（ED）/（m/hm²）		平均斑块面积（MPS）/hm²		最邻近距离（ENN）/m	
	2010 年	2019 年	2010 年	2019 年	2010 年	2019 年	2010 年	2019 年
草丛	565	6 691	3.20	18.24	3.57	0.95	401.68	123.87
草本绿地	65	470	0.72	1.16	7.43	0.72	1 481.47	152.98
水库/坑塘	50	109	0.48	0.22	7.59	0.54	1 403.37	371.88
河流	510	2 600	3.81	4.84	3.39	0.51	99.98	133.87
水田	1 637	6 025	21.63	38.84	12.16	3.30	166.75	92.04
旱地	709	6 326	5.59	20.82	5.49	1.39	302.63	114.81
居住地	899	3 825	5.03	9.45	3.65	0.97	341.16	132.58
工业用地	13	69	0.21	0.13	21.42	0.46	197.25	608.66
交通用地	55	11 537	0.35	10.29	2.24	0.15	645.47	103.47
裸岩		2 455		3.13		0.24		134.04
裸土		30		0.04		0.33		1 856.22
常绿阔叶林	5 265	5 801	44.73	45.54	6.91	6.02	116.99	111.47
落叶阔叶林	2 059	2 549	8.02	7.47	1.81	1.14	262.61	209.28
常绿针叶林	3 603	4 745	57.63	61.94	18.64	13.52	100.55	91.78

类型	斑块数（NP）/个		边界密度（ED）/（m/hm²）		平均斑块面积（MPS）/hm²		最邻近距离（ENN）/m	
	2010年	2019年	2010年	2019年	2010年	2019年	2010年	2019年
落叶针叶林	3 608	5 094	15.33	15.10	2.12	1.08	185.88	139.72
针阔混交林	2 852	3 641	30.48	32.81	13.10	9.60	159.90	135.26
常绿阔叶灌木林	1 707	1 791	6.98	6.80	1.82	1.61	330.29	302.05
落叶阔叶灌木林	17	19	0.11	0.11	12.92	11.00	4 654.69	2 810.71
常绿针叶灌木林	46	50	0.12	0.10	0.80	0.57	2 496.57	1 979.01
乔木园地	72	83	0.26	0.15	1.53	0.49	1 892.34	790.48
灌木园地	191	472	1.47	1.33	4.67	0.91	843.69	198.27

2010—2019年，庆元县生态系统景观格局的总体特征变化较大，一级、三级类型中斑块数和边界密度呈快速上升趋势，而平均斑块面积、聚集度指数和最邻近距离呈明显下降趋势。一级、三级类型的斑块数分别增加了 27 279 个和 40 459 个，边界密度分别增加了 36.01 m/hm^2 和 36.17 m/hm^2；平均斑块面积分别减少了 26.73 hm^2 和 4.96 hm^2，最邻近距离分别减少了 136.17 m 和 78.05 m，聚集度指数分别减少了 6.38%和 3.34%。生态系统中，变化较大的是森林和农田，其斑块数分别增加了 1 108 个和 4 314 个，平均斑块面积分别减少了 154.86 hm^2 和 13.23 hm^2。结果显示，庆元县的破碎化程度随着城市化的进程不断加剧，森林被分割，面积萎缩。

第 4 章

高等植物

4.1 物种组成

庆元县现有高等植物 236 科 951 属 2 314 种（含种下单位和栽培种）（表 4-1）。其中，确认苔类植物 15 科 26 属 68 种，确认藓类植物 27 科 42 属 66 种，共计确认苔藓植物 42 科 68 属 134 种。由于庆元县苔藓植物历史记录名录缺乏，本书的名录仅包括本项目调查已确认的种类。陆生维管植物 194 科 883 属 2 180 种，其中蕨类植物 25 科 69 属 200 种，种子植物 169 科 814 属 1 980 种。种子植物中，裸子植物 7 科 27 属 49 种，被子植物 162 科 787 属 1 931 种。

表 4-1 庆元县高等植物种类统计

类别			科数	属数	种数
苔藓植物	苔类植物		15	26	68
	藓类植物		27	42	66
陆生维管植物	蕨类植物		25	69	200
	种子植物	裸子植物	7	27	49
		被子植物	162	787	1 931
合计			236	951	2 314

4.1.1 科属分析

1．苔藓植物科属大小分析

庆元县苔藓植物有 42 科 68 属 134 种。将 42 科按种的数量统计，其中大于 30 种的科仅有 1 科，即细鳞苔科（Lejeuneaceae），有 39 种，占苔藓植物种总数的 29.1%。6～10 种的科有 4 科，含 8 属 26 种，占苔藓植物种总数的 19.4%，分别为凤尾藓科（Fissidentaceae）、灰藓科（Hypnaceae）、羽藓科（Thuidiaceae）、泥炭藓科（Sphagnaceae）。2～5 种的科有 18 科，含 30 属 50 种，如蔓藓科（Meteoriaceae）、耳叶苔科（Frullaniaceae）、真藓科（Bryaceae）、扁萼苔科（Radulaceae）、提灯藓科（Mniaceae）、金发藓科（Polytrichaceae）等。单种科有 19 科，如青藓科（Brachytheciaceae）、隐蒴藓科（Cryphaeaceae）、牛毛藓科（Ditrichaceae）、绢藓科（Entodontaceae）、紫萼藓科（Grimmiaceae）、油藓科（Hookeriaceae）等。寡种科（2～5 种）和单种科共有 37 属 69 种，占苔藓植物种总数的 51.5%。庆元县苔藓植物科水平在种数量组成上以寡种科（2～5 种）和单种科占优势。

在属水平上，大于 10 种的仅 1 属，即疣鳞苔属（*Cololejeunea*），有 17 种，占苔藓植物种总数的 12.7%。6～10 种的有 2 属，共计 14 种，占苔藓植物种总数的 10.4%，分别为凤尾藓属（*Fissidens*）、泥炭藓属（*Sphagnum*）。2～5 种的有 21 属，共计 59 种，占苔藓植物种总数的 44.0%，如耳叶苔属（*Frullania*）、角鳞苔属（*Drepanolejeunea*）、羽藓属（*Thuidium*）、唇鳞苔属（*Cheilolejeunea*）、细鳞苔属（*Lejeunea*）、扁萼苔属（*Radula*）。单种属有 44 属，占苔藓植物种总数的 32.8%，如珠藓属（*Bartramia*）、泽藓属（*Philonotis*）、长喙藓属（*Rhynchostegium*）、毛枝藓属（*Pilotrichopsis*）、牛毛藓属（*Ditrichum*）、绢藓属（*Entodon*）。庆元县苔藓植物属水平在种数量组成上以单种属占优势。

2．蕨类植物科属大小分析

庆元县蕨类植物有 25 科 69 属 200 种。将 25 科按种的数量统计，其中大于 30 种的科仅有 1 科，即鳞毛蕨科（Dryopteridaceae），有 37 种，占蕨类植物种总数的 18.5%。11～30 种的科有 4 科，含 32 属 85 种，占蕨类植物种总数的 42.5%，分别为水龙骨科（Polypodiaceae）、金星蕨科（Thelypteridaceae）、蹄盖蕨科（Athyriaceae）、凤尾蕨科（Pteridaceae）。6～10 种的科有 5 科，含 13 属 47 种，占蕨类植物种总数的 23.5%，分别为石松科（Lycopodiaceae）、铁角蕨科（Aspleniaceae）、卷柏科（Selaginellaceae）、膜蕨科（Hymenophyllaceae）、碗蕨科（Dennstaedtiaceae）。2～5 种的科有 7 科，含 11 属 23 种，分别为瘤足蕨科（Plagiogyriaceae）、紫萁科（Osmundaceae）、里白科（Gleicheniaceae）、瓶尔小草科（Ophioglossaceae）、乌毛蕨科（Blechnaceae）、木贼科（Equisetaceae）、骨碎补科（Davalliaceae）。单种科有 8 科，分别为海金沙科（Lygodiaceae）、鳞始蕨科（Lindsaeaceae）、冷蕨科（Cystopteridaceae）、球子蕨科（Onocleaceae）、肾蕨科（Nephrolepidaceae）、蘋科（Marsileaceae）、槐叶蘋科（Salviniaceae）、水韭科（Isoetaceae）。寡种科（2～5 种）和单种科共有 19 属 31 种，占蕨类植物种总数的 15.5%。庆元县蕨类植物科水平在种数量组成上以 11～30 种的科占优势。

在属水平上，大于 10 种的仅 1 属，即鳞毛蕨属（*Dryopteris*），有 24 种，占蕨类植物种总数的 12%。6～10 种的有 8 属，共计 60 种，占蕨类植物种总数的 30%，分别为铁角蕨属（*Asplenium*）、卷柏属（*Selaginella*）、瓦韦属（*Lepisorus*）、蹄盖蕨属（*Athyrium*）、毛蕨属（*Cyclosorus*）、膜蕨属（*Hymenophyllum*）、双盖蕨属（*Diplazium*）、复叶耳蕨属（*Arachniodes*）。2～5 种的有 33 属，

共计 89 种，占蕨类植物种总数的 44.5%，如凤尾蕨属（*Pteris*）、耳蕨属（*Polystichum*）、石韦属（*Pyrrosia*）、瘤足蕨属（*Plagiogyria*）、石杉属（*Huperzia*）、石松属（*Lycopodium*）等。单种属有 27 属，占蕨类植物种总数的 13.5%，如藤石松属（*Lycopodiastrum*）、水韭属（*Isoetes*）、瓶尔小草属（*Ophioglossum*）、桂皮紫萁属（*Osmundastrum*）、芒萁属（*Dicranopteris*）、海金沙属（*Lygodium*）等。庆元县蕨类植物属水平在种数量组成上以 2～5 种的寡种属占优势。

3．种子植物科属大小分析

庆元县现有种子植物 169 科 814 属 1 980 种（含种下单位和栽培种）。将 169 科按种的数量统计（表 4-2），100 种以上的科有 2 科，分别为禾本科（Poaceae）和菊科（Asteraceae），都为世界广布的大科，含 129 属 267 种；50 种以上的科有 6 科，分别为蔷薇科（Rosaceae）、莎草科（Cyperaceae）、豆科（Fabaceae）、兰科（Orchidaceae）、唇形科（Lamiaceae）、百合科（Liliaceae），含 158 属 422 种。以上共占属总数的 35.3%和种总数的 34.8%，包含庆元县主要的草本植物，其中禾本科和莎草科是构成山地草地的建群种和优势种。31～50 种的科有 5 科，分别为茜草科（Rubiaceae）、壳斗科（Fagaceae）、樟科（Lauraceae）、玄参科（Scrophulariaceae）、山茶科（Theaceae），含 56 属 180 种，占属总数的 6.9%和种总数的 9.1%，其中壳斗科是庆元县常绿阔叶林的建群种之一，区域内有大面积的甜槠林、栲树林等；21～30 种的科有 12 科，主要有冬青科（Aquifoliaceae）、杜鹃花科（Ericaceae）、葡萄科（Vitaceae）、蓼科（Polygonaceae）、毛茛科（Ranunculaceae）、马鞭草科（Verbenaceae）等，含 89 属 301 种，占属总数的 10.9%和种总数的 15.2%；11～20 种的科有木犀科（Oleaceae）、松科（Pinaceae）、木兰科（Magnoliaceae）、鼠李科（Rhamnaceae）、桑科（Moraceae）、堇菜科（Violaceae）等 25 科，含 122 属 343 种，占属总数的 15.0%和种总数的 17.3%。以上科中，樟科、木兰科、杨柳科（Salicaceae）等是构成常绿落叶混交林冠层植物的主要建群种和优势种，山茶科、杜鹃花科、冬青科是构成庆元县灌丛群落常绿成分的主要类群。此外，6～10 种的科有 34 科，含 133 属 268 种；2～5 种的科有 58 科，含 100 属 172 种；单种的科有 27 科，但真正的单型科只有杜仲科（Eucommiaceae）和银杏科（Ginkgoaceae）。

表 4-2 庆元县种子植物科的大小

物种数	科名（属数/种数）
＞100	禾本科（69/150），菊科（60/117）
＞50	蔷薇科（24/99），莎草科（14/90），豆科（39/69），唇形科（26/58），兰科（32/55），百合科（23/51）
31～50	茜草科（22/42），壳斗科（6/39），樟科（7/34），玄参科（13/33），山茶科（8/32）
21～30	12 科（包括 89 属，301 种）
11～20	25 科（包括 122 属，343 种）
6～10	34 科（包括 133 属，268 种）
2～5	58 科（包括 100 属，172 种）
1	27 科（包括 27 属，27 种）
单型科	杜仲科，银杏科

在属水平上，20 种以上的属有 3 属，分别为薹草属（*Carex*，41 种）、悬钩子属（*Rubus*，30 种）和冬青属（*Ilex*，30 种）；11～20 种的属有刚竹属（*Phyllostachys*，20 种）、荚蒾属（*Viburnum*，19 种）、蓼属（*Polygonum*，17 种）、堇菜属（*Viola*，16 种）、紫珠属（*Callicarpa*，16 种）、石楠属（*Photinia*，14 种）等 16 属，共计 222 种，占种总数的 11.2%；6～10 种的属有柃木属（*Eurya*，10 种）、紫菀属（*Aster*，10 种）、松属（*Pinus*，9 种）、锥栗属（*Castanopsis*，9 种）、栎属（*Quercus*，9 种）、山胡椒属（*Lindera*，9 种）等 49 属，共计 361 种，占种总数的 18.2%，其中栎属、锥栗属等的树种是构成庆元县常绿阔叶林的主要建群种和优势种，松属是构成山地针叶林的主要建群属；含 2～5 种的属有 304 属，共计 854 种，占种总数的 43.1%；单种属有 442 属，共计 442 种，占种总数的 22.3%。寡种属（2～5 种）和单种属共计 746 属 1 296 种，分别占属、种总数的 91.7%和 65.5%，其中单型属有万年青属（*Rohdea*）、显子草属（*Phaenosperma*）、血水草属（*Eomecon*）、大血藤属（*Sargentodoxa*）、天葵属（*Semiaquilegia*）、南天竹属（*Nandina*）等 33 属，详见附表。

4.1.2　种子植物区系分析

本次综合考察和历史文献、标本的整理结果发现，庆元县种子植物区系成分多样，物种丰富。现已知种子植物 169 科 814 属 1 980 种（含种下单位和栽培种）。种子植物科占据 9 个分布类型、8 个分布变型，属有 14 个分布型、20 个分布变型，其中有 2 个中国特有分布科，25 个中国特有分布属。庆元县是浙江种子植物的主要分布区之一，在浙江省乃至全国自然植物资源中具有重要地位。

县域内种子植物科属起源历史悠久，区系成分古老，保留了大量第四纪冰川以前的孑遗植物，如百山祖冷杉（*Abies beshanzuensis*）、榧树（*Torreya grandis*）、杉木（*Cunninghamia lanceolata*）、鹅掌楸（*Liriodendron chinense*）、青檀（*Pteroceltis tatarinowii*）、青钱柳（*Cyclocarya paliurus*）、水丝梨（*Sycopsis sinensis*）、瘿椒树（*Tapiscia sinensis*）等。植物区系的古老性还可以通过种子植物中单型属和少型属的数目得到证明：庆元县种子植物单型属有 33 属，如万年青属、显子草属、血水草属、大血藤属、天葵属、南天竹属等，其中不乏大量的中国特有属，这些属多为原始或古老的孑遗植物；在百山祖主峰海拔 1 700 m 处保存有古老而极为珍稀的百山祖冷杉。这些证据足以证明庆元县区系的古老性和独特性。

1．科的分布类型分析

在科的分布类型中，以世界广布的有 47 科，占科总数的 27.8%，包含庆元县的主要大科（物种大于 50 种），如禾本科、菊科、兰科、唇形科等。

泛热带分布及变型的科有 55 科，占科总数的 32.5%，其中泛热带分布（2 型）的科有 45 科，主要为豆科、樟科、山茶科、葡萄科、荨麻科等；热带亚洲、大洋洲和热带美洲分布（2-1 变型）的科有 1 科，即山矾科（Symplocaceae）；热带亚洲-热带非洲-热带美洲分布（2-2 变型）的科有 2 科，即鸢尾科（Iridaceae）和椴树科（Tiliaceae）；以南半球为主的泛热带分布（2S 变型）的科有

7 科，分别为石蒜科（Amaryllidaceae）、桃金娘科（Myrtaceae）、商陆科（Phytolaccaceae）、桑寄生科（Loranthaceae）、粟米草科（Molluginaceae）、山龙眼科（Proteaceae）、罗汉松科（Podocarpaceae）。东亚（热带、亚热带）及热带南美间断分布（3 型）的科有 11 科，占科总数的 6.5%，主要有冬青科、马鞭草科、五加科（Araliaceae）、安息香科（Styracaceae）、木通科（Lardizabalaceae）、杜英科（Elaeocarpaceae）等。旧世界热带分布（4 型）的科有 4 科，分别为八角枫科（Alangiaceae）、海桐花科（Pittosporaceae）、芭蕉科（Musaceae）、胡麻科（Pedaliaceae）。热带亚洲至热带大洋洲分布（5 型）的科有 4 科，分别为马钱科（Loganiaceae）、百部科（Stemonaceae）、姜科（Zingiberaceae）、交让木科（Daphniphyllaceae）。热带亚洲分布类型 2 变型（7-3 & 7d 变型）的科共有 2 科，分别为伯乐树科（Bretschneideraceae）和清风藤科（Sabiaceae）。

北温带分布及变型的科有 26 科，占科总数的 15.4%，北温带分布（8 型）的科有 10 科，主要为百合科、松科、五福花科（Adoxaceae）、柏科（Cupressaceae）、藤黄科（Clusiaceae）、忍冬科（Caprifoliaceae）等，其中松科是构成针叶林的主要成分，在百山祖、烧香岩等海拔超过 1 200 m 的区域有大面积的黄山松纯林；北温带和南温带间断分布（8-4 变型）的科有 15 科，主要为壳斗科、杨柳科、金缕梅科（Hamamelidaceae）、杉科（Taxodiaceae）、槭树科（Aceraceae）、胡桃科（Juglandaceae）等，是构成庆元县常绿阔叶林、常绿落叶混交林的主要成分，其中金缕梅科、胡桃科等是中生代白垩纪和早第三纪古新世古老科的代表类群；欧亚和南美洲温带间断分布（8-5 变型）的科有 1 科，即小檗科（Berberidaceae）。东亚及北美间断分布（9 型）的科有 10 科，主要为木兰科、五味子科（Schisandraceae）、蜡梅科（Calycanthaceae）、蓝果树科（Nyssaceae）、三白草科（Saururaceae）、八角科（Illiciaceae）等。欧亚温带分布（10 型）的科有 1 科，即菱科（Trapaceae）。东亚分布（14 型）的科有 6 科，分别为猕猴桃科（Actinidiaceae）、三尖杉科（Cephalotaxaceae）、旌节花科（Stachyuraceae）、桃叶珊瑚科（Aucubaceae）、青荚叶科（Helwingiaceae）、锦带花科（Diervillaceae）。

除去世界广布的科，热带成分占比远大于温带成分（77/43），说明庆元县在科水平上以热带、亚热带分布类型为主，呈现由热带、亚热带向北温带过渡的特征。中国特有分布的科仅有杜仲科和银杏科。

2. 属的分布类型分析

在属的分布类型中，世界分布（1 型）共 70 属，占属总数的 8.6%，主要是森林系统中的地被植物，如半边莲属（*Lobelia*）、荸荠属（*Eleocharis*）、扁莎属（*Pycreus*）、变豆菜属（*Sanicula*）、刺子莞属（*Rhynchospora*）、车前属（*Plantago*）等。

庆元县各类热带分布（2～7 型）的属共有 338 属，占属总数的 41.5%。其中，泛热带（2 型及变型）性质的属数量最多，共计 139 属，占庆元县各类热带性质属的 41.1%，如紫珠属、水玉簪属（*Burmannia*）、紫金牛属（*Ardisia*）、崖豆藤属（*Millettia*）、野古草属（*Arundinella*）、野黍属（*Eriochloa*）。东亚（热带、亚热带）及热带南美间断分布（3 型）类型的属有红豆属（*Ormosia*）、红丝线属（*Lycianthes*）、猴欢喜属（*Sloanea*）、假酸浆属（*Nicandra*）、假卫矛属（*Microtropis*）、苦木属（*Picrasma*）等 24 属。旧世界热带分布（4 型及变型）的属有 45 属，其中旧世界热带分布（4 型）的属有 42 属，如臂形草属（*Brachiaria*）、扁担杆属（*Grewia*）、杜茎山属（*Maesa*）、海桐花属（*Pittosporum*）、胡麻属（*Sesamum*）、槲寄生属（*Viscum*）等；热带亚洲、非洲和大洋洲间断或星散分布（4-1 变型）的属有 3 属，分别为百蕊草属（*Thesium*）、水鳖属（*Hydrocharis*）和水蛇麻属（*Fatoua*）。热带亚洲至热带大洋洲分布（5 型）的属有 41 属，主要为桉属（*Eucalyptus*）、百部属（*Stemona*）、齿果草属（*Salomonia*）、臭椿属（*Ailanthus*）、大豆属（*Glycine*）、带唇兰属（*Tainia*）等。热带亚洲至热带非洲分布（6 型及变型）的属有 15 属，其中热带亚洲至热带非洲分布（6 型）的属有 14 属，主要为豆腐柴属（*Premna*）、观音草属（*Peristrophe*）、孩儿草属（*Rungia*）、藿香属（*Agastache*）、六棱菊属（*Laggera*）、芒属（*Miscanthus*）等；热带亚洲和东非或马达加斯加间断分布（6-2 变型）的属有 1 属，即杨桐属（*Adinandra*）。热带亚洲分布（7 型及变型）的属有 74 属，其中新木姜子属（Neolitsea）、润楠属（*Machilus*）、木莲属（*Manglietia*）、虎皮楠属（*Daphniphyllum*）等是庆元县常绿乔灌木层的主要成分之一。

温带分布的属（8～14 型）共有 381 属，占属总数的 46.8%。北温带分布类型（8 型及变型）的属有 126 属，其中北温带分布（8 型）的属有 94 属，草本植物相当丰富，主要有白金花属（*Centaurium*）、薄荷属（*Mentha*）、藨草属（*Scirpus*）、车轴草属（*Trifolium*）、稠李属（*Padus*）、刺柏属（*Juniperus*）等；环极分布（8-1 变型）的属有 1 属，即鹿蹄草属（*Pyrola*）；北温带和南温带间断分布（8-4 变型）的属有 28 属，主要有斑叶兰属（*Goodyera*）、慈姑属（*Sagittaria*）、杜鹃属（*Rhododendron*）、枸杞属（*Lycium*）、胡颓子属（*Elaeagnus*）、黄杨属（*Buxus*）等；欧亚和南美洲温带间断分布（8-5 变型）的属有 3 属，分别为胡桃属（*Juglans*）、葶苈属（*Draba*）、小檗属（*Berberis*）。东亚及北美间断分布（9 型及变型）的属有 68 属，其中东亚及北美间断分布（9 型）的属有 67 属，主要有檫木属（*Sassafras*）、菖蒲属（*Acorus*）、刺槐属（*Robinia*）、楤木属（*Aralia*）、地锦属（*Parthenocissus*）、鹅掌楸属（*Liriodendron*）等；东亚和墨西哥间断分布（9-1 变型）的属有 1 属，即石楠属。旧世界温带分布（10 型及变型）的属有 48 属，其中旧世界温带分布（10 型）的属有筋骨草属（*Ajuga*）、稻槎菜属（*Lapsanastrum*）、鹅肠菜属（*Myosoton*）、费菜属（*Phedimus*）、风毛菊属（*Saussurea*）、附地菜属（*Trigonotis*）等 40 属，主要是庆元县区域林下的草本属；地中海区至西亚（或中亚）和东亚间断分布（10-1 变型）的属有 4 属，分别为夹竹桃属（*Nerium*）、榉属（*Zelkova*）、马甲子属（*Paliurus*）、窃衣属（*Torilis*）；地中海区和喜马拉雅间断分布（10-2 变型）的属有 3 属，分别为柏木属（*Cupressus*）、雪松属（*Cedrus*）和淫羊藿属（*Epimedium*）；欧亚和南非分布（10-3 变型）的属有 1 属，即绵枣儿属（*Barnardia*）。温带亚洲分布（11 型）的属有 9 属。地中海区、西亚至中亚分布（12 型）的属有 6 属。中亚分布（13 型）的属有 1 属，即败酱属（*Patrinia*）。东亚分布（14 型及变型）的属在本区共有 123 属，其中全东亚分布（14 型）的属有 69 属，在温带分布类型中仅次于北温带分布类型，其中白及属（*Bletilla*）、白辛树属（*Pterostyrax*）、斑种草属

（*Bothriospermum*）、半夏属（*Pinellia*）、刺楸属（*Kalopanax*）、大百合属（*Cardiocrinum*）等是东亚植物区系的代表；中国—喜马拉雅分布（14SH 变型）的属有 10 属；中国—日本分布（14SJ 变型）的属有 44 属。

由上述区系分析可知，属的分布类型中是以温带分布的属占一定优势（338/381），与科的特征相反，体现了庆元县区域内植物区系的双重性特征。在中国特有属方面，庆元县的中国特有属有白豆杉属（*Pseudotaxus*）、半枫荷属（*Semiliquidambar*）、杜仲属（*Eucommia*）、盾果草属（*Thyrocarpus*）、珙桐属（*Davidia*）、金钱松属（*Pseudolarix*）等 25 属。

4.2 国家重点保护与受威胁植物

4.2.1 国家重点保护野生植物

庆元县范围内国家重点保护野生植物极为丰富，有 51 种（不含栽培），其中百山祖冷杉、南方红豆杉（*Taxus wallichiana* var. *mairei*）、中华水韭（*Isoetes sinensis*）3 种植物为国家一级重点保护野生植物，莼菜（*Brasenia schreberi*）、伯乐树（*Bretschneidera sinensis*）、白豆杉（*Pseudotaxus chienii*）、福建柏（*Fokienia hodginsii*）、花榈木（*Ormosia henryi*）、建兰（*Cymbidium ensifolium*）、多花兰（*Cymbidium floribundum*）、寒兰（*Cymbidium kanran*）、长叶榧树（*Torreya grandis*）、闽楠（*Phoebe bournei*）等 48 种植物为国家二级重点保护野生植物。

4.2.2 受威胁植物

根据《中国生物多样性红色名录——高等植物卷》（2020 年，下同），庆元县有 126 种植物被列入近危及以上等级。其中，大花无柱兰（*Amitostigma pinguicula*）、银杏（*Ginkgo biloba*）、百山祖冷杉、天目铁木（*Ostrya rehderiana*）、莼菜、政和杏（*Armeniaca zhengheensis*）、浙江猕猴桃（*Actinidia zhejiangensis*）7 种植物被列为极危（CR）等级；发秆薹草（*Carex capillacea*）、黄精叶钩吻（*Croomia japonica*）、金线兰（*Anoectochilus roxburghii*）、白及（*Bletilla striata*）、短茎萼脊兰（*Sedirea subparishii*）、宽距兰（*Yoania japonica*）等 17 种植物被列为濒危（EN）等级；小叶猕猴桃（*Actinidia lanceolata*）、安息香猕猴桃（*Actinidia styracifolia*）、红皮糙果茶（*Camellia crapnelliana*）、吴茱萸五加（*Gamblea ciliata* var. *evodiifolia*）、明党参（*Changium smyrnioides*）等 50 种植物被列为易危（VU）等级；大叶锥（*Castanopsis megaphylla*）、舟柄铁线莲（*Clematis dilatata*）、尖叶唐松草（*Thalictrum acutifolium*）、华东唐松草（*Thalictrum fortunei*）、朝鲜淫羊藿（*Epimedium koreanum*）等 52 种植物被列为近危（NT）等级。此外，庆元县还记录到 617 个中国特有种。

4.3　外来入侵植物

根据马金双（2013）对外来入侵种的定义，经调查整理，庆元县入侵植物共有 23 科 49 属 65 种（见附表）。

1. 种类组成

庆元县现有入侵植物 65 种，隶属 23 科，仅占庆元县陆生维管植物总种数的 3.28%。从图 4-1 可以看出，庆元县的 65 种外来入侵植物中，菊科最多，共 14 种，占入侵植物总种数的 21.5%；其次是苋科（Amaranthaceae）有 8 种，占 12.3%；豆科 7 种，占 10.8%；旋花科（Convolvulaceae）有 5 种，占 7.7%。以上这 4 个科的入侵植物总计 34 种，占庆元县入侵植物总种数的 52.3%，构成了庆元县入侵植物的主体。剩下的 31 种入侵植物中，玄参科、大戟科（Euphorbiaceae）、茄科各占 4 种；十字花科（Brassicaceae）有 3 种；落葵科（Basellaceae）有 2 种；禾本科、商陆科、藜科（Chenopodiaceae）、紫茉莉科（Nyctaginaceae）、马齿苋科（Portulacaceae）、白花菜科（Cleomaceae）、牻牛儿苗科（Geraniaceae）、凤仙花科（Balsaminaceae）、锦葵科（Malvaceae）、夹竹桃科（Apocynaceae）、紫草科（Boraginaceae）、天南星科（Araceae）、雨久花科（Pontederiaceae）、美人蕉科（Cannaceae）各占 1 种，共计 14 种，占庆元县入侵植物总种数的 21.5%。

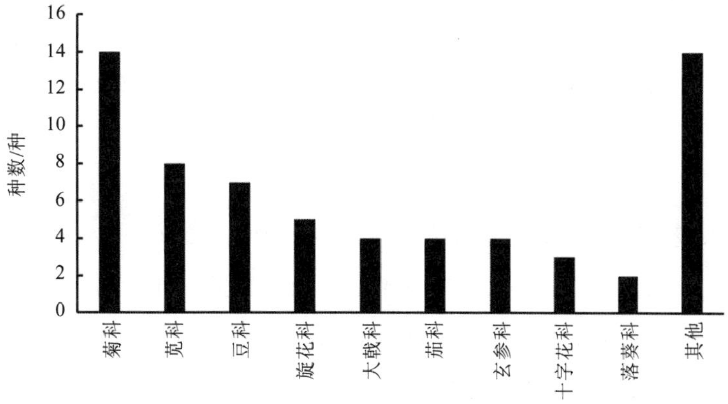

图 4-1　庆元县外来入侵植物科的分布

2. 危害程度

《中国入侵植物名录》将中国入侵植物物种主要分为 7 个等级：1 级，恶性入侵类；2 级，严重入侵类；3 级，局部入侵类；4 级，一般入侵类；5 级，有待观察类；6 级，建议排除类；7 级，中国国产类。庆元县 1 级恶性入侵植物有 15 种，主要是菊科植物，如藿香蓟（*Ageratum conyzoides*）、大狼杷草（*Bidens frondosa*）、鬼针草（*Bidens pilosa*）、一年蓬（*Erigeron annuus*）、小蓬草（*Erigeron canadensis*）等，这类植物在县域内主要出现在河沟、荒地及山路边，本次调查发现部分物种在森林系统中也有分布，如藿香蓟、鬼针草等；2 级严重入侵植物有 16 种，如凹头苋（*Amaranthus blitum*）、皱果苋（*Amaranthus viridis*）、北美独行菜（*Lepidium virginicum*）、田菁（*Sesbania cannabina*）、白车轴草（*Trifolium repens*）、野老鹳草（*Geranium carolinianum*）等；入侵等级相对较低（3～5 级）的植物有 27 种，如土人参（*Talinum paniculatum*）、落葵（*Basella alba*）、弯曲碎米荠（*Cardamine flexuosa*）、臭荠（*Coronopus didymus*）、银荆（*Acacia dealbata*）、山扁豆（*Chamaecrista mimosoides*）等；还有千日红（*Gomphrena globosa*）、醉蝶花（*Tarenaya hassleriana*）、紫穗槐（*Amorpha fruticosa*）、木薯（*Manihot esculenta*）、番薯（*Ipomoea batatas*）、菊芋（*Helianthus tuberosus*）、美人蕉（*Canna indica*）共 7 种，建议排除出入侵植物行列（图 4-2）。

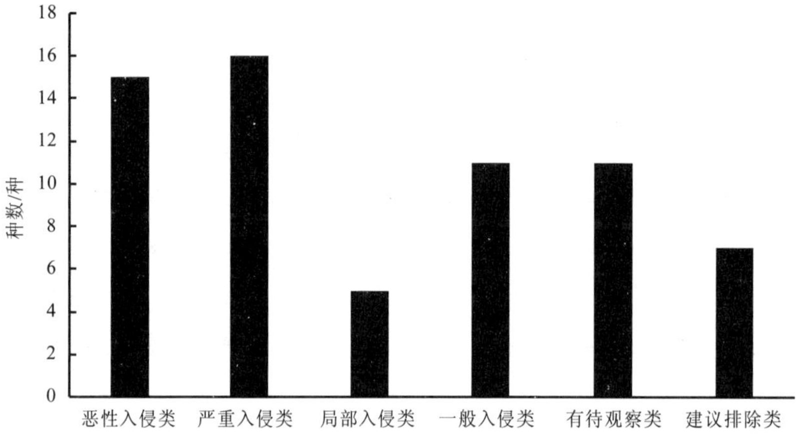

图 4-2 庆元县不同危害程度外来入侵植物的物种数量比较

3. 丰富度

我们将庆元县入侵植物的丰富度划分为极少、少、中、多、极多（图 4-3），其中，中等及中等以下为低丰富度，庆元县 63.1%的入侵植物丰富度相对较低，如千日红、木薯、臭荠、醉蝶花、土荆芥（*Dysphania ambrosioides*）、蓖麻（*Ricinus communis*）等；入侵植物丰富度为“多”的有 19 种，占总入侵植物的 29.2%，分别为皱果苋、土人参、喜旱莲子草（*Alternanthera philoxeroides*）、老鸦谷（*Amaranthus caudatus*）、刺苋（*Amaranthus spinosus*）、垂序商陆（*Phytolacca americana*）；入侵植物丰富度为“极多”的有 5 种，占总入侵植物的 7.7%，分别为藿香蓟、大狼杷草、苏门白酒草（*Erigeron sumatrensis*）、牛膝菊（*Galinsoga parviflora*）、粗毛牛膝菊（*Galinsoga quadriradiata*）。入侵植物丰富度“多”和“极多”的共计 24 种，占总入侵植物的 36.9%。总体来看，庆元县入侵植物丰富度“多”和“极多”种类相对较低，危害面积相对较小。

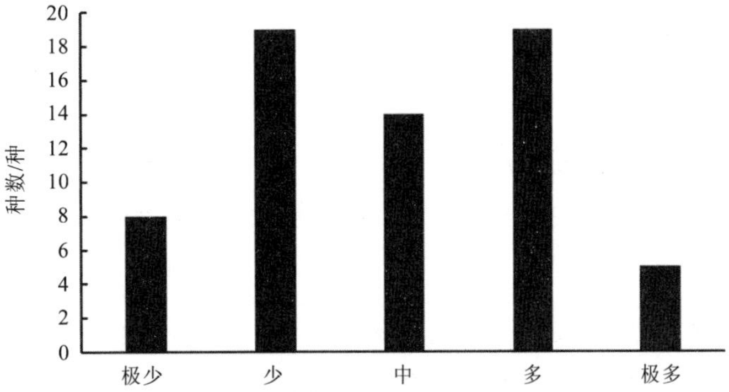

图 4-3 庆元县外来入侵植物的丰富度比较

4. 生活型

庆元县外来入侵植物的生活型可以划分为缠绕藤本、一年生草本、一二年生草本、多年生草本、直立灌木、落叶乔木 6 种。由图 4-4 可知，在庆元县的 65 种外来入侵植物中，其生活型以一年生草本植物占绝对优势，有 36 种，约占总数的 55.4%；其次是多年生草本植物 15 种和一二年生草本植物 7 种，分别占总数的 23.1%和 10.8%。除草本类群外，还有直立灌木、缠绕藤本和落叶乔木，分别为 5 种、1 种和 1 种，占总数的 7.7%、1.5%和 1.5%。

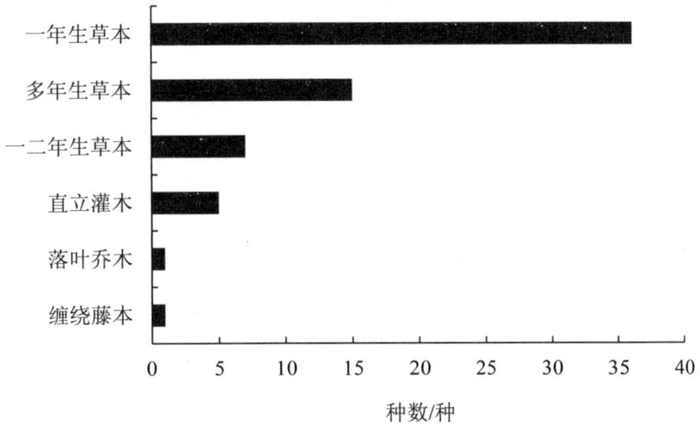

图 4-4 庆元县外来入侵植物的生活型组成

总体来看，庆元县入侵植物以一年生草本为主，且生长期较短，人类生产活动对这些入侵植物扩张形成巨大的对冲，使其很难长期占据在一个地方。此外，随着封山育林、退耕还林工作的开展，大量荒地的乔灌层植被恢复，生物多样性增加，人为干扰减少，在一定程度上限制了入侵植物的种群扩张。

4.4 典型物种介绍

1. 百山祖冷杉（*Abies beshanzuensis*） 松柏目 松科 冷杉属

保护等级：国家一级重点保护野生植物，被列入《中国生物多样性红色名录——高等植物卷》极危（CR）等级。

形态特征：常绿乔木，高达 18 m。树皮棕灰色，呈不规则块状开裂；大枝平展，小枝对生，一年生枝淡黄色或灰黄色；冬芽卵圆形。叶条形，排成 2 列，在小枝上侧的叶辐射伸展而呈不规则状，小枝下侧的叶较整齐且长，先端有凹缺，幼树及萌生枝上的叶先端呈刺状 2 叉，下面有 2 条银白色气孔带，树脂道 2 个。雄球花下垂；雌球花圆柱形，直立。球果直立，圆柱形，有短梗，成熟时呈淡褐色或淡褐黄色；种鳞扇状四边形，两侧耳状，边缘有不规则细锯齿；苞鳞比种鳞短，上部圆，先端微露出，具突出的短刺状尖头。种子倒三角形，有宽翅。花期 5 月，球果 11 月成熟。

2. 中华水韭（*Isoetes sinensis*） 水韭目 水韭科 水韭属

保护等级：国家一级重点保护野生植物，被列入《中国生物多样性红色名录——高等植物卷》濒危（EN）等级。

形态特征：多年生挺水或沉水草本。根状茎块状 3 裂。叶多数，淡绿色至深绿色，覆瓦状密生茎端，长 15～50 cm，条形，尖头，基部变阔成膜质鞘，腹面凹陷，凹入处生孢子囊，其上生叶舌，叶内具纵向通气道，并有多数加厚的横膈膜；气孔多数，上部尤多；叶舌心形渐尖，厚。孢子囊椭圆形，表面通常白色，具一条由密的暗褐色细胞组成的宽 300 μm 的完全周边。大孢子白色，小孢子灰色。

3. 银杏（*Ginkgo biloba*） 银杏目 银杏科 银杏属

保护等级：国家一级重点保护野生植物，被列入《中国生物多样性红色名录——高等植物卷》极危（CR）等级。

形态特征：落叶大乔木，高达 40 m。老树树皮灰褐色，深纵裂，粗糙；一年生枝淡褐黄色，二年生枝暗灰色，并有细纵裂纹；短枝密被叶痕，灰黑色；冬芽黄褐色，常卵圆形，先端钝尖。叶片扇形，有长柄，淡绿色，在一年生长枝上螺旋状散生，在短枝上 3～8 枚呈簇生状。雄球花 4～6 朵，柔荑花序状；雌球花具长梗，梗端常 2 叉。种子椭圆形、倒卵形或近球形，成熟时呈黄色或橘黄色，被白粉。花期 3—4 月，种子 9—10 月成熟。

4. 水杉（*Metasequoia glyptostroboides*） 松杉目 杉科 水杉属

保护等级：国家一级重点保护野生植物，被列入《中国生物多样性红色名录——高等植物卷》濒危（EN）等级。

形态特征：乔木，高达 35 m。树干基部通常凹凸不平；树皮灰褐色，裂成薄片状脱落；小枝对生，下垂。叶条形，上面淡绿色，下面色较淡，沿中脉有 2 条淡黄色气孔带，每带有 4～8 条气孔线；叶在侧生小枝上排成 2 列，呈羽状，冬季与枝一起脱落。球果近球形或四棱状球形，下垂，成熟时呈深褐色，梗长 2～4 cm；每一能育种鳞具 5～9 枚种子。种子扁平，周围有翅，先端具凹缺。花期 3 月，球果当年 10 月成熟。

5．南方红豆杉（*Taxus wallichiana* var. *mairei*）　红豆杉目　红豆杉科　红豆杉属

保护等级：国家一级重点保护野生植物，被列入《中国生物多样性红色名录——高等植物卷》易危（VU）等级。

形态特征：又称美丽红豆杉，属裸子植物，为常绿乔木。树干通直，树皮呈灰褐色或红褐色，浅纵裂。叶通常较宽、较长，多呈镰状，排成较整齐的 2 列，稍弯曲，中脉明显可见，淡绿色或绿色，气孔带黄绿色，与中脉异色，绿色边带较宽而明显。种子微扁，上部较宽，呈倒卵圆形或椭圆状卵形，有钝纵脊，种脐椭圆形或近三角形，生于鲜红色肉质杯状假种皮中。花期 3—4 月，种子 11 月成熟。

第 5 章

陆生脊椎动物

5.1 哺乳动物

5.1.1 物种组成

本次调查在庆元县共记录到哺乳动物 7 目 15 科 24 种，其中国家一级重点保护野生动物 1 种，即黑麂（*Muntiacus crinifrons*）；国家二级重点保护野生动物 3 种，分别为豹猫（*Prionailurus bengalensis*）、中华鬣羚（*Capricornis milneedwardsii*）和猕猴（*Macaca mulatta*）。列入《中国生物多样性红色名录——脊椎动物卷》（2020 年，下同）濒危（EN）等级的物种有 1 种，黑麂；列入易危（VU）等级的物种有 3 种，分别为豹猫、小麂（*Muntiacus reevesi*）和中华鬣羚。中国特有种共有 2 种，分别为黑麂、小麂。

从目的水平来看，啮齿目和食肉目的物种数最高，均为 6 种；偶蹄目和翼手目次之，均达到 4 种；劳亚食虫目物种数较少，有 2 种；灵长目和兔形目的物种数最少，均仅有 1 种。

从科的水平来看，以啮齿目鼠科、食肉目鼬科的种类最多，达到 3 种；啮齿目松鼠科、偶蹄目鹿科、劳亚食虫目鼩鼱科、翼手目蝙蝠科和菊头蝠科均有 2 种；仅有 1 种的有啮齿目仓鼠科，食肉目獴科、灵猫科及猫科，偶蹄目猪科和牛科，灵长目猴科，兔形目兔科。

5.1.2 区系分析

庆元县位于丽水市南部，地势高峻陡峭，多峡谷急流，1 000 m 以上的山峰连绵不断。该区域纬度低，气候温暖，植被良好，生境复杂，哺乳动物以东洋种所占比例为最高，达到 62.5%；其次为广布种，占所有物种种类的 37.5%。物种的区系型也与该地区所处的地理位置相吻合。

5.1.3 生态类型分析

根据哺乳动物生境和生态习性，本研究将庆元县哺乳动物分为 5 种生态类型。

半地下生活型：共 7 种，占总种数的 25.93%。其中，鼩鼱科 2 种，分别为山东小麝鼩（*Crocidura shantungensis*）和灰麝鼩（*Crocidura attenuata*）；鼠科 3 种，分别为白腹巨鼠（*Leopoldamys edwardsi*）、青毛巨鼠（*Berylmys bowersi*）和黑腹绒鼠（*Eothenomys melanogaster*）；兔科 1 种，即华南兔（*Lepus sinensis*）；鼬科 1 种，即黄鼬（*Mustela sibirica*）。

地面生活型：共 7 种，占总种数的 25.93%，主要是食肉目和偶蹄目。其中，鼬科 2 种，分别为鼬獾（*Melogale moschata*）、猪獾（*Arctonyx collaris*）；獴科 1 种，即食蟹獴（*Herpestes urva*）；猪科 1 种，即野猪（*Sus scrofa*）；鹿科 2 种，分别为小麂、黑麂；牛科 1 种，即中华鬣羚。

树栖型：共 3 种，占总种数的 12.50%。其中，松鼠科 2 种，分别为赤腹松鼠（*Callosciurus erythraeus*）、倭花鼠（*Tamiops maritimus*）；灵长目 1 种，即猕猴。

半树栖型：共 3 种，占总种数的 12.50%。其中，灵猫科 1 种，即果子狸（*Paguma larvata*）；獴科 1 种，即食蟹獴；猫科 1 种，即豹猫。

岩洞栖息型：共 4 种，占总种数的 16.67%，包括翼手目的全部物种。

总体来看，属于半地下生活型和地面生活型的哺乳动物种类最多，属于岩洞栖息型的哺乳动物种类数次之，属于半树栖型和树栖型的哺乳动物种类最少。

5.1.4 典型物种介绍

1．猕猴（*Macaca mulatta*） 灵长目 猴科 猕猴属

保护等级：国家二级重点保护野生动物，被列入《中国生物多样性红色名录——脊椎动物卷》无危（LC）等级。

形态特征：猕猴是自然界中最常见的一种猴类，在同属猴类中个体稍小。颜面瘦削，头顶没有向四周辐射的漩毛，呈棕色，额略突，眉骨高，眼窝深，具颊囊，肩毛较短，尾较长，约为体长之半。身上大部分毛色为灰黄色或灰褐色，背部棕灰色或棕黄色，腰部以下为橙黄色或橙红色，腹面淡灰黄色，有光泽，胸腹部、腿部的灰色较浓。不同地区和个体间体色往往有差异。面部、两耳多为肉色，臀胝发达，多为肉红色。成年雄猴的体型要比雌猴大。面部裸露无毛，轮廓分明，眼眶由骨形成环状，使两眼向前，眼间的距离较窄，视觉发达，立体化，可以在树林之间活动时较准确地判定距离，辨别色彩，但嗅觉退化。四趾上都具有 5 指（趾），可以灵活而稳定地抓握树枝，指（趾）的端部仅盖住指（趾）头背面的扁平指甲，凸出的指（趾）部有发达的指（趾）纹，触觉灵敏，还有防止滑落的作用；掌面和跖面裸出，具有发达的两行皮垫，手脚的拇指（趾）和其余 4 指（趾）相对，可以握合。

生活习性：集群生活，猕猴往往数十只或上百只一群，由猴王带领，群居于森林中。常爱攀藤上树，喜觅峭壁岩洞，其活动范围很大。善于攀援跳跃，会游泳和模仿人的动作，有喜怒哀乐的表现。性情躁动时爱举石掷人。以树叶、嫩枝、野菜等为食，也吃鸟类、各类昆虫及其他小型无脊椎动物。

2．豹猫（*Prionailurus bengalensis*）　食肉目　猫科　豹猫属

保护等级：国家二级重点保护野生动物，被列入《中国生物多样性红色名录——脊椎动物卷》易危（VU）等级。

形态特征：豹猫体型和家猫相仿，但更加纤细，腿更长。南方种的毛色基调是淡褐色或浅黄色，而北方的毛基色显得更灰且周身有深色斑点。图案很独特，一般由头到肩有 4 条主条纹，很宽、很明显，但在脊柱位置条纹则断开。体侧有斑点，但从不连成垂直的条纹。有明显的白色条纹从鼻子一直延伸到两眼间，常常到头顶。耳大而尖，耳后黑色，带有白斑点。两条明显的黑色条纹从眼角内侧一直延伸到耳基部。内侧眼角到鼻部有一条白色条纹，鼻吻部白色。尾长，有环纹至黑色尾尖。

生活习性：栖息地类型很多，可见于茂密的次生林、被采伐地、人工林和农业区及人类居住地附近。窝穴多在树洞、土洞、石块下或石缝中。主要为地栖，但攀爬能力强，在树上活动灵敏自如。夜行性，晨昏活动较多。独栖或成对活动。善游水，喜在水塘边、溪沟边、稻田边等近水之处活动和觅食，捕食小型脊椎动物，如野兔、鸟类、爬行类、两栖类、鱼类、啮齿类，偶尔也吃腐肉。常可见成对活动，雄性可能帮助抚育后代。非季节性繁殖，妊娠期 60～70 天；平均每胎 2～3 崽，18～24 个月性成熟。

3．黑麂（*Muntiacus crinifrons*）　偶蹄目　鹿科　麂属

保护等级：国家一级重点保护野生动物，被列入《中国生物多样性红色名录——脊椎动物卷》濒危（EN）等级。

形态特征：麂类中体型较大的种类。成年个体体长超过 1 m，体重 21～26 kg。自吻端直至眶前区的面长为 64～70 mm，一般短于颅全长的 1/2。头骨短小，吻部较窄，鼻骨长直，且其最宽处在前部。黑麂冬毛上体暗褐色；夏毛棕色成分增加。雄性具角，角柄较长，头顶部和两角之间有一簇长达 5～7 cm 的棕色冠毛。黑麂体被的粗硬脆性波形状长毛易脱落，且几乎呈一致的黑褐色（包括头部、耳和四肢）。半成体毛色略淡，多为暗褐；胎儿及初生幼仔体具浅黄色圆形斑点。背面黑色，尾腹及尾侧毛色纯白，白尾十分醒目。眼后的额项部有簇状鲜棕色、浅褐色或淡黄色的长毛，有时能把两只短角遮得看不出来，故又名“蓬头麂”。

生活习性：胆小怯懦，恐惧感强，大多在早晨和黄昏活动，白天常在大树根下或在石洞中休息，稍有响动立刻跑入灌木丛中隐藏起来，其在陡峭的地方活动时有较为固定的路线，常踩踏出 16～20 cm 宽的小道，但在平缓处则没有固定的路线。一般雌雄成对在一起，活动比较隐蔽，有领域性，一般在领域范围内活动。有游走觅食的习性，在一定的范围内来回觅食，直到吃饱为止。主要以草本植物的叶和嫩枝等为食，种类多达近百种，包括伞菌、三尖杉、矩圆叶鼠刺、杜鹃、南五味子、爬岩红等。

4．中华鬣羚（*Capricornis milneedwardsii*）　偶蹄目　牛科　鬣羚属

保护等级：国家二级重点保护野生动物，被列入《中国生物多样性红色名录——脊椎动物卷》易危（VU）等级。

形态特征：俗称“四不像”。头体长 140～170 cm，肩高 90～100 cm，尾短，体重 85～140 kg。体高腿长，毛色深，具有向后弯的短角，颈背部有长而蓬松的鬃毛，形成向背部延伸的粗毛脊。有显著的眶前腺，尾短被毛，身体毛色黑灰或红灰色，特别在长鬃和腿部，毛粗，毛层较薄。雌雄均具短而光滑的黑角。耳似驴耳，狭长而尖。自角基至颈背有长十几厘米的灰白色毛，甚为明显。尾巴较短，四肢短粗，适于在山崖乱石间奔跑跳跃。全身被毛稀疏而粗硬，通体略呈黑褐色，但上下唇及耳内污白色。

生活习性：亚洲东南部热带、亚热带地区的典型动物之一，主要活动于海拔 1 000～4 400 m 针阔混交林、针叶林或多岩石的杂灌林。通常冬天在森林带，夏天转移到高海拔的峭壁区。单独或成小群生活，多在早晨和黄昏活动，行动敏捷，在乱石间奔跑很迅速。取食草、嫩枝和树叶，喜食菌类。采食多种植物的树叶和幼苗，有时会到盐渍地舔食盐。常在低洼地睡觉，有时也在视角好的隆起地休息。

5．果子狸（*Paguma larvata*）　食肉目　灵猫科　果子狸属

保护等级：被列入《中国生物多样性红色名录——脊椎动物卷》近危（NT）等级。

形态特征：因其从鼻镜后缘经颜面中央至额顶有一条宽阔的白色面纹而得名。颈背常有颈纹与面纹相延续，但因季节或地区不同而有变化，多数地区的标本冬季退化消失。具长方形眼下斑、眼角斑（扇形）和耳前斑（半圆形）。中国的果子狸耳前斑的毛较短，毛端向前不超过眼耳间距之半。眼角斑与耳前斑相延续。中央面纹不与眼角斑相延续，即使有连接，也仅仅是一条白细窄线。颈侧到喉部多有白色领纹。体背基色因地区和季节不同而异，一般呈灰白色、灰黄色、棕黄色、棕褐色至乌黑色。颏黑褐色。喉灰白色或灰褐色。胸部棕黄色或灰黄色。腹灰白色。四肢棕黑到足背变为乌黑色。尾色变异较大，多数标本尾基同背色，尾端黑色，但少数标本均呈灰黄色或灰白色。果子狸的毛色多变。一般因季节或地区不同而有差异，冬毛色浅淡多灰黄，夏毛多棕黄常有焦黑色调。亦有全白（白化型）或全黑（黑化型）的个体变异。

生活习性：可见于多种森林栖息地，从原始常绿林到落叶次生林，还经常光顾农业区。主要吃果实，也吃鸟类、啮齿类、昆虫和根；在农田里会攻击家禽。树栖性，独居，夜行性，白天在树上的洞穴中睡觉，也居住于地洞，并组成 2～10 只的小家庭群。家域约 3.7 km^2。每胎产崽 1～5 只，妊娠期 70～90 天，1 岁性成熟。

5.2 鸟类

5.2.1 物种组成

结合历史资料与本次调查结果，庆元县共记录到鸟类191种，隶属16目49科。其中，国家一级重点保护野生鸟类共3种，分别为白颈长尾雉（*Syrmaticus ellioti*）、黄腹角雉（*Tragopan caboti*）和乌雕（*Clanga clanga*）；国家二级重点保护野生鸟类共37种，以林雕（*Ictinaetus malaiensis*）、蛇雕（*Spilornis cheela*）、红隼（*Falco tinnunculus*）、普通鵟（*Buteo japonicus*）、斑头鸺鹠（*Glaucidium cuculoides*）等猛禽为主，还包括白鹇（*Lophura nycthemera*）、鸳鸯（*Aix galericulata*）、勺鸡（*Pucrasia macrolopha*）等。列入《中国生物多样性红色名录——脊椎动物卷》濒危（EN）和易危（VU）等级的鸟类共7种，其中黄腹角雉和乌雕被列为濒危（EN）等级，白眉山鹧鸪（*Arborophila gingica*）、白颈长尾雉、白腿小隼（*Microhierax melanoleucos*）、林雕和白喉林鹟（*Cyornis brunneatus*）被列为易危（VU）等级。

根据《百山祖志》中的记载，截至1996年，庆元县共记录到鸟类10目39科123种。2019年年底至2020年11月，开展庆元县生物多样性本底调查期间，共记录到鸟类15目46科154种。庆元县总体呈物种目、科、种数增加的趋势，具体变化见图5-1。

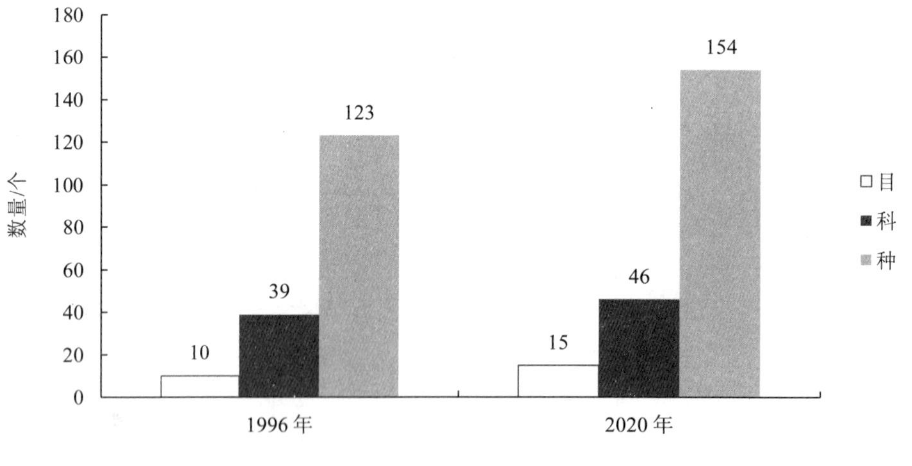

图5-1 庆元县不同时期鸟类目、科、种变化

经本次全县域鸟类多样性调查，新增庆元县鸟类记录68种。新增记录中，国家重点保护野生鸟类8种，浙江省重点保护鸟类12种，列入《中国生物多样性红色名录——脊椎动物卷》濒危（EN）和易危（VU）等级的鸟类各1种。同历史相比，本次调查未记录鸟种37种，与历史记录相同鸟种86种。具体占比见图5-2。

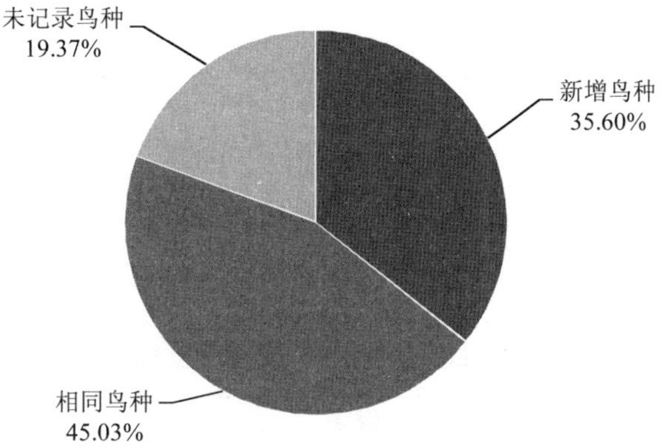

图 5-2　庆元县历史记录和调查数据鸟种比较

新增记录鸟种主要集中在雀形目（42 种）和鹈形目（6 种）鸟类，另外包括佛法僧目（1 种）、鸽形目（1 种）、鹤形目（1 种）、鸻形目（2 种）、鸡形目（1 种）、鹃形目（1 种）、鹳鹛目（1 种）、隼形目（1 种）、雁形目（3 种）、咬鹃目（1 种）、鹰形目（2 种）和啄木鸟目（5 种）共 12 目，其中鸮形目鸱鸮科和雀形目佛法僧科、山椒鸟科、长尾山雀科、绣眼鸟科、林鹛科、噪鹛科、河乌科、梅花雀科和雀科为科水平上的新增记录。

本次调查共记录到鸟类 154 种 4 466 只，隶属 15 目 46 科。其中，雀形目鸟类最多，共 30 科 105 种，分别占总科数的 65.22%、占总种数的 68.18%；其次是佛法僧目和啄木鸟目，各 2 科，各占总科数的 4.35%（图 5-3）。

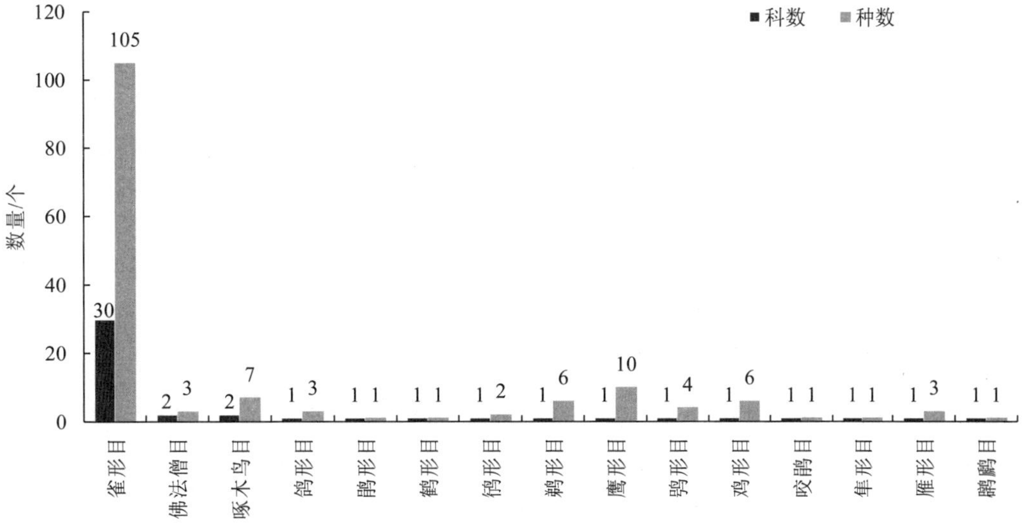

图 5-3　庆元县鸟类目、科、种分析

5.2.2 季节动态分析

从鸟类群落结构来看，春季鸟类的丰富度指数最高，均匀度指数最低；秋季鸟类的多样性指数和均匀度指数均最高，丰富度指数位居第二。各季节鸟类的多样性指数由高到低的排序为秋季＞春季＞冬季＞夏季，各季节鸟类的均匀度指数由高到低的排序为秋季＞夏季＞冬季＞春季，各季节鸟类的丰富度指数由高到低的排序为春季＞秋季＞夏季＞冬季（表 5-1）。

表 5-1 庆元县各季节鸟类群落结构

参数	春季	夏季	秋季	冬季
鸟种数/种	102	73	92	83
数量/只	1 290	557	968	1 651
多样性指数	3.666 4	3.619 6	3.830 8	3.646 7
均匀度指数	0.792 7	0.846 3	0.847 2	0.825 2
丰富度指数	14.101 4	11.229 6	13.235 9	11.067 4

5.2.3 典型物种介绍

1. 鸳鸯（*Aix galericulata*） 雁形目 鸭科 鸳鸯属

保护等级：国家二级重点保护野生动物，被列入《中国生物多样性红色名录——脊椎动物卷》近危（NT）等级。

形态特征：小型游禽，雄鸟额和头顶中央翠绿色，并具金属光泽；枕部铜赤色，与后颈的暗紫绿色长羽组成羽冠。眉纹白色，宽而长，并向后延伸构成羽冠的一部分。眼先淡黄色，颊部具棕栗色斑，眼上方和耳羽棕白色，颈侧具长矛形的辉栗色领羽。背、腰暗褐色，并具铜绿色金属光泽。尾羽暗褐色而带金属绿色。颏、喉纯栗色。上胸和胸侧暗紫色，下胸至尾下覆羽乳白色，下胸两侧绒黑色，具两条白色斜带，两胁近腰处具黑白相间的横斑，其后两胁为紫赭色，腋羽褐色。雌鸟头和后颈灰褐色，无冠羽，眼周白色，其后一条白纹与眼周白圈相连，形成特有的白色眉纹。上体灰褐色，两翅和雄鸟相似，但无金属光泽和帆状直立羽。颏、喉白色。胸、胸侧和两胁暗棕褐色，杂有淡色斑点。腹和尾下覆羽白色。

生活习性：常成群到达繁殖地，刚迁到繁殖地时活动在低山开阔地带的水塘和溪流中，休息时则成群栖息在水边或未融化的冰上。除繁殖期外，常成群活动，善游泳和潜水，在地上行走也很好，除在水上活动外，也常到陆地上活动和觅食。繁殖季节以动物性食物为主，冬季的食物几乎都是栎树等植物的坚果。春季和冬季主要以植物性食物为食，如玉米、稻谷等农作物和忍冬、橡子等植物果实与种子等。

2. 蛇雕（*Spilornis cheela*） 鹰形目 鹰科 蛇雕属

保护等级：国家二级重点保护野生动物，被列入《中国生物多样性红色名录——脊椎动物卷》

近危（NT）等级。

形态特征：前额白色，头顶黑色，羽基白色；枕部有大而显著的黑色羽冠，通常呈扇形展开，其上有白色横斑。上体灰褐至暗褐色，具窄的白色或淡棕黄色羽缘，尾上覆羽具白色尖端，尾黑色，具一条宽阔的白色或灰白色中央横带和窄的白色尖端，翅上小覆羽褐色或暗褐色，具白色斑点，飞羽黑色，具白色端斑和淡褐色横斑。喉和胸灰褐色或黑色，具淡色或暗色虫蠹状斑；其余下体灰皮黄色或棕褐色，具丰富的白色圆形细斑。翼下覆羽和腋羽皮黄褐色，亦被白色圆形细斑。幼鸟头顶和羽冠白色，具黑色尖端，贯眼纹黑色，背暗褐色，杂有白色斑点。下体白色，喉和胸具暗色羽轴纹，覆腿羽具横斑，尾灰色，具两道宽阔的黑色横斑和黑色端斑。

生活习性：飞行时常选择晴朗的天气，单独或小群随上升热气流旋至空中展翅翱翔，此时稍向前倾的宽长双翼下一白色横带清晰明显，并发出嘹亮上扬的长鸣哨音“忽溜……忽溜……”，为野外辨识主要特征。气候不佳时甚少活动，常停栖于枯木或密林群居。主要以各种蛇类为食，也吃蜥蜴、蛙、鼠类、鸟类和甲壳动物。春天是孵卵抱窝的季节，营巢于森林中高树顶端枝杈上。巢由枯枝构成，呈盘状，每窝产卵一枚，孵化期35天。雏鸟晚成性，孵出后由亲鸟抚养到60天左右才能飞翔。

3．鹰雕（*Nisaetus nipalensis*） 鹰形目 鹰科 鹰雕属

保护等级：国家二级重点保护野生动物，被列入《中国生物多样性红色名录——脊椎动物卷》无危（LC）等级。

形态特征：大型猛禽，最明显的特征是头后有长的黑色羽冠，比棕腹隼雕的羽冠要显著得多，常常垂直地竖立于头上。虹膜为金黄色，嘴为黑色，蜡膜为黑灰色，脚和趾为黄色，爪为黑色。上体为褐色，有时缀有紫铜色，腰部和尾上的覆羽有淡白色的横斑，尾羽上有宽阔的黑色和灰白色交错排列的横带，头侧和颈侧有黑色和皮黄色的条纹，喉部和胸部为白色，喉部还有显著的黑色中央纵纹，胸部有黑褐色的纵纹，腹部密被淡褐色和白色交错排列的横斑，跗跖上被有羽毛，同覆腿羽一样，都具有淡褐色和白色交错排列的横斑。飞翔时翅膀显得十分宽阔，翅膀下面及尾羽的下面的黑色和白色交错的横斑极为醒目。虹膜金黄色，嘴黑色，蜡膜灰黑色，脚和趾黄色，爪黑色。

生活习性：在繁殖季节大多栖息于不同海拔高度的山地森林地带，常在阔叶林和混交林中活动，也出现在浓密的针叶林中。冬季多下到低山丘陵和山脚平原地区的阔叶林及林缘地带活动。经常单独活动，飞翔时两个翅膀平伸，扇动较慢，有时也在高空盘旋，常站立在密林中枯死的乔木树上。叫声十分喧闹。主要以山羌、猕猴、野兔、野鸡、蛇类、蜥蜴、鼬科动物和鼠类等为食，也捕食小鸟和大的昆虫，偶尔还捕食鱼类。

4．林雕（*Ictinaetus malaiensis*） 鹰形目 鹰科 林雕属

保护等级：国家二级重点保护野生动物，被列入《中国生物多样性红色名录——脊椎动物卷》易危（VU）等级。

形态特征：又叫树鹰，是中型猛禽，通体为黑褐色，跗跖被羽，尾羽较长而窄，呈方形。飞翔时从下面看两翅宽长，翅基较窄，后缘略微凸出，尾羽上具有多条淡色横斑和宽阔的黑色端斑。嘴较小，上嘴缘几乎是直的，鼻孔宽阔，呈半月形，斜状；外趾及爪均短小，爪的弯曲程度不如雕属种类，而且内爪比后爪长；两翼后缘近身体处明显内凹，因而使翼基部明显较窄，使翼后缘突出，飞翔时极微明显。下体也是黑褐色，但较上体稍淡，胸、腹有粗着的暗褐色纵纹。嘴铅色，尖端黑色，蜡膜和嘴裂黄色，趾黄色，爪黑色。

生活习性：栖息于山地森林中，特别是中低山地区的阔叶林和混交林地区，有时也沿着林缘地带飞翔巡猎，但从不远离森林，是一种完全以森林为其栖息环境的猛禽，能高速地在浓密的森林中飞行和追捕猎物，飞行技巧相当高超，有时也在森林上空盘旋和滑翔，不善鸣叫。主要以鼠类、蛇类、雉鸡、蛙、蜥蜴、小鸟和鸟卵及大的昆虫等动物性食物为食。

5. 凤头鹰（*Accipiter trivirgatus*） 鹰形目 鹰科 鹰属

保护等级：国家二级重点保护野生动物，被列入《中国生物多样性红色名录——脊椎动物卷》无危（LC）等级。

形态特征：中等猛禽，前额、头顶、后枕及其羽冠黑灰色；头和颈侧较淡，具黑色羽干纹。上体暗褐色，尾覆羽尖端白色；尾淡褐色，具白色端斑和一道隐蔽而不甚显著的横带和四道显露的暗褐色横带；飞羽也具暗褐色横带，且内翈基部白色。颏、喉和胸白色，颏和喉具一黑褐色中央纵纹；胸具宽的棕褐色纵纹，尾下覆羽白色；胸以下具暗棕褐色与白色相间排列的横斑。虹膜金黄色，嘴角褐色或铅色，嘴峰和嘴尖黑色，口角黄色，蜡膜和眼睑黄绿色，脚和趾淡黄色，爪角黑色。幼鸟上体暗褐，具茶黄色羽缘，后颈茶黄色，微具黑色斑；头具宽的茶黄色羽缘。下体皮黄白色或淡棕色或白色，喉具黑色中央纵纹，胸、腹具黑色纵纹或纵行黑色斑点。

生活习性：留鸟，通常栖息在 2 000 m 以下的山地森林和山脚林缘地带，也出现在竹林和小面积丛林地带，偶尔也到山脚平原和村庄附近活动。性情机警，善于藏匿，常躲藏在树叶丛中，有时也栖息于空旷处孤立的树枝上。日出性，多单独活动，飞行缓慢，也不很高，有时也利用上升的热气流在空中盘旋和翱翔，盘旋时两翼常往下压和抖动，领域性甚强。主要以蛙、蜥蜴、鼠类、昆虫等动物性食物为食，也吃鸟和小型哺乳动物。主要在森林中的地面上捕食，常躲藏在树枝丛间，发现猎物时才突然出击。

5.3 两栖爬行动物

5.3.1 物种组成

本次调查共记录到两栖动物 2 目 9 科 31 种，其中国家二级重点保护野生动物 3 种，分别是中国大鲵（*Andrias davidianus*）、中国瘰螈（*Paramesotriton chinesis*）和虎纹蛙（*Hoplobatrachus chinensis*）；被列入《中国生物多样性红色名录——脊椎动物卷》受威胁等级（易危、濒危、极危）的有 5 种，分别是中国大鲵、虎纹蛙、小棘蛙（*Quasipaa exilispinosa*）、九龙棘蛙（*Quasipaa jiulongensis*）、棘胸蛙（*Quasipaa spinosa*）；中国特有种有 17 种，分别是秉志肥螈（*Pachytriton granulosus*）、中国瘰螈、中国大鲵、福建掌突蟾（*Leptolalax liui*）、淡肩角蟾（*Megophrys boettgeri*）、百山祖角蟾、三港雨蛙（*Hyla sanchiangensis*）、镇海林蛙（*Rana zhenhaiensis*）、福建侧褶蛙（*Pelophylax fukienensis*）、阔褶水蛙（*Hylarana latouchii*）、小竹叶蛙（*Odorrana exiliversabilis*）、黄岗臭蛙（*Odorrana tianmuii*）、武夷湍蛙（*Amolops wuyiensis*）、福建大头蛙（*Limnonectes fujianensis*）、小棘蛙、九龙棘蛙、北仑姬蛙（*Microhyla beilunensis*）。

本次在庆元县调查两栖爬行动物的过程中，发现一个两栖动物新种——百山祖角蟾，隶属无尾目角蟾科角蟾属。其形态与挂墩角蟾（*Megophrys kuatunensis*）相似，被发现于百山祖国家公园内，生活在海拔 1 400 m 附近的溪边草丛中。成蟾在雨季或夜间常蹲在石头附近或草丛中发出“呷、呷、呷”的鸣叫声，生性胆小，稍受惊扰便立即停叫。根据其生活环境推测，该蟾捕食鳞翅目、鞘翅目和膜翅目等昆虫及其他小动物。分子生物学证据和形态学差异表明，该种为两栖动物角蟾属新种。

本次调查共记录到爬行动物 1 目 8 科 35 种，其中被列入《中国生物多样性红色名录——脊椎动物卷》受威胁等级（易危、濒危、极危）的有 11 种，分别是崇安草蜥（*Takydromus sylvaticus*）、福建钝头蛇（*Pareas stanleyi*）、王锦蛇（*Elaphe carinata*）、黑眉锦蛇（*Elaphe taeniurus*）、玉斑锦蛇（*Euprepiophis mandarinus*）、乌梢蛇（*Ptyas dhumnades*）、灰鼠蛇（*Ptyas korros*）、中国沼蛇（*Myrrophis chinensis*）、尖吻蝮（*Deinagkistrodon acutus*）、银环蛇（*Bungarus multicinctus*）和乌华游蛇（*Trimerodytes percarinatus*）；中国特有种有 8 种，分别是蹼趾壁虎（*Gekko subpalmatus*）、北草蜥（*Takydromus septentrionalis*）、崇安草蜥、福建钝头蛇、广东钝头蛇（*Pareas kuangtungensis*）、颈棱蛇（*Pseudoagkistrodon rudis*）、挂墩后棱蛇（*Opisthotropis kuatunensis*）和山溪后棱蛇（*Opisthotropis latouchii*）。

5.3.2　区系组成

经调查，庆元县两栖动物区系以东洋界物种为主，除中华蟾蜍（*Bufo gargarizans*）、黑斑侧褶蛙（*Pelophylax nigromaculatus*）和川村陆蛙（*Fejervarya kawamurai*）外，其他 28 种均属于东洋界，占比 90.3%。庆元县爬行动物区系仍以东洋界物种为主，除蹼趾壁虎、铜蜓蜥（*Sphenomorphus indicus*）、北草蜥、王锦蛇、赤链蛇（*Lycodon rufozonatus*）、玉斑锦蛇、黑眉锦蛇、颈棱蛇、乌梢蛇、虎斑颈槽蛇（*Rhabdophis tigrinus*）10 种外，其他 25 种均属于东洋界，占比 71.4%。总体来看，庆元县全域隶属东洋界华中区东部丘陵平原亚区，此处为东洋界和古北界的过渡地带，两界动物区系混杂。从区系组成来看，庆元县两栖爬行动物以东洋种为主，这与其地理区划相一致，此外还有一定数量的广布种。在东洋种中，华中区和华南区共有种占较大比重，其次为华中区物种，另有少量的华中区和西南区共有种及华南区种，说明该地区两栖爬行动物东洋界成分具有华中区、华南区过渡地带的特点及向西南区渗透的现象。

5.3.3 两栖动物典型物种介绍

1. 秉志肥螈（*Pachytriton granulosus*） 有尾目 蝾螈科 肥螈属

保护等级：中国特有种，被列入《中国生物多样性红色名录——脊椎动物卷》数据缺乏（DD）等级。

形态特征：体型肥壮，四肢粗短，躯干呈圆柱状，背腹略扁平。体背面呈褐色或黄褐色，多数个体无黑色斑点，背侧常有橘红色斑点；头体腹面橘红色，有少数褐色短纹或呈蠕虫状斑；四肢、肛孔和尾下缘橘红色，有的个体尾末段两侧各有一个银色斑。皮肤光滑，体两侧和尾部有细横皱纹；咽喉部有纵肤褶，有的个体腹部有横皱沟。

生活习性：生活于海拔 50～700 m 较为平缓、水质清凉的山溪内。成体以水栖为主，白天长伏于水底石块或隐于石下，夜间多在水底爬行。以水生昆虫、螺类、虾类、蟹类为食。

2. 崇安髭蟾（*Leptobrachium liui*） 无尾目 角蟾科 拟髭蟾属

保护等级：中国特有种，被列入《中国生物多样性红色名录——脊椎动物卷》无危（LC）等级。

形态特征：体型较大，前肢较长，后肢较短。体背部有由痣粒组成的网状肤棱；四肢背面肤棱显著，呈纵行；腹面及体侧满布浅色痣粒；腋腺大呈椭圆形，有股后腺。体背面浅褐色略带紫色，有许多不规则的黑斑；眼上半浅绿色，下半深棕褐色；胯部有一白色月牙斑；体腹面满布白色小颗粒。雄体在繁殖季节上唇缘有黑色的角质刺 2 枚或 4 枚，雌体在相应部位有橘红色小点或小黑刺。

生活习性：生活于海拔 800～1 600 m 林木繁茂的山区。成蟾营陆栖生活，常栖息在流溪附近的草丛、土穴内或石块下，在农耕地内也可见到。蝌蚪以苔藓、藻类为食，成蟾以各种昆虫为食。

3. 百山祖角蟾（*Megophrys kuatunensis*） 无尾目 角蟾科 角蟾属

保护等级：中国特有种，为庆元县科考中发现的新种，暂无评估信息（NE）。

形态特征：背部皮肤粗糙，身体两侧散布大的疣粒；上眼睑外缘有明显的角状突起；身体背面有许多疣粒，形成不明显的 X 形脊；两眼间有倒三角形的棕色斑纹；在背部、大腿和胫部的侧面和背面散布一些的疣粒；颞褶明显。大量疣粒散在腹部、胸腺和股腺；大腿外侧有大量白色颗粒。背面棕色，散布一些粉红色的疣粒；体腹面白色，有棕色斑点；体侧有 2 条深棕色的斑纹；前肢腹面红紫色，后肢橙色，有许多白色痣粒；趾间浅灰色；内跖突和 2 个掌突粉红色；胸腺白色。

生活习性：成蟾在夏季雨夜或雨后的晴天夜晚多栖于溪沟附近的灌木、草丛下或溪边石上，发出“呷、呷、呷”的连续鸣声。白天成蟾隐伏在流溪水坑内石块下或石缝、石洞里，晚上出来活动，以昆虫及其他小动物为食。

4．三港雨蛙（*Hyla sanchiangensis*）　无尾目　雨蛙科　雨蛙属

保护等级：中国特有种，被列入《中国生物多样性红色名录——脊椎动物卷》无危（LC）等级。

形态特征：体形较小，背面皮肤光滑，胸、腹及股腹面密布颗粒疣，咽喉部较少。背面黄绿色或绿色，眼前下方至口角有一明显的灰白色斑，眼后巩膜上、下方有两条深棕色线纹在肩部不相会合；体侧前段棕色，体侧后段和股前后及体腹面浅黄色；体侧后段、股前后、胫腹面有黑棕色斑点，体侧前段无黑斑点；手和跗足部棕色。

生活习性：生活于海拔 500～1 560 m 的山区稻田及其附近。白天多在土洞、石穴内或竹筒内，傍晚外出捕食。在晴朗的夜晚鸣声较多，成蛙发出"咯啊、咯啊"的连续鸣声，音低慢。以叶甲虫、金龟子、蚁类及高秆作物上的多种害虫为食。

5．弹琴蛙（*Nidirana adenopleura*）　无尾目　蛙科　琴蛙属

保护等级：被列入《中国生物多样性红色名录——脊椎动物卷》无危（LC）等级。

形态特征：躯体较为肥硕；皮肤光滑；背后部、体侧及四肢背面有小白疣，在股、胫部排列成纵行；腹面光滑；肛周围有扁平疣；生活时背面灰棕色或蓝绿色，一般有黑色斑点，背侧褶色浅；体侧浅灰散有棕色斑；体后端疣粒部位常有黑色小圆斑。前臂有一细横纹；股、胫部各有 3～4 条横纹，股后有棕色大小斑块。腹面灰白色，雄蛙咽喉部有深色或棕色细斑。

生活习性：栖息于海拔 30～1 800 m 山区的梯田、水草地、水塘。成蛙白天隐匿于石缝间，阴雨天夜间外出活动较多，有的在洞口或草丛中鸣叫，"咕、咕、咕"由 2～3 声组成，鸣声低沉。多以昆虫、蚂蟥、蜈蚣等为食。

5.3.4　爬行动物典型物种介绍

1．福建钝头蛇（*Pareas stanleyi*）　有鳞目　游蛇科　钝头蛇属

保护等级：中国特有种，被列入《中国生物多样性红色名录——脊椎动物卷》易危（VU）等级。

形态特征：小型无毒蛇。体略侧扁；头较大，长椭圆形，颈明显，眼大，瞳孔不明显。头背面自鼻间鳞后缘至枕部有一个大黑斑，此斑在枕部分叉，分别与来自眼后的细黑线纹会合止于颈后部。背面黄褐色，部分背鳞黑色，常并列排布，构成体背的不规则横纹。腹面黄白色，散布稀疏的黑褐色点斑。

生活习性：多生活于海拔 1 000 m 左右的山区，常在雨后外出活动，夜行性。性格温顺，不擅咬人，以蜗牛、蛞蝓为食。卵生。

2．王锦蛇（*Elaphe carinata*）　有鳞目　游蛇科　锦蛇属

保护等级：被列入《中国生物多样性红色名录——脊椎动物卷》濒危（EN）等级。

形态特征：大型无毒蛇。体型粗壮；全身黑色并杂以黄色花斑；头背鳞缝黑色，显“王”字斑纹。腹面黄色，腹鳞后缘有黑斑。幼体与成体色斑差异较大，幼蛇背面灰橄榄色，枕后有一短黑纵纹。随年龄增长，体色逐渐发生变化，头部部分鳞沟呈黑色，成体背面颜色较为多变，多见黄色、黄绿色、橄榄绿色等，体前部有若干黄色横纹；头背棕黄色，鳞缘黑色，在尾下形成黑色纵线。

生活习性：栖息于山区、丘陵地带，平原亦有，常于山地灌丛、田野沟边、山溪旁、草丛中活动。性凶猛，行动迅速。昼夜均活动，以夜间更活跃。以蛙、蜥蜴、其他蛇类、鸟类和鼠类为食。

3. 黑眉锦蛇（*Elaphe taeniura*） 有鳞目 游蛇科 锦蛇属

保护等级：被列入《中国生物多样性红色名录——脊椎动物卷》易危（VU）等级。

形态特征：大型无毒蛇，全长可达 2 m 左右。头体背面黄绿色或棕灰色，眼后具一条黑色眉状纹，这是其最主要的鉴别特征；体前部背面具有如秤星般的黑色梯状横斑，体后部有 4 条黑色纵纹直达尾端，背鳞中央数行起棱。腹部灰白色或淡灰色，腹鳞两侧具有黑色斑。雄性较为细长，雌性较为粗壮。

生活习性：常在房屋内及其附近活动，善攀爬，有时在屋檐及屋顶出现；草地、田园、丘陵亦有其踪迹。以鼠类、麻雀和蛙类等为食。

4. 尖吻蝮（*Deinagkistrodon acutus*） 有鳞目 蝰科 尖吻蝮属

保护等级：被列入《中国生物多样性红色名录——脊椎动物卷》濒危（EN）等级。

形态特征：大型毒蛇。头大呈三角形，与颈部可明显区分，具长管牙。吻端由鼻间鳞与吻鳞尖出形成一上翘的突起；鼻孔与眼之间有一椭圆形颊窝，为热测位器。体粗壮，尾短较细。体背面灰褐色或棕褐色，身体两侧具纵列黑褐色的三角形大斑，底边与体轴平行，两腰线清晰，中间色浅。三角形顶角常在脊部相接。腹面乳白色，咽部有排列不规则的小黑点，腹部中央和两侧有大黑斑。

生活习性：生活在海拔 100～1 400 m 的山区或丘陵地带。常栖息在山谷溪涧附近，偶尔也进入山区村宅，出没于厨房与卧室之中。炎热天气会进入山谷溪流边的岩石、草丛、树根下的阴凉处度夏，冬天在向阳山坡的石缝及土洞中越冬。以蛙类或小型哺乳动物为食。

5. 福建竹叶青（*Viridovipera stejnegeri*） 有鳞目 蝰科 竹叶青属

保护等级：被列入《中国生物多样性红色名录——脊椎动物卷》无危（LC）等级。

形态特征：小型毒蛇。头大，呈三角形，颈细，尾短，具缠绕性。头顶有细小鳞片。眼睛黄色、橘色或橘红色。体背草绿色，最外侧的背鳞中央白色，自颈部之后有白色侧线，有的在白侧线内又有一条红侧线，但也有无侧线者。腹面淡黄绿色。

生活习性：其性格为神经质，具攻击性，有毒。常于夜晚在沟边摄食，以蛙、蝌蚪、蜥蜴、鸟及小型兽类为食。该种雌雄异体，体内受精，卵胎生。

第 6 章

陆生昆虫

6.1 物种组成

通过实地调查和文献及昆虫志，共采集记录到陆生昆虫 2 200 种，隶属 20 目 222 科。其中，国家一级重点保护野生动物 1 种，即金斑喙凤蝶（*Teinopalpus aureus*）；国家二级重点保护野生动物 4 种，分别为阳彩臂金龟（*Cheirotonus jansoni*）、拉步甲（*Carabus lafossei*）、尖板曦箭蜓（*Heliogomphus retroflexus*）和黑紫蛱蝶（*Sasakia funebris*）。对整个昆虫进行统计分析可知，鳞翅目的种类数占比最多，共 38 科 890 种；其次为双翅目，共 29 科 307 种；鞘翅目和半翅目总共占比 23.40%，见图 6-1。

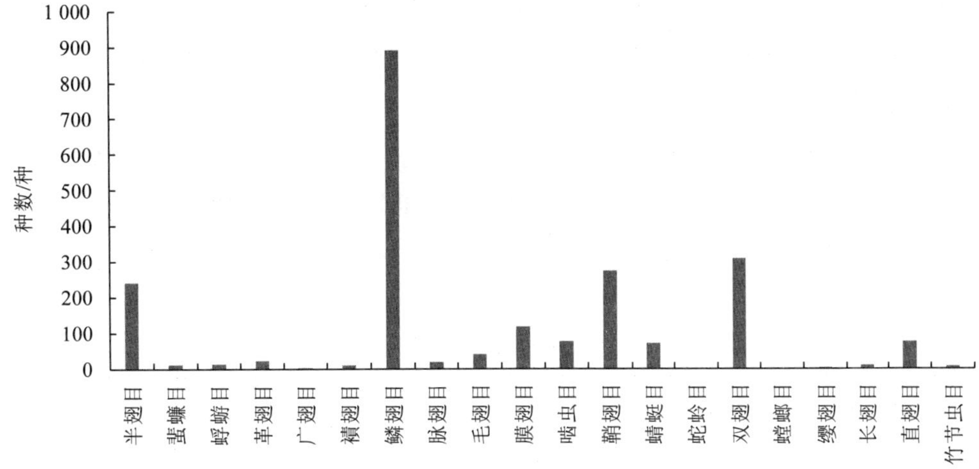

图 6-1 庆元县陆生昆虫目科级组成分析

科级阶元下的物种中，占比超过 5%的共 3 个，分别为夜蛾科、蛱蝶科、尺蛾科，分别为 144 种、133 种、118 种，对应占比分别为 6.55%、6.05%、5.36%；其余各科占比较少，其中有 63 个科仅有 1 种，分别为斑木虱科、蛾蜡蝉科、广翅蜡蝉科、划蝽科、荔蝽科、跷蝽科、束蝽科、硕蚧科、异蝽科、蜚蠊科、河花蜉科、小蜉科、丝尾螋科、筒螋科、细腰螋科、斑蛾科、草螟科、巢蛾科、谷蛾科、虎蛾科、麦蛾科、透翅蛾科、网蛾科、燕蛾科、织蛾科、蛀果蛾科、蝶角蛉科、溪蛉科、舌石蛾科、小翅蛾科、螯蜂科、三节叶蜂科、小蜂科、半啮科、离啮科、鼠啮科、双啮科、外啮科、沼啮科、重啮科、臂金龟科、扁泥甲科、豉甲科、蜉金龟科、铠甲科、蜡斑甲科、水龟甲科、肖叶甲科、芫菁科、拟丝蟌科、山蟌科、丝蟌科、隼蟌科、蜓科、犀蟌科、盲蛇蛉科、臭虻科、禾蝇科、甲蝇科、虻科、奇蝇科、突眼蝇科、细蚊科、花螳科、螳螂科、蚊蝎蛉科、刺翼蚱科、蝼蛄科、蚤蝼科、异蝻科、枝蝻科。

6.2 多样性分析

为了分析庆元县 19 条典型样线（包含 3 个灯诱集样点）的昆虫多样性，本研究采用分类学多样性指数——平均分类学差异性指数（Δ+）和平均分类学差异性变异指数（Λ+）进行分析，其中Δ+表示任何两个随机选择的物种之间的平均分类路径长度，Λ+表示生物类群在等级分类学树中分布的不均匀程度。Δ+值低意味着多数昆虫集中于少量较低等级的分类阶元（属或科），在较高分类阶元上的差别也不大，多数样线只有一个纲的昆虫物种，即 Δ+值相等时，生物间亲缘关系的远近也会影响生物组成的不均匀程度。本研究采用的分类学多样性指数基于物种出现与否的二元数据，定义群落中随机选择的 2 个物种的平均路径长度，反映群落内物种组成的差异及其分类等级的关系，即当两个群落具有相同的物种丰富度时，种间亲缘关系较远的群落比亲缘关系较近的群落具有更大的分类学多样性，以及更高的群落稳定性和恢复力。分类学多样性指数的漏斗图可以直观分析研究区域的理论平均值，并判断不同位置或者不同时期生物群落的分类学差异，常被用来判断环境是否退化。

本研究采用门级别为 100 的权重系数系列，其他级别分类阶元对应的权重系数分别为目 100、科 75、属 50、种 25。上述分类学多样性指数及 95%置信曲线图由 PRIMER®软件包中的 TAXDTEST 模块计算和绘制，结果见表 6-1。

表 6-1 庆元县 19 条典型样线多样性分析

样线名称	H'	Δ+	Λ+
下船坑	2.197 225	74.444 44	552.469 1
班岱后上村	0.693 147	30.000 00	65.000 0
后仓坑村	2.079 442	77.142 86	691.836 7
百山祖变电站	2.890 372	83.660 13	731.701 5
百山祖 2	2.833 213	82.132 35	521.188 4
黄山头	1.791 759	61.333 33	891.555 6

样线名称	H'	Δ+	Λ+
吾漈下村	0.693 147	30.000 00	65.000 0
月山村	2.197 225	83.888 89	684.876 5
竹下村	1.945 91	76.666 67	688.888 9
漈根村	1.945 91	52.857 14	163.265 3
吾田头村	2.197 225	50.000 00	200.000 0
塘边	1.609 438	57.000 00	81.000 0
五大堡乡蒙淤村	1.791 759	49.333 33	339.555 6
左溪镇坟岗	1.386 294	45.000 00	225.000 0
张村乡田头村	2.302 585	62.888 89	487.209 9
苏湖村	1.945 91	55.714 29	110.204 1
四山乡九漈村	1.945 91	50.476 19	242.630 4
百山祖公园 1	3.401 197	57.586 21	255.552 9
庆元黄井洋村	3.258 097	56.215 38	99.215 15

注：H′代表 Shannon-Wiener 多样性指数。

本研究 Λ+在 65～891.555 6 区间波动较大，均值为 373.481。Λ+值高的样线的昆虫物种均匀性不高，物种也常常属于不同的属，物种间的亲缘关系较远。在 Λ+值低的区域往往只发现一个目的昆虫物种，属阶元的数量也较少，生物亲缘关系较近。

Δ+和 Λ+95%的置信区间曲线（图 6-2）是根据庆元县 19 条典型样线（点）昆虫物种种群的 Δ+和 Λ+的理论平均值建立的，图中的虚线是 Δ+和 Λ+的理论平均值，图中置信区间的上、下置信限分别是 Δ+和 Λ+的理论最大值和最小值。由图 6-2 可以看出，Δ+和 Λ+与种数相互独立。

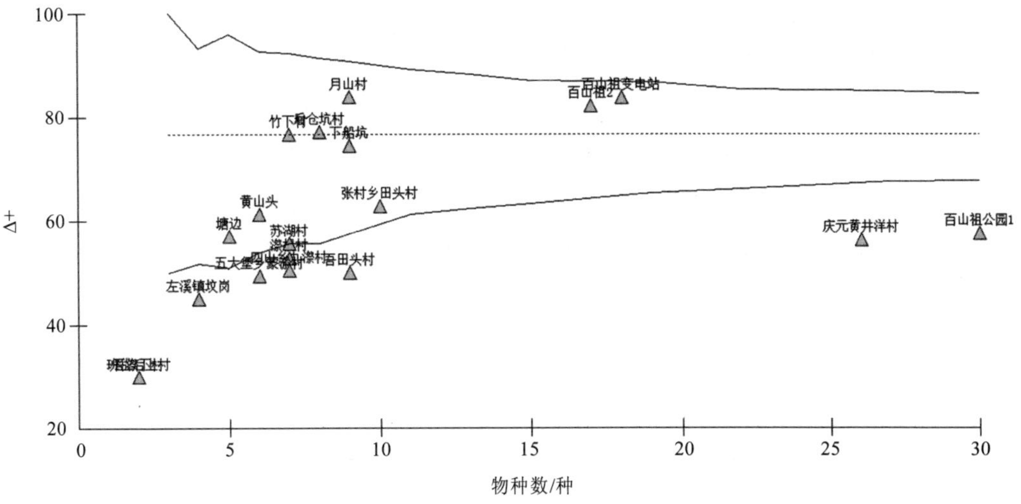

（a）Δ+

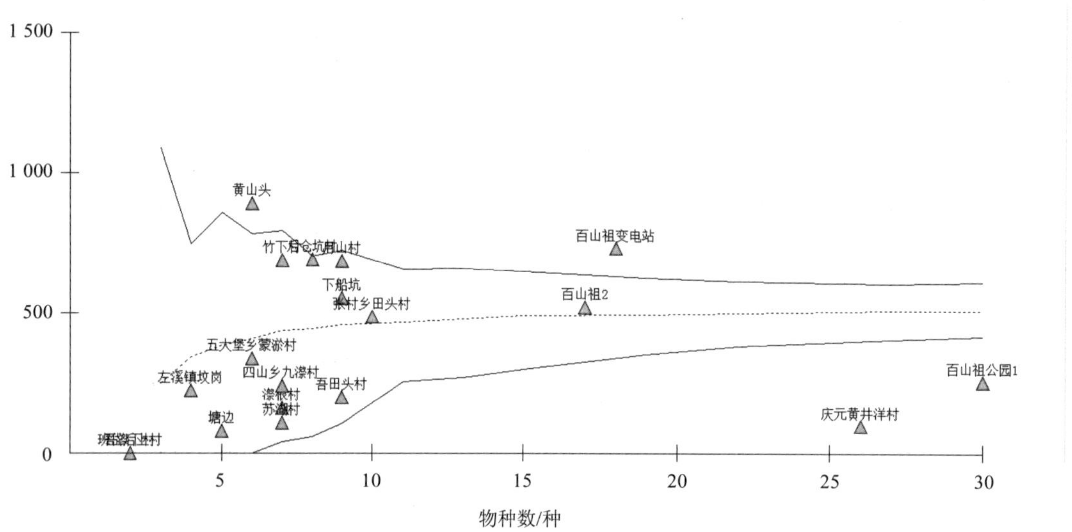

（b）Λ+

图 6-2 庆元县 19 条典型样线（点）昆虫多样性指数曲线

Δ+代表了样地内所有种间间距的理论平均值，因此样地的 Δ+值越小，表明样地内物种的分类多样性越小，种间的亲缘关系越近。计算得到这 19 条典型样线（点）的 Δ+最大值为 83.888，最小值为 30，理论平均值约为 59.807；Λ+的理论平均值约为 468.04。

除了庆元县黄井洋村、百山祖公园 1、班岱后上村、左溪镇坟岗、五大堡乡蒙淤村、吾田头村、吾漈下村和漈根村外，其余 11 条样线的 Δ+值均位于置信区间内，说明这 11 条样线上的昆虫物种分类学差异在合理范围之内。百山祖变电站样线的 Δ+值高于理论平均值，说明这条样线的物种分类多样性较大，物种间的亲缘关系较远；竹下村、后仓坑村这 2 条样线的 Δ+值接近理论平均值，说明这些样线的物种分类多样性较小，物种间的亲缘关系较近。庆元黄井洋村、百山祖公园 1、班岱后上村、左溪镇坟岗、五大堡乡蒙淤村、吾田头村、吾漈下村和漈根村的 Δ+值低于理论最小值且落于 95%置信区间之外，说明其生物分类学差异性明显不好，物种分类多样性较小，物种间的亲缘关系较近，预示着环境受到干扰，环境质量明显低于其他站位。

Λ+值代表了样地内物种在分类等级间的均匀性。Λ+值越大表示物种在分类等级间的均匀性越差，多样性相对较高。由图 6-2 可知，黄山头和百山祖变电站这 2 条样线的 Λ+值位于理论平均值之上，表示昆虫物种类群在等级分类学树中分布的不均匀程度高，意味着多数昆虫物种集中于较高等级的分类阶元（科或目），在较低分类阶元上的差别也不大。庆元县黄井洋村的 Λ+值位于置信区间理论最小值之外，表明其昆虫物种的物种分类等级的差异性不在合理的范围之内，物种间的亲缘关系较近。百山祖 2、下船坑、张村乡田头村、竹下村、后仓坑村和月山村这 6 条样线的 Λ+值高于理论平均值，表明其昆虫物种的物种分类等级的差异较小，分类学多样性较高。塘边、苏湖村、吾田头村、漈根村、左溪镇坟岗、五大堡乡蒙淤村、四山乡九漈村和班岱后上村这 8 条

样线的 Λ+值低于理论平均值，表明这些样线上昆虫物种的物种分类等级均匀度较差，分类学多样性较小。

Warwick 等（1998）认为，生境类型会影响线虫分类学差异性，但除非生境有一定方式的退化，Δ+值不会低于 95%置信区间的下限。因此，Δ+和 Λ+常被用来分析环境污染程度。样线的 Δ+和 Λ+值位于置信区间之外，说明这些样线昆虫物种的生境较差，受到的干扰较多，物种分类等级的分布显著不均匀。

6.3 典型物种介绍

1．黑紫蛱蝶（*Sasakia funebris*） 鳞翅目 蛱蝶科 紫蛱蝶属

保护等级：被列入《中国物种红色名录（第三卷）：无脊椎动物》易危（VU）等级，国家二级保护动物，中国特有种。

形态特征：翅展在 95～110 mm，雌性比雄性略大。其翅面黑色，具有天鹅绒般的蓝黑色或蓝紫色光泽。前翅中室有一条红色条纹，而雌蝶前翅中室内的红色纵纹颜色更为明显。前翅端半部各室有长“V”形白色条纹，后翅端部有平行白色长条纹。翅反面斑纹同正面，但前翅中室基部为箭头状红斑，中室脉上有 1 个白斑，中室外下方有 3～4 个灰白斑；后翅反面基部有 1 个耳环状红斑。

生活习性：寄主植物为朴树，幼虫会在朴树上越冬。成虫每年 7 月出现，7 月中旬为盛发期，但雌蝶成虫极为少见。黑紫蛱蝶的繁殖过程也经历了卵、幼虫、蛹和成虫这 4 个阶段。卵的历期大约是 6.5～7 天，幼虫阶段共有 6 个龄期，历时约 300 天。蛹的历期是 12～13 天，而成虫的历期则是 10～13 天。

2．阳彩臂金龟（*Cheirotonus jansoni*） 鞘翅目 臂金龟科 彩臂金龟属

保护等级：被列入《中国物种红色名录（第三卷）：无脊椎动物》易危（VU）等级，国家二级保护动物，中国特有种。

形态特征：体长约为 69 mm，体宽约为 40 mm，前肢长度约为 103 mm，体重 40 g，长椭圆形，背面强度弧拱，前胸背板甚隆拱，有明显的中纵沟。雌雄异型，雄性前足特别长，显著长于雌性，体型也明显大于雌性，臂金龟名称也由此而来。阳彩臂金龟背面整体黑褐色，前胸背板的金属绿色尤其明显。

生活习性：常年生活于常绿阔叶林中，成虫产卵于腐朽木屑土中。其生境优势树种为栲林。

3．金斑喙凤蝶（*Teinopalpus aureus*） 鳞翅目 凤蝶科 喙凤蝶属

保护等级：被列入《中国物种红色名录（第三卷）：无脊椎动物》濒危（EN）等级，国家一级保护动物，中国特有种。

形态特征：体长 30 mm 左右，翅展 80～90 mm，是一种大型凤蝶。雌雄异型，雄蝶通体以绿色为主，底色为黑褐色，前翅上各有一条弧形金绿色斑带；雌蝶白绿色为主，后翅末端呈黄金色晕染。

生活习性：栖息于海拔 1 000 m 左右的常绿阔叶林山地，寄主植物为木莲、木兰、含笑等植物。

4. 中华虎甲（*Cicindela chinensis*） 鞘翅目 虎甲科 虎甲属

形态特征：体长 17～22 mm，宽 7～9 mm。复眼大而外突，触角细长呈丝状。全身具有强烈的金属光泽，头、胸背板为绿色，鞘翅底色深蓝，无光泽，有时翅缝和基部还有红色光泽；翅前缘有横宽带，翅前盘区有 3 个黄斑。足翠绿或蓝绿色，前、中足的腿节中部呈红色。

生活习性：幼虫常生活于土穴中，活动时受惊后退入洞内；成虫飞翔能力较强，以捕食活虫或小型动物为生。常在山间小路上出现。

5. 透顶单脉色蟌（*Matrona basilaris*） 蜻蜓目 色蟌科 单脉色蟌属

形态特征：腹长一般在 55 mm，后翅长 40 mm。色泽艳丽，其下唇的中部是黑色，侧部呈现褐色，后唇为蓝色，带有夺目的光泽感，上唇为黑色，其额头通常呈现深绿色，胸部为绿色或深绿色，具有黑色条纹光泽。

生活习性：喜居于阴暗潮湿的地下、山间小溪旁。早出晚归，夏末是其发生高峰期，反应灵敏，飞行速度快。

第 7 章

水生生物

7.1　淡水鱼类

7.1.1　物种组成

通过实地调查，庆元县共计发现鱼类 53 种，隶属 5 目 11 科。从目的角度来看，其中鲤形目的种类数占绝对优势，共 2 科 35 种，其次是鲈形目，共 4 科 11 种，分别占总种数的 66.0%和 20.8%；鲇形目 4 科 5 种，占总种数的 9.4%；合鳃鱼目和鳉形目均 1 科 1 种，各占总种数的 1.9%（图 7-1 和图 7-2）。

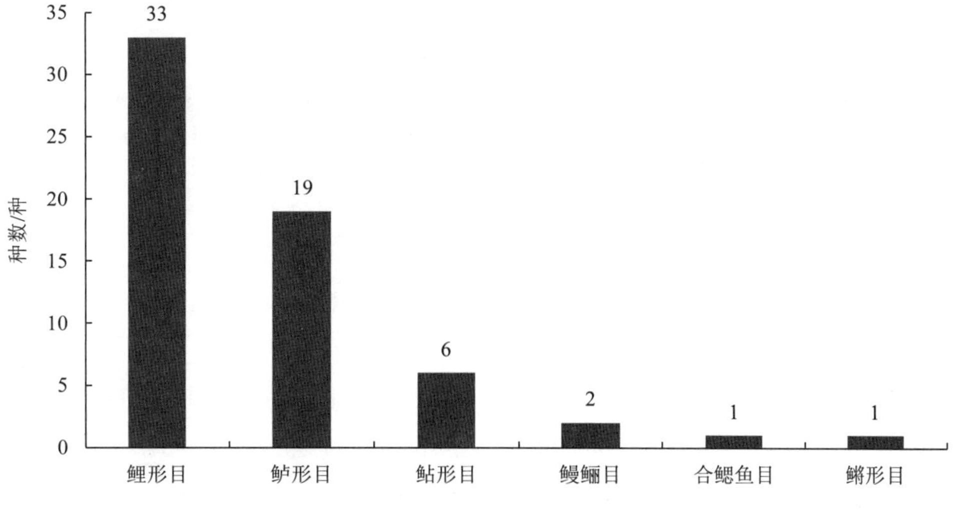

图 7-1　庆元县各目鱼类种数

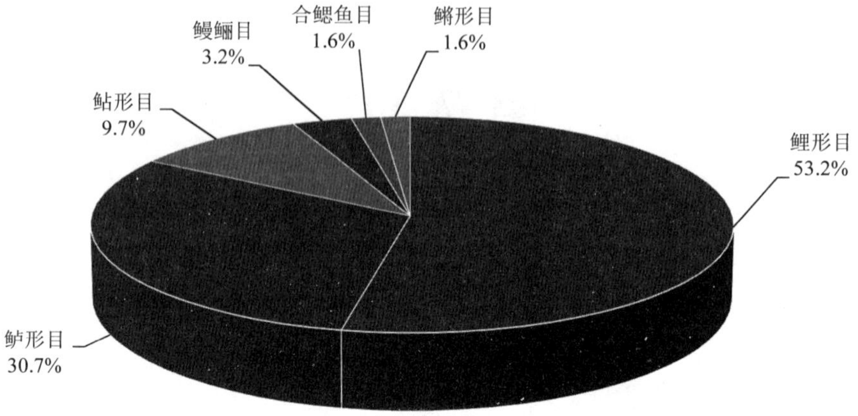

图 7-2　庆元县鱼类目级物种多样性数量比

从科的角度来看，鲤科的鱼类种类最多，为 30 种，占总种数的 56.6%；其次为平鳍鳅科和虾虎鱼科，各 5 种，各占总种数的 9.4%；其余科中的种数均较少（图 7-3）。

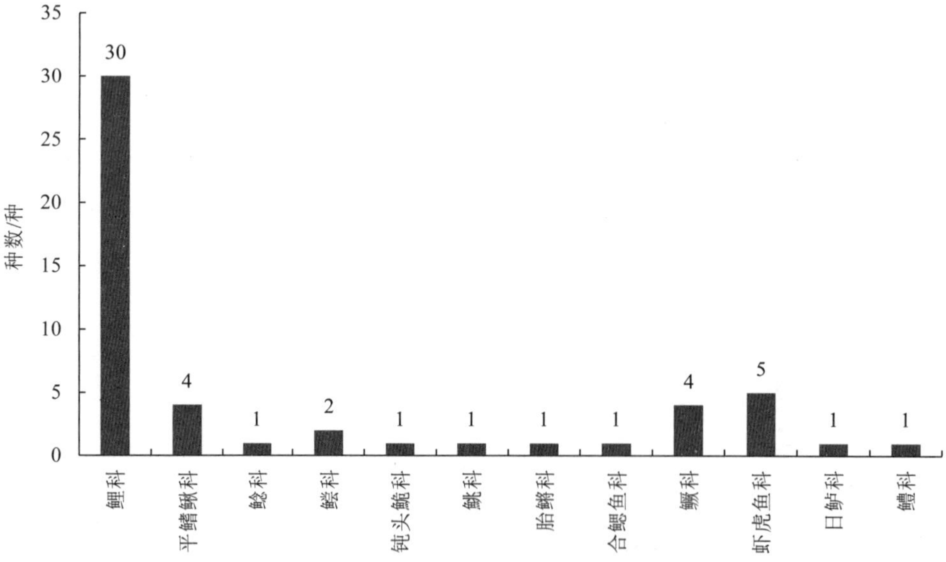

图 7-3　庆元县各科鱼类种数

在庆元县调查到的鱼类中，属于《中国生物多样性红色名录——脊椎动物卷》中近危（NT）等级的有 3 种，分别为台湾白甲鱼（*Onychostoma barbatulum*）、波纹鳜（*Siniperca undulata*）和暗鳜（*Siniperca obscura*）；其余大多数属于无危（LC）等级或数据缺乏（DD）。庆元县调查的鱼类中，共有中国特有种 21 种。

7.1.2　区系分析

调查到的 53 种鱼类均为纯淡水鱼类，占浙江省 139 种纯淡水鱼类的 38.1%。53 种鱼类分别属于 5 个鱼类区系复合体，其中以江南平原鱼类区系复合体和热带平原鱼类区系复合体为主，两者占总种数的 81.2%。属于江南平原鱼类区系复合体的鱼类有马口鱼（*Opsariichthys bidens*）、长鳍马口鱼（*Opsariichthys evolans*）、点纹银鮈（*Squalidus wolterstorff*）、鲤（*Cyprinus carpio*）、鲫（*Carassius auratus auratus*）、白边拟鲿（*Tachysurus albomarginatus*）和黄颡鱼（*Tachyurus fulvidraco*）等共 26 种，占总种数的 49.1%；属于热带平原鱼类区系复合体的有武夷光唇鱼（*Acrossocheilus wuyiensis*）、台湾白甲鱼、黑吻虾虎鱼（*Rhinogobius niger*）、子陵吻虾虎鱼（*Rhinogobius similis*）、黄鳝（*Monopterus albus*）、食蚊鱼（*Gambusia affinis*）等共 17 种，占总种数的 32.1%；属于北方平原鱼类复合体的有浙江花鳅（*Cobitis zhejiangensis*）1 种，占总种数的 1.9%；属于上第三纪鱼类区系复合体的有麦穗鱼（*Pseudorasbora parva*）、泥鳅（*Misgurnus anguillicaudatus*）、鲶（*Silurus asotus*）、南方大口鲇 4 种，占总种数的 7.5%；属于中印山区鱼类区系复合体的有纵纹原缨口鳅（*Vanmanenia caldwelli*）、原缨口鳅（*Vanmanenia stenosoma*）和鳗尾鉠 （*Liobagrus anguillicauda*）5 种，占总种数的 9.4%。

从生态型方面来说，调查到的 53 种淡水鱼类中大部分为土著纯淡水鱼类，其中以适应山区溪流环境的小型溪流性鱼类为主，如武夷光唇鱼、长鳍马口鱼、马口鱼、台湾白甲鱼、尖头鲅（*Rhynchocypris oxycephalus*）、温州光唇鱼（*Acrossocheilus wenchowensis*）、小鳈、浙江花鳅、原缨口鳅、鳗尾鉠等，还包括部分江河定居性鱼类，如四大家鱼及鲤、鲫、银鮈、点纹银鮈、泥鳅、黄颡鱼、黄鳝等，均为常见种。

7.1.3　典型物种介绍

1．细纹颌须鮈（*Gnathopogon taeniellus*）　鲤形目　鲤科　颌须鮈属

保护等级：被列入《中国生物多样性红色名录——脊椎动物卷》无危（LC）等级。

形态特征：体稍侧扁，腹部圆。头较短，头长常小于体高。吻钝，口小，端位，口宽大于口长。唇薄，光滑。须 1 对，其长约为眼径的 2/3。臀鳍无硬刺，分枝鳍条 6 根；背鳍无硬刺，起点距吻端较其基底后端距尾鳍基为大；胸、腹鳍后缘近圆形；尾鳍分叉，末端钝圆。

生活习性：小型鱼类，生活在水的中下层，喜流水生活。杂食性，以无脊椎动物及藻类为食。

2．齐氏副田中鳑（*Paratanakia chii*）　鲤形目　鲤科　鳑鲏属

保护等级：被列入《中国生物多样性红色名录——脊椎动物卷》无危（LC）等级。

形态特征：体延长而侧扁，略呈长圆形。头短小。吻短而钝圆。口小，下位。有须一对。体被中大型的圆鳞，侧线完全而略呈弧形。各鳍均无硬棘。雄鱼体色较亮丽，眼睛的上半部为红色，体侧鳞片后缘均有黑边，体侧中央由臀鳍末端至尾鳍中央具一黑色纵带；背鳍色带呈白色或黄色，且色带上缘具 2 列小黑点，臀鳍末缘为外缘黑色，内缘红色并排；繁殖季时具追星。

雌鱼除尾部具黑色带外，全身为浅黄褐色。

生活习性：生活在溪流中，喜欢水草丰富的水域。

3. 台湾白甲鱼（*Onychostoma barbatulum*） 鲤形目 鲤科 白甲鱼属

保护等级：被列入《中国生物多样性红色名录——脊椎动物卷》近危（NT）等级。

形态特征：体延长而近于纺锤形，尾部侧扁。头宽广而稍尖。吻短，圆钝而突出；成鱼吻端具多个坚硬的追星。口下位，口横裂而宽广，上颌前方吻褶发达，下颌有发达的角质边缘，前缘平直而成铲状。具两对短小口须，不易察觉。体为银白色，体背部为灰黄绿色，腹部浅黄至淡白色。体侧及背部鳞片具新月形的黑点，背鳍鳍膜的末端有黑色的斑纹。

生活习性：生活在溪流中，喜欢水草丰富的水域。

4. 温州光唇鱼（*Acrossocheilus wenchowensis*） 鲤形目 鲤科 光唇鱼属

保护等级：被列入《中国生物多样性红色名录——脊椎动物卷》无危（LC）等级。

形态特征：体较侧扁，头后背部隆起。头尖。吻较长，一般大于眼后头长。口下位。唇厚，下唇侧瓣肥厚，在中央互相接触。下颌前端为侧瓣遮盖，不外露。须 2 对，较长，颌须长略大于眼径。背鳍刺稍粗壮，后缘具细锯齿。体侧有 6 条垂直黑斑条。雄鱼纵带明显，横带不显著；雌鱼纵带仅后部稍明显，横带显著。

生活习性：喜栖息于石砾底质、水清流急之河溪中，常以下颌发达之角质层铲食石块上的苔藓及藻类。每年 6—8 月在浅水急流中产卵。个体中等大，一般体长 150～200 mm。卵巢有毒。

5. 马口鱼（*Opsariichthys bidens*） 鲤形目 鲤科 马口鱼属

保护等级：被列入《中国生物多样性红色名录——脊椎动物卷》无危（LC）等级。

形态特征：小型鱼类，体重一般约 50 g，成鱼体长仅 100～200 mm。体延长，侧扁，口大，下颌前端有一凸起，两侧凹陷，恰与上颌相吻合；性成熟的雄性个体臀鳍条显著延长，吻部、胸鳍和臀鳍上具有发达的追星，多生活在山溪流水之中。繁殖季雄鱼的头部、胸鳍及臀鳍上出现白色珠星，体色也更加鲜艳。

生活习性：多生活于山涧溪流中，尤其是在水流较急的浅滩、底质为砂石的小溪或江河支流中，在静水湖泊及江河深水处皆少见。通常集群活动，常同鱲鱼一起游泳、生活。性凶猛，以昆虫、小鱼等为食，幼鱼嗜食浮游生物。

7.2 大型底栖无脊椎动物

7.2.1 物种组成

本次调查采集的底栖动物经鉴定共有 98 种，隶属 4 门 5 纲 28 科 79 属，溪流中的底栖动物以水生昆虫为主（占总物种数的 89%），多样性较高。扁形动物门 1 种，占总种数的 1.0%；环节动物门 5 种，占总种数的 5.1%（其中蛭纲 2 种，占总种数的 2.0%；寡毛纲 3 种，占总种数的 3.1%）；软体动物门 5 种，占总种数的 5.1%（其中腹足纲 5 种，占总种数的 5.1%）；节肢动物门 87 种，占总种数的 88.8%（其中昆虫纲 87 种）。庆元县的溪流水生昆虫中，蜉蝣目有 16 种，襀翅目有 1 种，毛翅目有 5 种，鞘翅目有 3 种，蜻蜓目有 4 种，广翅目有 1 种，鳞翅目有 2 种，双翅目有 55 种（图 7-4）。

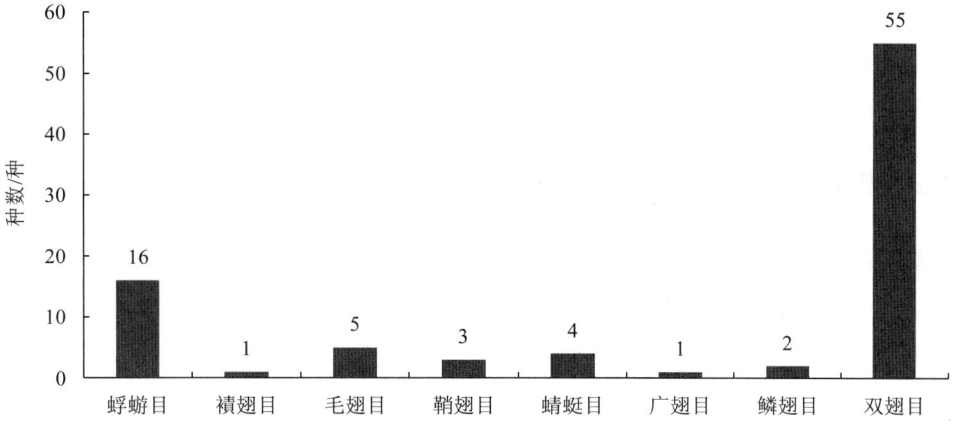

（a）底栖昆虫各目种数

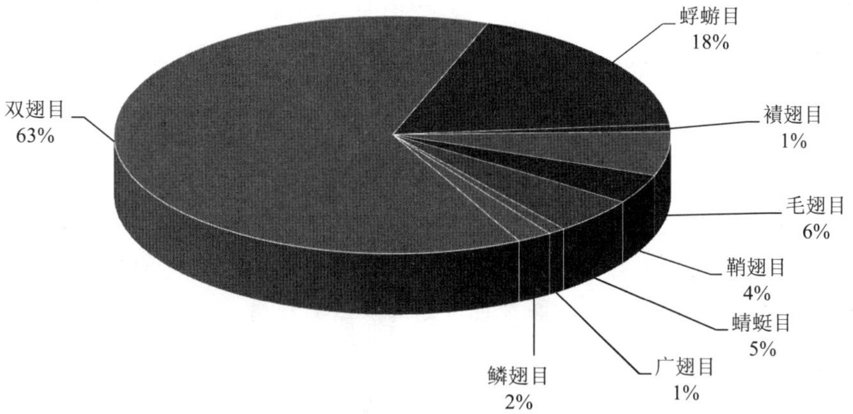

（b）底栖昆虫各目种数占比

图 7-4　庆元县底栖昆虫目级多样性数量比

每个采样点出现的底栖动物种数的平均值为（15±1）种，每个采样点出现的底栖动物种数为 6～32 种。按调查溪流统计，平均每个采样点出现的底栖动物种数为（67±5）种，每条溪流出现的底栖动物种数为 62～73 种。

7.2.2　区系分析

庆元县坐落于浙江省西南部，总体气候较为温和，雨量充足。在动物地理学研究上，浙江省的归属争议较大。杨维义根据蝽类研究，将长江以北至40°N之间的地带列为混合区，长江南岸即划入东洋界；冯兰洲根据蚊虫研究，以30°N区分两区；马世骏参考前人工作并分析国内各方面所积累的经济昆虫区系资料，认为在28°N左右较为合适；章士美根据近千种农业昆虫在秦岭以东分布的交叉复杂情况，提出分界线位于32°N附近；吴鸿等在分析浙江西天目山昆虫区系的基础上也认为分界线位于32°N附近比较合理。按照传统动物地理区划分析，100种大型底栖无脊椎动物中，古北区与东洋区共有种81种，占比81%；东洋区特有种16种，占比16%。参考以往浙江省台州市仙居国家自然保护区类记录，其区系特征为东洋、古北两大地理大区交叉重叠，反映出浙江省更像是古北与东洋界的一个过渡地带。

7.2.3 典型物种介绍

1. 三角涡虫（*Dugesia japonica*） 三肠目 三角涡虫科 三角涡虫属

形态特征：体柔软，扁平叶状，背面稍凸，多褐色，腹面色浅，前端头部呈三角形。体型为两侧对称，出现了中胚层，中胚层的形成产生的复杂的肌肉结构与外胚层形成的表皮相互紧贴而组成体壁，消化道分为三支，原肾管排泄系统为网状神经系统，雌雄同体，既可有性生殖，也可无性生殖，再生能力强。

生态习性：采自小型流速缓慢的溪流中，喜栖于石头、树叶、朽木及其他物体下面。

2. 八目石蛭（*Erpobdella octoculata*） 无吻蛭目 石蛭科 石蛭属

形态特征：身体呈长钉形，前1/4削尖，后3/4宽度不变。背面隆起，腹面平坦。体长20～52 mm，头宽0.7～2.5 mm，最大体宽3～9 mm，尾盘直径2.4～9 mm，精管膨腔有矮胖的角，其长和宽几乎相等，不深深裂开。两条管状卵囊大大地分开并成双地折回。

生态习性：常见于流水中，多出现在河川、湖泊与池塘的浪击带，通常附着在石块下。

3. 中华颤蚓（*Tubifex sinicus*） 颤蚓目 颤蚓科 颤蚓属

形态特征：体色微红，口前叶稍圆。腹刚毛每束3～6条，毛节近远端1/3处。背刚毛自每束发状2～4条，较体宽短，针状毛2～4条，有二长叉，中间育一二细齿。中部发状毛减少，后部无有，针状刚毛二叉变短，不等长。

生态习性：在水底软泥或沉积物中穴居。

4. 苏氏尾鳃蚓（*Branchiura sowerbyi*） 单向蚓目 颤蚓科 尾鳃蚓属

形态特征：体色淡红色乃至淡紫色。体很大，从身体约2/3处开始直至尾端每个体节均有鳃状鳃一对，位于背、腹面。前端背刚毛每束有针状刚毛5～10条，腹刚毛钩状，每束5～8条，输精管短，精管膨部长筒形，上裹分散的前列腺细胞。交配腔可翻转成假阴茎。

生态习性：多分布于沟渠流水两侧3～5 cm的泥层中，尚属喜氧种类。

5. 霍甫水丝蚓（*Limnodrilus hoffmeisteri*） 单向蚓目 颤蚓科 水丝蚓属

形态特征：身体最前端每节常有2个体环。全身刚毛钩状，背腹同型。前端每束5～8条，毛节在远端，远叉稍长或两叉几乎相等；向后刚毛减少，至身体末端仅2条一束，远叉短而小，且较直。环带明显，腔呈雪梨形，壁薄，中有1、2精荚；受精囊管筒状，通常弯转，管壁有较厚的肌肉层，在与囊腔交界处有时膨大如结节，壁亦变薄。

生态习性：多生活于有机质丰富的水环境中，耐污和抗低氧能力强。

6．角形环棱螺（*Bellamya angularis*） 中腹足目 田螺科 环棱螺属

形态特征：壳体中等大小，卵锥形，螺塔低锥形，壳顶钝，末螺环胀大。具螺环6个，呈台阶状，周缘宽圆，肩部明显。壳面饰有3条明显的旋棱和多条细旋线，这些旋线与粗生长线相交。壳口卵圆形，口喙保存不完整。具脐缝。

生态习性：生活在水草丰茂的水域。

7．长河螺（*Rivularia elongata*） 中腹足目 田螺科 河螺属

形态特征：贝壳壳质厚，极坚实；外形呈长椭圆形。有4个螺层，皆不外凸，各螺层在宽度上缓慢均匀增长；体螺层略呈长方形，中部膨胀，大于全部壳高的6/7。壳顶钝，前2个螺层常被腐蚀，缝合线浅。壳面呈黄绿色或黄褐色，光滑，有光泽，具有明显的生长线。

生态习性：淡水河流中常见。

8．色带短沟蜷（*Semisulcospira mandarina*） 中腹足目 短沟蜷科 短沟蜷属

形态特征：贝壳中等大小，壳质较厚、坚固，外形呈尖圆锥形，有11个螺层，各螺层在长度上缓慢均匀增长，各螺层膨胀，略倾斜。壳顶尖锐常，被腐蚀破损。螺旋部削尖，呈圆锥形，体螺层略膨胀。缝合线深。壳面呈灰白色，在缝合线下部有1条明显的白色色带，各螺层上具有2条红色色带，上部螺层上具有规则的纵肋，但下面螺层纵肋逐渐消失，体螺层光滑或者具有残留的纵肋痕迹。

生态习性：栖息于灌溉沟渠、河流、池塘中，以藻类和腐殖质为食料。

9．椭圆萝卜螺（*Radix swinhoei*） 基眼目 椎实螺科 萝卜螺属

形态特征：贝壳长椭圆形，壳质薄、光滑较坚硬，稍透明具细纹，螺层3～4个，大多右旋，各层增长缓慢均匀，壳顶尖，常损蚀，体螺层较长，略膨胀，壳面浅褐色至茶褐色，具明显生长纹，壳口为椭圆形，不向外扩展，外缘薄，上方狭小，向下渐扩大，下方最宽大，内缘肥厚；头部在体的前端，宽大且扁平。口在头腹面，生内齿舌，内唇贴覆在体螺层上，脐孔缝状或不明显。

生态习性：生活于水流缓慢、水草茂盛的小河、沟渠、池塘、湖泊、水田或沼泽中。

10．卵萝卜螺（*Radix ovata*） 基眼目 椎实螺科 萝卜螺属

形态特征：贝壳小，一般壳高15 mm，壳宽9 mm左右。壳质薄，外形呈卵圆形。有4～5个螺层，螺旋部短，尖锐，其高度小于壳高的1/4，螺层膨胀，呈梯状排列，壳顶钝，体螺层正常膨胀，上部明显地膨大。壳面呈灰白色或褐色。壳口呈椭圆形，外缘薄，易碎，内圆上方贴覆于体螺层上，轴褶不明显。脐孔不明显或呈缝状。

生态习性：生活于水流缓慢、水草茂盛的小河、沟渠、池塘、湖泊、水田或沼泽中。

11. 项圈无突摇蚊（*Ablabesmyia monilis*） 双翅目 摇蚊科 无突摇蚊属

形态特征：头壳黄色，整个唇舌和上颚的顶部棕色至深棕色，头后缘棕色。体长 5.98～7.42 mm（6.78 mm）。头壳长 720～800 μm（763 μm）；头壳指数 0.72～0.75（0.73）。下颚须基节有 3 个分节，基部一节较短，是其上分节的 1/3～1/4；后原足具有 2 个棕褐色爪；AR 3.53～4.25（3.97）；头壳长 720～800 μm（763 μm）。

生态习性：采自小型流速缓慢的溪流，对水质要求较高。

12. 端心突摇蚊（*Cardiocladius capucinus*） 双翅目 摇蚊科 心突摇蚊属

形态特征：体长 7.15 mm，头壳长 650 μm，宽 500 μm。触角基节 70 μm；AR 1.87，尾刚毛体退化，侧毛直接着生在体壁之上。头壳呈浅褐色或黑褐色，上颚、前上颚、颏板和后头缘深褐色。具 1 个宽阔的中齿和 5 对侧齿；腹颏板发达。尾刚毛台退化，爪单一，呈褐色或黑褐色。

生态习性：生活在流水湍急区。幼虫可以吞食蚋幼虫，生活在快速流速的寡营养水体中。幼虫自由生活，无筑巢现象。

13. 云集多足摇蚊（*Polypedilum nubifer*） 双翅目 摇蚊科 多足摇蚊属

形态特征：活体红色。头壳黄褐色，后头缘深黑色。头壳基部 1/2 变黑。眼分离。头壳长 370～500 μm（450 μm）；宽 310～470 μm（393 μm）；头指数 0.83～0.94（0.87）。劳氏器互生，后颏着色加重。劳氏器着生在第二节的端部或第三节的中部。颏板具 16 齿。中齿和第二侧齿明显高于其他齿，其余的齿等高。

生态习性：幼虫生活在静水溪流和流速较慢的河流中。

14. 台湾长跗摇蚊（*Tanytarsus formosanus*） 双翅目 摇蚊科 长跗摇蚊属

形态特征：幼虫头壳黄色，颏板和上颚黄褐色，后头缘和后头板黑褐色。体长 4.32～6.65 mm（6.23 mm），头壳长 330～450 μm（413 μm），宽 270～400 μm（366 μm），头壳指数 0.82～0.89（0.84）。上颚除正常的一个背齿之外，常常还具有一个小的副背齿；LOR 0.9～1.1。颏中齿两侧具有缺刻，颏比小于 1.0。

生态习性：属于耐氧性种类、静水种类，在营养丰富的底质中存在。

15. 花翅摇蚊（*Chironomus kiiensis*） 双翅目 摇蚊科 摇蚊属

形态特征：活体淡红色或者粉红色，头壳淡黄色，颏板和后头缘黑褐色，其他区域黄色。体长 6.5～11.4 mm（8.6 mm）；头壳长 570～720 μm（680 μm）；宽 500～540 μm（520 μm）。头壳呈淡黄色或浅褐色，颏板和后头缘黑褐色，腹管前面一对不超过身体后端。触角叶达到第四节的顶端。SⅠ两侧羽毛状，SⅡ单一，内唇栉单一栉齿状，具有 16～18 个齿。腹部第七节具有一对侧腹管，端部钝圆，第八节具有两对腹管，长度不超过其着生体节的 2 倍，前面一对不长于身体的后端，常常卷曲。

生态习性：幼虫采自河流，主要分布在静水环境中。

第 8 章

大型真菌

8.1 物种组成

本次调查共采集到大型真菌物标本 286 份，隶属 16 目 45 科 149 种。目下科级阶元下，担子菌亚门蘑菇目大型真菌最多，有 21 科，占总科数的 46.7%；牛肝菌目次之，有 4 科，占总科数的 8.9%；多孔菌目有 3 科；柔膜菌目、肉座菌目、炭角菌目、刺革菌目各有 2 科；地舌菌目、盘菌目、木耳目、鸡油菌目、花耳目、钉菇目、红菇目、革菌目、银耳目各有 1 科（表 8-1）。

表 8-1　庆元县大型真菌物种组成

目	科数	占总科数百分比/%	种数	占总物种数百分比/%
蘑菇目	21	46.7	92	61.7
红菇目	1	2.2	13	8.7
多孔菌目	3	6.7	12	8.1
牛肝菌目	4	8.9	7	4.7
炭角菌目	2	4.5	6	4.0
刺革菌目	2	4.5	4	2.7
花耳目	1	2.2	3	2.0
柔膜菌目	2	4.5	2	1.3
肉座菌目	2	4.5	2	1.3
鸡油菌目	1	2.2	2	1.3
地舌菌目	1	2.2	1	0.7
盘菌目	1	2.2	1	0.7
木耳目	1	2.2	1	0.7
钉菇目	1	2.2	1	0.7
革菌目	1	2.2	1	0.7
银耳目	1	2.2	1	0.7
总计	45		149	

根据《百山祖野生大型真菌》记载，庆元县已记录大型真菌398种，隶属13目61科147属。2020年大型真菌多样性本底调查共记录大型真菌149种，隶属16目45科81属。其中，调查发现新种1个，即丽水丽丝盖伞（*Leucoinocybe lishuiensis*）。

科级阶元下，物种数以红菇科大型真菌为最多，有13种，占总种数的8.7%；其次为多孔菌科，有10种，占总种数的6.7%；再次为小菇科，有9种，占总种数的6.0%；层腹菌科、未定科、类脐菇科和球盖菇科各有8种；粉褶菌科和小皮伞科有7种；蜡伞科有6种；炭角菌科和小脆柄菇科有5种；靴耳科有4种；蘑菇科、鹅膏科、珊瑚菌科、丝膜菌科、牛肝菌科、花耳科和锈革孔菌科各有3种；粪伞科、轴腹菌科、光柄菇科、乳牛肝菌科、齿菌科各有2种；地舌菌科、耳盘菌科、柔膜菌科、虫草科、线虫草科、根盘菌科、炭角菌科、丝盖伞科、灰包科、侧耳科、假脐菇科、木耳科、铆钉菇科、圆孢牛肝菌科、钉菇科、藓菇科、齿毛菌科、结晶伏孔菌科、革菌科和银耳科各有1种。

8.2 多样性分析

对各目下科、种总数进行统计分析，结果显示蘑菇目大型真菌的科、种多样性最为丰富，有21科92种；其次为红菇目，有1科13种；多孔菌目有3科12种；牛肝菌目有4科7种；炭角菌目有2科6种；刺革菌目有2科4种；花耳目有1科3种；柔膜菌目和肉座菌目各有2科2种；鸡油菌目有1科2种；地舌菌目、盘菌目、木耳目、钉菇目、革菌目、银耳目各有1科1种（表8-1、图8-1）。

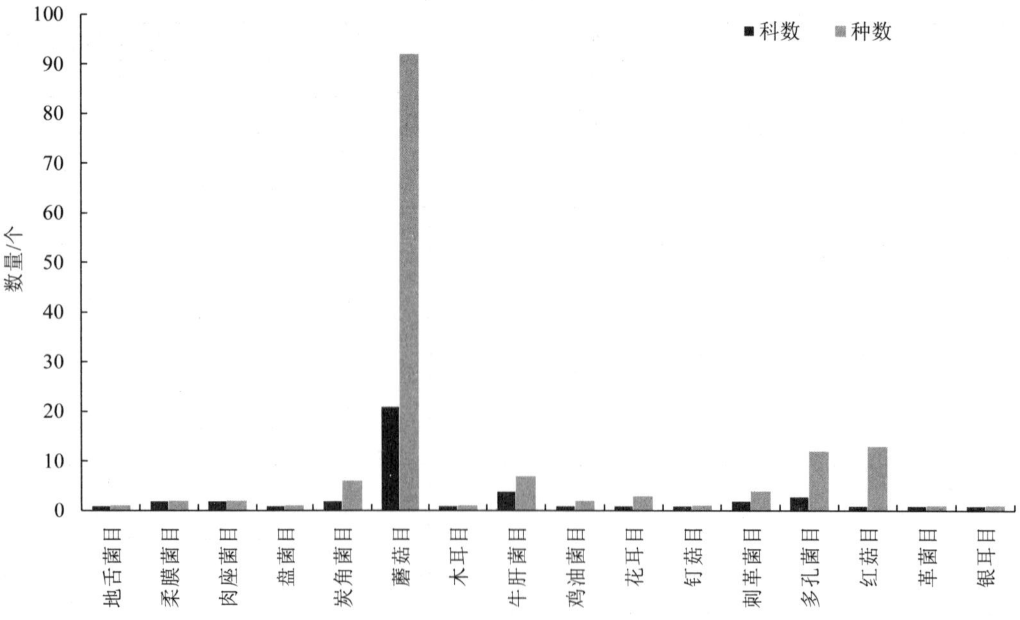

图8-1 庆元县大型真菌各目的科、种组成分析

8.3　典型物种介绍

1．丽水丽丝盖伞（*Leucoinocybe lishuiensis*）　蘑菇目　突孔菌科

保护等级：为本次调查中发现的大型真菌新种。

形态特征：菌盖直径 2.5～13.5 mm，幼时半球形或钟形，老后渐平展，中央稍下凹，表面具透明状条纹，形成浅沟槽，幼时具粉霜，后近光滑，米褐色、浅褐色至褐色，中央黑褐色，边缘稍外卷，老后偶见开裂。菌肉白色，薄、易碎，无明显气味与味道。菌柄长 11～26 mm，宽 1.0～2.0 mm，圆柱形，中空，脆骨质，白色，表面具粉霜，基部具少量白色绒毛。担孢子［（7.9）8.3～10.5（10.7）］μm×［（4.5）4.7～5.8（6.1）］μm，长椭圆形，无色，光滑，具油滴，淀粉质。担子（27～32）μm×（6～8）μm，具 2 个或 4 个小梗，棒状。褶缘囊状体（31～50）μm×（7～11）μm，棍棒状，纺锤形或烧瓶形，头部渐细，薄壁，光滑，无色。侧生囊状体缺失。菌盖表皮菌丝直径为 5～12 μm，光滑，盖生囊状体（44～96）μm×（6～18）μm，纺锤形或烧瓶形，头部渐细，厚壁，无色，光滑。菌柄皮层菌丝宽 3～6 μm，柄生囊状体（34～79）μm×（3～7）μm，纺锤形或烧瓶形，头部渐细，厚壁，无色。所有组织具锁状联合。

生境特征：散生于云杉、松、栎树混交林活立木或腐木上。

2．果生炭角菌（*Xylaria carpophila*）　炭角菌目　炭角菌科

形态特征：子座单个或数个从一落果上生出，不分枝，（0.5～2.5）cm×（0.15～0.25）cm，有纵向皱纹，内部白色，头部近圆柱形，顶端有不孕小尖。柄长短不一，粗约 1 mm。基部有绒毛。子囊壳球形，直径 400 μm，埋生，孔口疣状，外露。子囊呈圆筒形，有孢子部分（100～120）μm×6 μm。柄部长约 50 μm，孢子单行排列，褐色，不等边椭圆形或肾形，（12～16）μm× 5 μm。

生境特征：夏秋季生于枫香等的落果（坚果）上。

3．叶状耳盘菌（*Cordierites frondosa*）　柔膜菌目　耳盘菌科

形态特征：子囊盘宽 1.5～3 cm，花瓣状、盘状或浅杯子状，边缘波状，子囊盘表面近光滑，下表面有褶皱，黑褐色至黑色，由多片叶状瓣片组成，干后墨黑色，脆而坚硬，具短柄或不具柄。子囊细长，呈棒状。侧丝近无色，细长。孢子（5.5～7）μm×（1～1.5）μm，无色，平滑，稍弯曲，近短柱状。

生境特征：夏季、秋季生于阔叶树倒木或腐木上。

4．鳞皮假脐菇（*Tubaria furfuracea*）　蘑菇目　假脐菇科

形态特征：菌盖直径为 1.0～3.0 cm，凸镜形至平展。初期边缘内卷，后展开呈波浪状，有时菌盖边缘有白色的鳞片状菌幕。新鲜时表面湿，呈黄褐色或浅黄色，密被白色细小绒毛，边缘具水浸状条纹。菌肉薄，黄色至土黄色。无特殊的气味与香味。菌褶密，淡黄色至黄褐色。菌柄（2.5～5.0）mm×（1.5～4.0）mm，近等粗，黄色至黄褐色。易碎，中空，基部常有白色稠密的棉状菌丝。

菌环不明显，常为纤维状的环形，位于菌柄的上部。孢子（6.0～9.0）μm×（4.5～5.0）μm，赭黄色至肉色或淡黄色，倒卵形至椭圆形，光滑，壁薄。孢子印赭色至褐色。孢子堆积呈褐色。无芽孔。淀粉质。

生境特征：春夏季散生或群生于针叶林腐木上、地上及苔藓层上。

5. 舟湿伞（*Hygrocybe cantharellus*） 蘑菇目 蜡伞科

形态特征：菌盖直径为 2～4 cm，幼时钝圆锥形至凸镜形，后中部下凹，呈漏斗状，表面干，初期绢状，后中部具细微鳞片，边缘贝壳形或波状。幼时红棕色至橙红色，老后变淡。菌肉薄，污白色至橙黄色，气味淡，味道温和。菌褶延生，稍稀，橙色至黄色，褶缘平滑。菌柄（4～7）cm×（0.3～0.5）cm，圆柱形或稍扁圆形，上下近等粗，质地脆，光滑，上部橙黄色，基部白色，初实心，后中空。孢子印白色。孢子（7.5～10.9）μm×（5.1～6.3）μm，椭圆形，光滑，无色。

生境特征：夏秋季群生或散生于红松林和云冷杉林内地上。

附　表

物种名录

1　苔藓植物名录

序号	中文名	学名	科名	属名	濒危等级	中国特有种
1	小睫毛苔	*Blepharostoma* minus	睫毛苔科	睫毛苔属	LC	
2	睫毛苔	*Blepharostoma* trichophyllum	睫毛苔科	睫毛苔属	LC	
3	芽胞护蒴苔	*Calypogeia muelleriana*	护蒴苔科	护蒴苔属		
4	双齿护蒴苔	*Calypogeia tosana*	护蒴苔科	护蒴苔属		
5	月瓣大萼苔	*Cephalozia lunulifolia*	大萼苔科	大萼苔属		
6	小蛇苔	*Conocephalum japonicum*	蛇苔科	蛇苔属	LC	
7	青山耳叶苔	*Frullania aoshimensis*	耳叶苔科	耳叶苔属	LC	
8	密瓣耳叶苔	*Frullania densiloba*	耳叶苔科	耳叶苔属		
9	凤阳山耳叶苔	*Frullania fengyangshanensis*	耳叶苔科	耳叶苔属		是
10	列胞耳叶苔	*Frullania moniliata*	耳叶苔科	耳叶苔属		
11	盔瓣耳叶苔	*Frullania muscicola*	耳叶苔科	耳叶苔属		
12	平叶异萼苔	*Heteroscyphus* planus	齿萼苔科	异萼苔属	LC	
13	剪叶苔	*Herbertus aduncus*	剪叶苔科	延生剪叶苔属		
14	纤细剪叶苔	*Herbertus fragilis*	剪叶苔科	延生剪叶苔属		
15	长肋剪叶苔	*Herbertus longifissus*	剪叶苔科	延生剪叶苔属		
16	南亚顶鳞苔	*Acrolejeunea sandvicensis*	细鳞苔科	顶鳞苔属		
17	大隅唇鳞苔	*Cheilolejeunea osumiensis*	细鳞苔科	唇鳞苔属		
18	尖叶唇鳞苔	*Cheilolejeunea subopaca*	细鳞苔科	唇鳞苔属		
19	粗茎唇鳞苔	*Cheilolejeunea trapezia*	细鳞苔科	唇鳞苔属		
20	卷边唇鳞苔	*Cheilolejeunea xanthocarpa*	细鳞苔科	唇鳞苔属		
21	薄叶疣鳞苔	*Cololejeunea appressa*	细鳞苔科	疣鳞苔属		

序号	中文名	学名	科名	属名	濒危等级	中国特有种
22	细齿疣鳞苔	*Cololejeunea denticulata*	细鳞苔科	疣鳞苔属		
23	白边疣鳞苔	*Cololejeunea inflata*	细鳞苔科	疣鳞苔属		
24	阔瓣疣鳞苔	*Cololejeunea latilobula*	细鳞苔科	疣鳞苔属		
25	阔体疣鳞苔	*Cololejeunea latistyla*	细鳞苔科	疣鳞苔属		
26	长叶疣鳞苔	*Cololejeunea longifolia*	细鳞苔科	疣鳞苔属		
27	距齿疣鳞苔	*Cololejeunea macounii*	细鳞苔科	疣鳞苔属		
28	大瓣疣鳞苔	*Cololejeunea magnilobula*	细鳞苔科	疣鳞苔属		
29	列胞疣鳞苔	*Cololejeunea ocellata*	细鳞苔科	疣鳞苔属		
30	疣萼疣鳞苔	*Cololejeunea peraffinis*	细鳞苔科	疣鳞苔属		
31	粗齿疣鳞苔	*Cololejeunea planissima*	细鳞苔科	疣鳞苔属		
32	拟棉毛疣鳞苔	*Cololejeunea pseudofloccosa*	细鳞苔科	疣鳞苔属		
33	刺疣鳞苔	*Cololejeunea spinosa*	细鳞苔科	疣鳞苔属		
34	短肋疣鳞苔	*Cololejeunea subfloccosa*	细鳞苔科	疣鳞苔属		
35	南亚疣鳞苔	*Cololejeunea tenella*	细鳞苔科	疣鳞苔属		
36	佛氏疣鳞苔	*Cololejeunea verdoornii*	细鳞苔科	疣鳞苔属		
37	单体疣鳞苔	*Cololejeunea goebelii*	细鳞苔科	疣鳞苔属		
38	细角管叶苔	*Colura tenuicornis*	细鳞苔科	管叶苔属		
39	线角鳞苔	*Drepanolejeunea angustifolia*	细鳞苔科	角鳞苔属		
40	日本角鳞苔	*Drepanolejeunea erecta*	细鳞苔科	角鳞苔属		
41	叶生角鳞苔	*Drepanolejeunea foliicola*	细鳞苔科	角鳞苔属		
42	单齿角鳞苔	*Drepanolejeunea ternatensis*	细鳞苔科	角鳞苔属		
43	云南角鳞苔	*Drepanolejeunea yunnanensis*	细鳞苔科	角鳞苔属		
44	异叶细鳞苔	*Lejeunea anisophylla*	细鳞苔科	细鳞苔属		
45	长叶细鳞苔	*Lejeunea discreta*	细鳞苔科	细鳞苔属		
46	黄色细鳞苔	*Lejeunea flava*	细鳞苔科	细鳞苔属		
47	小叶细鳞苔	*Lejeunea parva*	细鳞苔科	细鳞苔属		
48	尖叶薄鳞苔	*Leptolejeunea subacuta*	细鳞苔科	薄鳞苔属		
49	褐冠鳞苔	*Lopholejeunea subfusca*	细鳞苔科	薄鳞苔属		
50	疏叶纤鳞苔	*Microlejeunea ulicina*	细鳞苔科	纤鳞苔属		
51	尼川多褶苔	*Spruceanthus falcatus*	细鳞苔科	多褶苔属		
52	九洲多褶苔	*Spruceanthus kiushianus*	细鳞苔科	多褶苔属		
53	多褶苔	*Spruceanthus semirepandus*	细鳞苔科	多褶苔属		
54	鞍叶苔	*Tuyamaella molischii*	细鳞苔科	鞍叶苔属		
55	三裂鞭苔	*Bazzania* tridens	指叶苔科	鞭苔属	LC	
56	异叶齿萼苔	*Lophocolea* heterophylla	齿萼苔科	齿萼苔属		
57	地钱	*Marchantia* polymorpha	地钱科	地钱属		
58	平叉苔	*Metzgeria* conjugata	叉苔科	叉苔属	LC	
59	叉苔	*Metzgeria* furcata	叉苔科	叉苔属	LC	

序号	中文名	学名	科名	属名	濒危等级	中国特有种
60	拟睫毛带叶苔	*Pallavicinia* subciliata	带叶苔科	带叶苔属		
61	刺叶羽苔	*Plagiochila sciophila*	羽苔科	羽苔属	LC	
62	延叶羽苔	*Plagiochila semidecurrens*	羽苔科	羽苔属		
63	狭叶羽苔	*Plagiochila trabeculata*	羽苔科	羽苔属	LC	
64	尖舌扁萼苔	*Radula acuminata*	扁萼苔科	扁萼苔属	LC	
65	大瓣扁萼苔	*Radula cavifolia*	扁萼苔科	扁萼苔属	LC	
66	尖叶扁尊苔	*Radula kojana*	扁萼苔科	扁萼苔属		
67	东亚扁萼苔	*Radula oyamensis*	扁萼苔科	扁萼苔属	NT	
68	囊绒苔	*Trichocoleopsis* sacculata	绒苔科	囊绒苔属	LC	
69	梨蒴珠藓	*Bartramia* pomiformis	珠藓科	珠藓属	LC	
70	泽藓	*Philonotis* fontana	珠藓科	泽藓属	LC	
71	淡叶长喙藓	*Rhynchostegium* pallidifolium	青藓科	长喙藓属	LC	
72	真藓	*Bryum argenteum*	真藓科	真藓属	LC	
73	细叶真藓	*Bryum capillare*	真藓科	真藓属	LC	
74	暖地大叶藓	*Rhodobryum giganteum*	真藓科	大叶藓属	LC	
75	大叶藓	*Rhodobryum roseum*	真藓科	大叶藓属		
76	毛枝藓	*Pilotrichopsis dentata*	隐蒴藓科	毛枝藓属		
77	多蒴曲尾藓	*Dicranum majus Turner*	曲尾藓科	曲尾藓属		
78	曲尾藓	*Dicranum scoparium*	曲尾藓科	曲尾藓属		
79	黄牛毛藓	*Ditrichum pallidum*	牛毛藓科	牛毛藓属	LC	
80	密叶绢藓	*Entodon compressus*	绢藓科	绢藓属		
81	黄叶凤尾藓	*Fissidens crispulus*	凤尾藓科	凤尾藓属		
82	卷叶凤尾藓	*Fissidens dubius*	凤尾藓科	凤尾藓属	LC	
83	内卷凤尾藓	*Fissidens involutus*	凤尾藓科	凤尾藓属		
84	曲肋凤尾藓	*Fissidens oblongifolius*	凤尾藓科	凤尾藓属		
85	垂叶凤尾藓	*Fissidens obscurus*	凤尾藓科	凤尾藓属	LC	
86	延叶凤尾藓	*Fissidens perdecurrens*	凤尾藓科	凤尾藓属		
87	鳞叶凤尾藓	*Fissidens taxifolius*	凤尾藓科	凤尾藓属		
88	南京凤尾藓	*Fissidens teysmannianus*	凤尾藓科	凤尾藓属	LC	
89	卵叶紫萼藓	*Grimmia* ovalis	紫萼藓科	紫萼藓属	LC	
90	厚角黄藓	*Distichophyllum collenchymatosum*	油藓科	黄藓属		
91	柔枝梳藓	*Ctenidium andoi*	塔藓科	梳藓属		
92	塔藓	*Hylocomium splendens*	塔藓科	塔藓属	LC	
93	尖叶灰藓	*Hypnum callichroum*	灰藓科	灰藓属	LC	
94	大灰藓	*Hypnum plumaeforme*	灰藓科	灰藓属		
95	东亚拟鳞叶藓	*Isopterygium pohliaecarpum*	灰藓科	同叶藓属		
96	齿边同叶藓	*Isopterygium serrulatum*	灰藓科	同叶藓属		
97	细尖鳞叶藓	*Taxiphyllum aomoriense*	灰藓科	鳞叶藓属		

序号	中文名	学名	科名	属名	濒危等级	中国特有种
98	鳞叶藓	*Taxiphyllum taxirameum*	灰藓科	鳞叶藓属		
99	短肋雉尾藓	*Cyathophorella hookeriana*	孔雀藓科	雉尾藓属		
100	包氏白发藓	*Leucobryum bowringii*	白发藓科	白发藓属		
101	毛扭藓	*Aerobryidium filamentosum*	蔓藓科	毛扭藓属	LC	
102	新丝藓	*Neodicladiella pendula*	蔓藓科	多疣悬藓属		
103	垂藓	*Chrysocladium retrorsum*	蔓藓科	垂藓属		
104	新悬藓	*Neobarbella comes*	蔓藓科	新悬藓属		
105	狭叶悬藓	*Barbella linearifolia*	蔓藓科	悬藓属	LC	是
106	具缘提灯藓	*Mnium marginatum*	提灯藓科	提灯藓属	LC	
107	尖叶匍灯藓	*Plagiomnium cuspidatum*	提灯藓科	匍灯藓属		
108	侧枝匍灯藓	*Plagiomnium maximoviczii*	提灯藓科	匍灯藓属		
109	刀叶树平藓	*Homaliodendron scalpellifolium*	平藓科	树平藓属		
110	中华蓑藓	*Macromitrium sinense*	木灵藓科	蓑藓属		
111	小火藓	*Schlotheimia pungens*	木灵藓科	火藓属	LC	是
112	东亚小金发藓	*Pogonatum inflexum*	金发藓科	小金发藓属		
113	疣小金发藓	*Pogonatum urnigerum*	金发藓科	小金发藓属		
114	金发藓	*Polytrichum commune*	金发藓科	金发藓属		
115	砂地扭口藓	*Barbula arcuata*	丛藓科	扭口藓属		
116	波边毛口藓	*Trichostomum tenuirostre*	丛藓科	毛口藓属		
117	赤茎小锦藓	*Brotherella erythrocaulis*	毛锦藓科	小锦藓属		
118	阔叶桧藓	*Pyrrhobryum latifolium*	桧藓科	刺叶桧藓属		
119	橙色锦藓	*Sematophyllum phoeniceum*	锦藓科	锦藓属		
120	矮锦藓	*Sematophyllum subhumile*	锦藓科	锦藓属		
121	拟尖叶泥炭藓	*Sphagnum acutifolioides*	泥炭藓科	泥炭藓属		
122	加萨泥炭藓	*Sphagnum khasianum*	泥炭藓科	泥炭藓属		
123	中位泥炭藓	*Sphagnum magellanicum*	泥炭藓科	泥炭藓属		
124	多纹泥炭藓	*Sphagnum multifibrosum*	泥炭藓科	泥炭藓属		
125	泥炭藓	*Sphagnum palustre*	泥炭藓科	泥炭藓属		
126	羽枝泥炭藓	*Sphagnum subnitens*	泥炭藓科	泥炭藓属		
127	粗疣藓	*Fauriella tenuis*	鳞藓科	粗疣藓属		
128	密枝细羽藓	*Cyrto-hypnum tamariscellum*	羽藓科	纤枝细羽藓属		
129	台湾多枝藓	*Haplohymenium formosanum*	羽藓科	多枝藓属		
130	大羽藓	*Thuidium cymbifolium*	羽藓科	羽藓属	LC	
131	黄羽藓	*Thuidium glaucinum*	羽藓科	羽藓属		
132	短肋羽藓	*Thuidium kanedae*	羽藓科	羽藓属		
133	绿羽藓	*Thuidium assimile*	羽藓科	羽藓属	LC	
134	扭叶藓	*Trachypus bicolor*	扭叶藓科	扭叶藓属	LC	

2 陆生维管植物名录

序号	中文名	学名	科名	属名	保护等级	濒危等级	中国特有种	外来入侵种
1	蛇足石杉	*Huperzia serrata*	石松科	石杉属	二级	濒危（EN）		
2	长柄石杉	*Huperzia javanica*	石松科	石杉属	二级			
3	四川石杉	*Huperzia sutchueniana*	石松科	石杉属	二级	近危（NT）	是	
4	藤石松	*Lycopodiastrum casuarinoides*	石松科	藤石松属		无危（LC）		
5	垂穗石松	*Lycopodium cernuum*	石松科	石松属		无危（LC）		
6	扁枝石松	*Lycopodium complanatum*	石松科	石松属		无危（LC）	是	
7	石松	*Lycopodium japonicum*	石松科	石松属		无危（LC）		
8	柳杉叶马尾杉	*Phlegmariurus cryptomerianus*	石松科	马尾杉属	二级	近危（NT）		
9	闽浙马尾杉	*Phlegmariurus mingcheensis*	石松科	马尾杉属	二级	无危（LC）	是	
10	华南马尾杉	*Phlegmariurus austrosinicus*	石松科	马尾杉属	二级	近危（NT）	是	
11	布朗卷柏	*Selaginella braunii*	卷柏科	卷柏属		无危（LC）		
12	深绿卷柏	*Selaginella doederleinii*	卷柏科	卷柏属		无危（LC）	是	
13	异穗卷柏	*Selaginella heterostachys*	卷柏科	卷柏属		无危（LC）	是	
14	细叶卷柏	*Selaginella labordei*	卷柏科	卷柏属		无危（LC）		
15	江南卷柏	*Selaginella moellendorffii*	卷柏科	卷柏属		无危（LC）		
16	伏地卷柏	*Selaginella nipponica*	卷柏科	卷柏属		无危（LC）		
17	疏叶卷柏	*Selaginella remotifolia*	卷柏科	卷柏属		无危（LC）		
18	卷柏	*Selaginella tamariscina*	卷柏科	卷柏属		无危（LC）		
19	翠云草	*Selaginella uncinata*	卷柏科	卷柏属		无危（LC）	是	
20	中华水韭	*Isoetes sinensis*	水韭科	水韭属	一级	濒危（EN）	是	
21	节节草	*Equisetum ramosissimum*	木贼科	木贼属		无危（LC）	是	
22	笔管草	*Equisetum ramosissimum* subsp. *debile*	木贼科	木贼属		无危（LC）		
23	华东阴地蕨	*Botrychium japonicum*	瓶尔小草科	小阴地蕨属		无危（LC）		
24	阴地蕨	*Botrychium ternatum*	瓶尔小草科	小阴地蕨属		无危（LC）		
25	瓶尔小草	*Ophioglossum vulgatum*	瓶尔小草科	瓶尔小草属		无危（LC）		
26	粗齿紫萁	*Osmunda banksiifolia*	紫萁科	紫萁属		近危（NT）		
27	紫萁	*Osmunda japonica*	紫萁科	紫萁属		无危（LC）		
28	华南紫萁	*Osmunda vachellii*	紫萁科	紫萁属		无危（LC）		
29	桂皮紫萁	*Osmundastrum cinnamomeum*	紫萁科	桂皮紫萁属		无危（LC）		
30	瘤足蕨	*Plagiogyria adnata*	瘤足蕨科	瘤足蕨属		无危（LC）		
31	华中瘤足蕨	*Plagiogyria euphlebia*	瘤足蕨科	瘤足蕨属		无危（LC）		
32	镰羽瘤足蕨	*Plagiogyria falcata*	瘤足蕨科	瘤足蕨属		无危（LC）		

序号	中文名	学名	科名	属名	保护等级	濒危等级	中国特有种	外来入侵种
33	华东瘤足蕨	*Plagiogyria japonica*	瘤足蕨科	瘤足蕨属		无危（LC）		
34	芒萁	*Dicranopteris pedata*	瘤足蕨科	芒萁属		无危（LC）		
35	中华里白	*Diplopterygium chinense*	里白科	里白属		无危（LC）		
36	里白	*Diplopterygium glaucum*	里白科	里白属		无危（LC）		
37	光里白	*Diplopterygium laevissimum*	里白科	里白属		无危（LC）		
38	海金沙	*Lygodium japonicum*	里白科	海金沙属		无危（LC）		
39	长柄假脉蕨	*Crepidomanes latealatum*	海金沙科	假脉蕨属		无危（LC）		
40	团扇蕨	*Crepidomanes minutum*	膜蕨科	假脉蕨属		无危（LC）		
41	蕗蕨	*Hymenophyllum badium*	膜蕨科	膜蕨属		无危（LC）		
42	华东膜蕨	*Hymenophyllum barbatum*	膜蕨科	膜蕨属		无危（LC）		
43	毛蕗蕨	*Hymenophyllum exsertum*	膜蕨科	膜蕨属		无危（LC）		
44	顶果膜蕨	*Hymenophyllum khasyanum*	膜蕨科	膜蕨属		无危（LC）		
45	长毛蕗蕨	*Hymenophyllum oligosorum*	膜蕨科	膜蕨属		数据缺乏（DD）		
46	长柄蕗蕨	*Hymenophyllum polyanthos*	膜蕨科	膜蕨属				
47	瓶蕨	*Vandenboschia auriculata*	膜蕨科	瓶蕨属		无危（LC）		
48	南海瓶蕨	*Vandenboschia striata*	膜蕨科	瓶蕨属		无危（LC）		
49	细毛碗蕨	*Dennstaedtia hirsuta*	碗蕨科	大碗蕨属		无危（LC）		
50	碗蕨	*Dennstaedtia scabra*	碗蕨科	大碗蕨属		无危（LC）	是	
51	光叶碗蕨	*Dennstaedtia scabra* var. *glabrescens*	碗蕨科	大碗蕨属		无危（LC）		
52	姬蕨	*Hypolepis punctata*	碗蕨科	姬蕨属		无危（LC）		
53	华南鳞盖蕨	*Microlepia hancei*	碗蕨科	鳞盖蕨属		无危（LC）		
54	边缘鳞盖蕨	*Microlepia marginata*	碗蕨科	鳞盖蕨属		无危（LC）	是	
55	二回羽叶边缘鳞盖蕨	*Microlepia marginata* var. *bipinnata*	碗蕨科	鳞盖蕨属		无危（LC）		
56	蕨	*Pteridium aquilinum* var. *latiusculum*	碗蕨科	蕨属		无危（LC）		
57	毛轴蕨	*Pteridium revolutum*	碗蕨科	蕨属		无危（LC）		
58	乌蕨	*Odontosoria chinensis*	鳞始蕨科	乌蕨属		无危（LC）		
59	铁线蕨	*Adiantum capillus-veneris*	凤尾蕨科	铁线蕨属		无危（LC）		
60	扇叶铁线蕨	*Adiantum flabellulatum*	凤尾蕨科	铁线蕨属		无危（LC）		
61	粉背蕨	*Aleuritopteris anceps*	凤尾蕨科	粉背蕨属		无危（LC）		
62	毛轴碎米蕨	*Cheilanthes chusana*	凤尾蕨科	碎米蕨属		无危（LC）		
63	旱蕨	*Cheilanthes nitidula*	凤尾蕨科	碎米蕨属		无危（LC）		
64	普通凤了蕨	*Coniogramme intermedia*	凤尾蕨科	凤了蕨属				
65	凤了蕨	*Coniogramme japonica*	凤尾蕨科	凤了蕨属		无危（LC）		
66	书带蕨	*Haplopteris flexuosa*	凤尾蕨科	书带蕨属		无危（LC）		

序号	中文名	学名	科名	属名	保护等级	濒危等级	中国特有种	外来入侵种
67	广叶书带蕨	*Haplopteris taeniophylla*	凤尾蕨科	书带蕨属		数据缺乏（DD）		
68	野雉尾金粉蕨	*Onychium japonicum*	凤尾蕨科	金粉蕨属		无危（LC）	是	
69	栗柄金粉蕨	*Onychium japonicum* var. *lucidum*	凤尾蕨科	金粉蕨属		无危（LC）		
70	刺齿半边旗	*Pteris dispar*	凤尾蕨科	凤尾蕨属		无危（LC）		
71	中华凤尾蕨	*Pteris inaequalis*	凤尾蕨科	凤尾蕨属		无危（LC）		
72	全缘凤尾蕨	*Pteris insignis*	凤尾蕨科	凤尾蕨属		无危（LC）		
73	井栏边草	*Pteris multifida*	凤尾蕨科	凤尾蕨属		无危（LC）		
74	蜈蚣草	*Pteris vittata*	凤尾蕨科	凤尾蕨属		无危（LC）		
75	亮毛蕨	*Acystopteris japonica*	冷蕨科	亮毛蕨属		无危（LC）		
76	华东安蕨	*Anisocampium sheareri*	蹄盖蕨科	安蕨属		无危（LC）		
77	百山祖蹄盖蕨	*Athyrium baishanzuense*	蹄盖蕨科	蹄盖蕨属				
78	溪边蹄盖蕨	*Athyrium deltoidofrons*	蹄盖蕨科	蹄盖蕨属		无危（LC）	是	
79	湿生蹄盖蕨	*Athyrium devolii*	蹄盖蕨科	蹄盖蕨属		无危（LC）	是	
80	长江蹄盖蕨	*Athyrium iseanum*	蹄盖蕨科	蹄盖蕨属		无危（LC）		
81	昴山蹄盖蕨	*Athyrium maoshanense*	蹄盖蕨科	蹄盖蕨属				
82	尖头蹄盖蕨	*Athyrium vidalii*	蹄盖蕨科	蹄盖蕨属		无危（LC）	是	
83	华中蹄盖蕨	*Athyrium wardii*	蹄盖蕨科	蹄盖蕨属		无危（LC）		
84	东洋对囊蕨	*Deparia japonica*	蹄盖蕨科	对囊蕨属				
85	单叶对囊蕨	*Deparia lancea*	蹄盖蕨科	对囊蕨属				
86	毛叶对囊蕨	*Deparia petersenii*	蹄盖蕨科	对囊蕨属				
87	百山祖短肠蕨	*Diplazium baishanzuense*	蹄盖蕨科	双盖蕨属		数据缺乏（DD）	是	
88	中华双盖蕨	*Diplazium chinense*	蹄盖蕨科	双盖蕨属				
89	食用双盖蕨	*Diplazium esculentum*	蹄盖蕨科	双盖蕨属				
90	江南双盖蕨	*Diplazium mettenianum*	蹄盖蕨科	双盖蕨属				
91	鳞柄双盖蕨	*Diplazium squamigerum*	蹄盖蕨科	双盖蕨属				
92	淡绿双盖蕨	*Diplazium virescens*	蹄盖蕨科	双盖蕨属				
93	狭基钩毛蕨	*Cyclogramma leveillei*	金星蕨科	钩毛蕨属		无危（LC）	是	
94	渐尖毛蕨	*Cyclosorus acuminatus*	金星蕨科	毛蕨属		无危（LC）		
95	干旱毛蕨	*Cyclosorus aridus*	金星蕨科	毛蕨属		无危（LC）		
96	齿牙毛蕨	*Cyclosorus dentatus*	金星蕨科	毛蕨属		无危（LC）		
97	宽羽毛蕨	*Cyclosorus latipinnus*	金星蕨科	毛蕨属		无危（LC）		
98	华南毛蕨	*Cyclosorus parasiticus*	金星蕨科	毛蕨属		无危（LC）		
99	齿片毛蕨	*Cyclosorus pauciserratus*	金星蕨科	毛蕨属				
100	短尖毛蕨	*Cyclosorus subacutus*	金星蕨科	毛蕨属				

序号	中文名	学名	科名	属名	保护等级	濒危等级	中国特有种	外来入侵种
101	闽浙圣蕨	*Dictyocline mingchegensis*	金星蕨科	圣蕨属		无危（LC）	是	
102	羽裂圣蕨	*Dictyocline wilfordii*	金星蕨科	圣蕨属		无危（LC）		
103	中间茯蕨	*Leptogramma intermedia*	金星蕨科	茯蕨属		数据缺乏（DD）	是	
104	峨眉茯蕨	*Leptogramma scallanii*	金星蕨科	茯蕨属		无危（LC）		
105	小叶茯蕨	*Leptogramma tottoides*	金星蕨科	茯蕨属		无危（LC）	是	
106	针毛蕨	*Macrothelypteris oligophlebia*	金星蕨科	针毛蕨属		无危（LC）	是	
107	林下凸轴蕨	*Metathelypteris hattorii*	金星蕨科	凸轴蕨属		无危（LC）		
108	疏羽凸轴蕨	*Metathelypteris laxa*	金星蕨科	凸轴蕨属		无危（LC）		
109	金星蕨	*Parathelypteris glanduligera*	金星蕨科	金星蕨属		无危（LC）		
110	光脚金星蕨	*Parathelypteris japonica*	金星蕨科	金星蕨属		无危（LC）	是	
111	延羽卵果蕨	*Phegopteris decursive-pinnata*	金星蕨科	卵果蕨属		无危（LC）		
112	普通假毛蕨	*Pseudocyclosorus subochthodes*	金星蕨科	假毛蕨属		无危（LC）		
113	耳状紫柄蕨	*Pseudophegopteris aurita*	金星蕨科	紫柄蕨属		无危（LC）		
114	星毛紫柄蕨	*Pseudophegopteris levingei*	金星蕨科	紫柄蕨属		无危（LC）		
115	紫柄蕨	*Pseudophegopteris pyrrhorhachis*	金星蕨科	紫柄蕨属		无危（LC）	是	
116	华南铁角蕨	*Asplenium austrochinense*	铁角蕨科	铁角蕨属		无危（LC）		
117	虎尾铁角蕨	*Asplenium incisum*	铁角蕨科	铁角蕨属		无危（LC）		
118	倒挂铁角蕨	*Asplenium normale*	铁角蕨科	铁角蕨属		无危（LC）		
119	北京铁角蕨	*Asplenium pekinense*	铁角蕨科	铁角蕨属		无危（LC）		
120	长叶铁角蕨	*Asplenium prolongatum*	铁角蕨科	铁角蕨属		无危（LC）		
121	华中铁角蕨	*Asplenium sarelii*	铁角蕨科	铁角蕨属		无危（LC）		
122	铁角蕨	*Asplenium trichomanes*	铁角蕨科	铁角蕨属		无危（LC）		
123	三翅铁角蕨	*Asplenium tripteropus*	铁角蕨科	铁角蕨属		无危（LC）		
124	闽浙铁角蕨	*Asplenium wilfordii*	铁角蕨科	铁角蕨属		无危（LC）		
125	狭翅铁角蕨	*Asplenium wrightii*	铁角蕨科	铁角蕨属		无危（LC）		
126	东方荚果蕨	*Pentarhizidium orientale*	球子蕨科	东方荚果蕨属		无危（LC）		
127	乌毛蕨	*Blechnum orientale*	乌毛蕨科	泽丘蕨属		无危（LC）		
128	狗脊	*Woodwardia japonica*	乌毛蕨科	狗脊属		无危（LC）		
129	珠芽狗脊	*Woodwardia prolifera*	乌毛蕨科	狗脊属				
130	斜方复叶耳蕨	*Arachniodes amabilis*	鳞毛蕨科	复叶耳蕨属		无危（LC）	是	
131	美丽复叶耳蕨	*Arachniodes amoena*	鳞毛蕨科	复叶耳蕨属		无危（LC）		
132	刺头复叶耳蕨	*Arachniodes aristata*	鳞毛蕨科	复叶耳蕨属		无危（LC）	是	
133	中华复叶耳蕨	*Arachniodes chinensis*	鳞毛蕨科	复叶耳蕨属		无危（LC）	是	
134	缩羽复叶耳蕨	*Arachniodes japonica*	鳞毛蕨科	复叶耳蕨属		数据缺乏（DD）	是	
135	长尾复叶耳蕨	*Arachniodes simplicior*	鳞毛蕨科	复叶耳蕨属		无危（LC）		

序号	中文名	学名	科名	属名	保护等级	濒危等级	中国特有种	外来入侵种
136	贯众	*Cyrtomium fortunei*	鳞毛蕨科	贯众属		无危（LC）	是	
137	阔鳞鳞毛蕨	*Dryopteris championii*	鳞毛蕨科	鳞毛蕨属		无危（LC）		
138	迷人鳞毛蕨	*Dryopteris decipiens*	鳞毛蕨科	鳞毛蕨属		无危（LC）	是	
139	深裂迷人鳞毛蕨	*Dryopteris decipiens* var. *diplazioides*	鳞毛蕨科	鳞毛蕨属		无危（LC）		
140	红盖鳞毛蕨	*Dryopteris erythrosora*	鳞毛蕨科	鳞毛蕨属		无危（LC）		
141	黑足鳞毛蕨	*Dryopteris fuscipes*	鳞毛蕨科	鳞毛蕨属		无危（LC）		
142	异鳞鳞毛蕨	*Dryopteris heterolaena*	鳞毛蕨科	鳞毛蕨属				
143	假异鳞毛蕨	*Dryopteris immixta*	鳞毛蕨科	鳞毛蕨属		无危（LC）	是	
144	泡鳞鳞毛蕨	*Dryopteris kawakamii*	鳞毛蕨科	鳞毛蕨属				
145	京鹤鳞毛蕨	*Dryopteris kinkiensis*	鳞毛蕨科	鳞毛蕨属		无危（LC）		
146	齿果鳞毛蕨	*Dryopteris labordei*	鳞毛蕨科	鳞毛蕨属		无危（LC）		
147	狭顶鳞毛蕨	*Dryopteris lacera*	鳞毛蕨科	鳞毛蕨属		无危（LC）		
148	马氏鳞毛蕨	*Dryopteris maximowicziana*	鳞毛蕨科	鳞毛蕨属				
149	太平鳞毛蕨	*Dryopteris pacifica*	鳞毛蕨科	鳞毛蕨属		无危（LC）		
150	阔羽鳞毛蕨	*Dryopteris ryo-itoana*	鳞毛蕨科	鳞毛蕨属		无危（LC）		
151	无盖鳞毛蕨	*Dryopteris scottii*	鳞毛蕨科	鳞毛蕨属		无危（LC）		
152	两色鳞毛蕨	*Dryopteris setosa*	鳞毛蕨科	鳞毛蕨属		无危（LC）		
153	奇羽鳞毛蕨	*Dryopteris sieboldii*	鳞毛蕨科	鳞毛蕨属		无危（LC）		
154	高鳞毛蕨	*Dryopteris simasakii*	鳞毛蕨科	鳞毛蕨属		无危（LC）	是	
155	稀羽鳞毛蕨	*Dryopteris sparsa*	鳞毛蕨科	鳞毛蕨属		无危（LC）		
156	无柄鳞毛蕨	*Dryopteris submarginata*	鳞毛蕨科	鳞毛蕨属		无危（LC）	是	
157	华南鳞毛蕨	*Dryopteris tenuicula*	鳞毛蕨科	鳞毛蕨属		无危（LC）		
158	同形鳞毛蕨	*Dryopteris uniformis*	鳞毛蕨科	鳞毛蕨属		无危（LC）		
159	变异鳞毛蕨	*Dryopteris varia*	鳞毛蕨科	鳞毛蕨属		无危（LC）		
160	武夷山鳞毛蕨	*Dryopteris wuyishanica*	鳞毛蕨科	鳞毛蕨属				
161	华南舌蕨	*Elaphoglossum yoshinagae*	鳞毛蕨科	舌蕨属		无危（LC）		
162	巴郎耳蕨	*Polystichum balansae*	鳞毛蕨科	耳蕨属				
163	假黑鳞耳蕨	*Polystichum pseudomakinoi*	鳞毛蕨科	耳蕨属		无危（LC）		
164	离脉柳叶耳蕨	*Polystichum tenuius*	鳞毛蕨科	耳蕨属				
165	戟叶耳蕨	*Polystichum tripteron*	鳞毛蕨科	耳蕨属		无危（LC）		
166	对马耳蕨	*Polystichum tsus-simense*	鳞毛蕨科	耳蕨属		无危（LC）	是	
167	肾蕨	*Nephrolepis cordifolia*	肾蕨科	肾蕨属		无危（LC）		
168	宿枝小膜盖蕨	*Araiostegia hookeri*	骨碎补科	小膜盖蕨属		数据缺乏（DD）		
169	鳞轴小膜盖蕨	*Araiostegia perdurans*	骨碎补科	小膜盖蕨属		无危（LC）	是	
170	龙头节肢蕨	*Arthromeris lungtauensis*	水龙骨科	节肢蕨属		无危（LC）		

序号	中文名	学名	科名	属名	保护等级	濒危等级	中国特有种	外来入侵种
171	槲蕨	*Drynaria roosii*	水龙骨科	槲蕨属		无危（LC）		
172	披针骨牌蕨	*Lemmaphyllum diversum*	水龙骨科	伏石蕨属		无危（LC）	是	
173	抱石莲	*Lemmaphyllum drymoglossoides*	水龙骨科	伏石蕨属		无危（LC）	是	
174	骨牌蕨	*Lemmaphyllum rostratum*	水龙骨科	伏石蕨属		无危（LC）		
175	鳞果星蕨	*Lepidomicrosorium buergerianum*	水龙骨科	鳞果星蕨属		无危（LC）		
176	星鳞瓦韦	*Lepisorus asterolepis*	水龙骨科	瓦韦属		无危（LC）		
177	扭瓦韦	*Lepisorus contortus*	水龙骨科	瓦韦属		无危（LC）	是	
178	鳞瓦韦	*Lepisorus kawakamii*	水龙骨科	瓦韦属		无危（LC）		
179	庐山瓦韦	*Lepisorus lewisii*	水龙骨科	瓦韦属		无危（LC）	是	
180	丝带蕨	*Lepisorus miyoshianus*	水龙骨科	瓦韦属		无危（LC）		
181	粤瓦韦	*Lepisorus obscurevenulosus*	水龙骨科	瓦韦属		无危（LC）		
182	瓦韦	*Lepisorus thunbergianus*	水龙骨科	瓦韦属		无危（LC）		
183	阔叶瓦韦	*Lepisorus tosaensis*	水龙骨科	瓦韦属		无危（LC）		
184	乌苏里瓦韦	*Lepisorus ussuriensis*	水龙骨科	瓦韦属		无危（LC）		
185	线蕨	*Leptochilus ellipticus*	水龙骨科	薄唇蕨属		无危（LC）	是	
186	中华剑蕨	*Loxogramme chinensis*	水龙骨科	剑蕨属		无危（LC）		
187	褐柄剑蕨	*Loxogramme duclouxii*	水龙骨科	剑蕨属		无危（LC）		
188	盾蕨	*Neolepisorus ensatus*	水龙骨科	盾蕨属		无危（LC）	是	
189	江南星蕨	*Neolepisorus fortunei*	水龙骨科	盾蕨属		无危（LC）		
190	日本水龙骨	*Polypodiodes niponica*	水龙骨科	棱脉蕨属		无危（LC）		
191	石蕨	*Pyrrosia angustissima*	水龙骨科	石韦属		无危（LC）		
192	光石韦	*Pyrrosia calvata*	水龙骨科	石韦属		无危（LC）	是	
193	石韦	*Pyrrosia lingua*	水龙骨科	石韦属		无危（LC）		
194	有柄石韦	*Pyrrosia petiolosa*	水龙骨科	石韦属		无危（LC）		
195	庐山石韦	*Pyrrosia sheareri*	水龙骨科	石韦属		无危（LC）	是	
196	恩氏假瘤蕨	*Selliguea engleri*	水龙骨科	修蕨属		无危（LC）		
197	金鸡脚假瘤蕨	*Selliguea hastata*	水龙骨科	修蕨属		无危（LC）		
198	屋久假瘤蕨	*Selliguea yakushimensis*	水龙骨科	修蕨属		无危（LC）		
199	苹	*Marsilea quadrifolia*	苹科	蘋属		无危（LC）		
200	满江红	*Azolla pinnata* subsp. *asiatica*	槐叶苹科	满江红属		无危（LC）		
201	银杏*	*Ginkgo biloba*	银杏科	银杏属	一级	极危（CR）	是	
202	百山祖冷杉	*Abies beshanzuensis*	松科	冷杉属	一级	极危（CR）	是	
203	日本冷杉	*Abies firma*	松科	冷杉属				
204	雪松	*Cedrus deodara*	松科	雪松属				
205	油杉	*Keteleeria fortunei*	松科	油杉属		易危（VU）		
206	江南油杉	*Keteleeria fortunei* var. *cyclolepis*	松科	油杉属	二级	无危（LC）		

序号	中文名	学名	科名	属名	保护等级	濒危等级	中国特有种	外来入侵种
207	日本落叶松	*Larix kaempferi*	松科	落叶松属				
208	黄花落叶松	*Larix olgensis*	松科	落叶松属		无危（LC）		
209	华山松	*Pinus armandii*	松科	松属		无危（LC）		
210	湿地松	*Pinus elliottii*	松科	松属				
211	马尾松	*Pinus massoniana*	松科	松属		无危（LC）	是	
212	日本五针松	*Pinus parviflora*	松科	松属				
213	刚松	*Pinus rigida*	松科	松属				
214	北美乔松	*Pinus strobus*	松科	松属				
215	火炬松	*Pinus taeda*	松科	松属				
216	黄山松	*Pinus taiwanensis*	松科	松属		无危（LC）	是	
217	黑松	*Pinus thunbergii*	松科	松属				
218	金钱松*	*Pseudolarix amabilis*	松科	金钱松属	二级	易危（VU）	是	
219	黄杉	*Pseudotsuga sinensis*	松科	黄杉属	二级	无危（LC）	是	
220	铁杉	*Tsuga chinensis*	松科	铁杉属		无危（LC）	是	
221	日本柳杉	*Cryptomeria japonica*	杉科	柳杉属		无危（LC）		
222	柳杉	*Cryptomeria japonica* var. *sinensis*	杉科	柳杉属				
223	杉木	*Cunninghamia lanceolata*	杉科	杉木属				
224	水松*	*Glyptostrobus pensilis*	杉科	水松属	一级	易危（VU）		
225	水杉*	*Metasequoia glyptostroboides*	杉科	水杉属	一级	濒危（EN）	是	
226	北美红杉	*Sequoia sempervirens*	杉科	北美红杉属				
227	台湾杉*	*Taiwania cryptomerioides*	杉科	台湾杉属	二级	易危（VU）		
228	落羽杉	*Taxodium distichum*	杉科	落羽杉属				
229	池杉	*Taxodium distichum* var. *imbricatum*	杉科	落羽杉属				
230	日本扁柏	*Chamaecyparis obtusa*	柏科	扁柏属				
231	日本花柏	*Chamaecyparis pisifera*	柏科	扁柏属				
232	柏木	*Cupressus funebris*	柏科	柏木属		无危（LC）	是	
233	福建柏	*Fokienia hodginsii*	柏科	福建柏属	二级	易危（VU）		
234	圆柏	*Juniperus chinensis*	柏科	刺柏属		无危（LC）		
235	偃柏	*Juniperus chinensis* var. *sargentii*	柏科	刺柏属		易危（VU）		
236	刺柏	*Juniperus formosana*	柏科	刺柏属		无危（LC）	是	
237	铺地柏	*Juniperus procumbens*	柏科	刺柏属				
238	北美香柏	*Thuja occidentalis*	柏科	崖柏属				
239	罗汉柏	*Thujopsis dolabrata*	柏科	罗汉柏属				
240	狭叶罗汉松	*Podocarpus macrophyllus* var. *angustifolius*	罗汉松科	罗汉松属				

序号	中文名	学名	科名	属名	保护等级	濒危等级	中国特有种	外来入侵种
241	柱冠罗汉松*	*Podocarpus macrophyllus* var. *chingii*	罗汉松科	罗汉松属	二级			
242	小叶罗汉松*	*Podocarpus wangii*	罗汉松科	罗汉松属	二级	濒危（EN）	是	
243	三尖杉	*Cephalotaxus fortunei*	三尖杉科	三尖杉属		无危（LC）		
244	粗榧	*Cephalotaxus sinensis*	三尖杉科	三尖杉属		近危（NT）	是	
245	白豆杉	*Pseudotaxus chienii*	红豆杉科	白豆杉属	二级	易危（VU）	是	
246	红豆杉*	*Taxus wallichiana* var. *chinensis*	红豆杉科	红豆杉属	一级	易危（VU）		
247	南方红豆杉	*Taxus wallichiana* var. *mairei*	红豆杉科	红豆杉属	一级	易危（VU）		
248	榧树	*Torreya grandis*	红豆杉科	榧属	二级	无危（LC）	是	
249	长叶榧树	*Torreya jackii*	红豆杉科	榧属	二级	易危（VU）	是	
250	蕺菜	*Houttuynia cordata*	三白草科	蕺菜属				
251	三白草	*Saururus chinensis*	三白草科	三白草属		无危（LC）		
252	山蒟	*Piper hancei*	胡椒科	胡椒属		无危（LC）	是	
253	风藤	*Piper kadsura*	胡椒科	胡椒属		无危（LC）		
254	丝穗金粟兰	*Chloranthus fortunei*	金粟兰科	金粟兰属		无危（LC）	是	
255	宽叶金粟兰	*Chloranthus henryi*	金粟兰科	金粟兰属		无危（LC）	是	
256	及己	*Chloranthus serratus*	金粟兰科	金粟兰属		无危（LC）		
257	金粟兰	*Chloranthus spicatus*	金粟兰科	金粟兰属		无危（LC）		
258	草珊瑚	*Sarcandra glabra*	金粟兰科	草珊瑚属		无危（LC）		
259	加杨	*Populus* × *canadensis*	杨柳科	杨属				
260	响叶杨	*Populus adenopoda*	杨柳科	杨属		无危（LC）	是	
261	钻天杨	*Populus nigra* var. *italica*	杨柳科	杨属		无危（LC）		
262	小叶杨	*Populus simonii*	杨柳科	杨属		无危（LC）		
263	毛白杨	*Populus tomentosa*	杨柳科	杨属		无危（LC）	是	
264	垂柳	*Salix babylonica*	杨柳科	柳属		无危（LC）		
265	银叶柳	*Salix chienii*	杨柳科	柳属		无危（LC）	是	
266	长梗柳	*Salix dunnii*	杨柳科	柳属		无危（LC）	是	
267	旱柳	*Salix matsudana*	杨柳科	柳属		无危（LC）	是	
268	龙爪柳	*Salix matsudana* f. *tortuosa*	杨柳科	柳属				
269	南川柳	*Salix rosthornii*	杨柳科	柳属		无危（LC）	是	
270	簸箕柳	*Salix suchowensis*	杨柳科	柳属				
271	杨梅	*Myrica rubra*	杨梅科	香杨梅属		无危（LC）		
272	山核桃	*Carya cathayensis*	胡桃科	山核桃属		易危（VU）	是	
273	美国山核桃	*Carya illinoinensis*	胡桃科	山核桃属				
274	青钱柳	*Cyclocarya paliurus*	胡桃科	青钱柳属		无危（LC）	是	
275	黄杞	*Engelhardia roxburghiana*	胡桃科	黄杞属		无危（LC）		
276	胡桃楸	*Juglans mandshurica*	胡桃科	胡桃属		无危（LC）		

序号	中文名	学名	科名	属名	保护等级	濒危等级	中国特有种	外来入侵种
277	化香树	*Platycarya strobilacea*	胡桃科	化香树属		无危（LC）		
278	华西枫杨	*Pterocarya macroptera* var. *insignis*	胡桃科	枫杨属		无危（LC）	是	
279	枫杨	*Pterocarya stenoptera*	胡桃科	枫杨属				
280	桤木	*Alnus cremastogyne*	桦木科	桤木属		无危（LC）	是	
281	江南桤木	*Alnus trabeculosa*	桦木科	桤木属		无危（LC）		
282	西桦	*Betula alnoides*	桦木科	桦木属		无危（LC）		
283	亮叶桦	*Betula luminifera*	桦木科	桦木属		无危（LC）	是	
284	短尾鹅耳枥	*Carpinus londoniana*	桦木科	鹅耳枥属		无危（LC）		
285	雷公鹅耳枥	*Carpinus viminea*	桦木科	鹅耳枥属		无危（LC）		
286	天目铁木*	*Ostrya rehderiana*	桦木科	铁木属	一级	极危（CR）	是	
287	锥栗	*Castanea henryi*	壳斗科	栗属				
288	栗	*Castanea mollissima*	壳斗科	栗属				
289	茅栗	*Castanea seguinii*	壳斗科	栗属				
290	米槠	*Castanopsis carlesii*	壳斗科	锥属				
291	甜槠	*Castanopsis eyrei*	壳斗科	锥属		无危（LC）	是	
292	罗浮锥	*Castanopsis faberi*	壳斗科	锥属				
293	栲	*Castanopsis fargesii*	壳斗科	锥属		无危（LC）	是	
294	毛锥	*Castanopsis fordii*	壳斗科	锥属		无危（LC）	是	
295	秀丽锥	*Castanopsis jucunda*	壳斗科	锥属		无危（LC）		
296	大叶锥	*Castanopsis megaphylla*	壳斗科	锥属		近危（NT）	是	
297	苦槠	*Castanopsis sclerophylla*	壳斗科	锥属		无危（LC）	是	
298	钩锥	*Castanopsis tibetana*	壳斗科	锥属		无危（LC）	是	
299	青冈	*Cyclobalanopsis glauca*	壳斗科	青冈属		无危（LC）		
300	细叶青冈	*Cyclobalanopsis gracilis*	壳斗科	青冈属		无危（LC）	是	
301	大叶青冈	*Cyclobalanopsis jenseniana*	壳斗科	青冈属		无危（LC）	是	
302	多脉青冈	*Cyclobalanopsis multinervis*	壳斗科	青冈属		无危（LC）	是	
303	小叶青冈	*Cyclobalanopsis myrsinifolia*	壳斗科	青冈属				
304	云山青冈	*Cyclobalanopsis sessilifolia*	壳斗科	青冈属		无危（LC）		
305	褐叶青冈	*Cyclobalanopsis stewardiana*	壳斗科	青冈属		无危（LC）	是	
306	米心水青冈	*Fagus engleriana*	壳斗科	水青冈属		无危（LC）	是	
307	水青冈	*Fagus longipetiolata*	壳斗科	水青冈属		无危（LC）		
308	光叶水青冈	*Fagus lucida*	壳斗科	水青冈属		无危（LC）	是	
309	短尾柯	*Lithocarpus brevicaudatus*	壳斗科	柯属		无危（LC）	是	
310	包果柯	*Lithocarpus cleistocarpus*	壳斗科	柯属				
311	柯	*Lithocarpus glaber*	壳斗科	柯属		无危（LC）		
312	硬壳柯	*Lithocarpus hancei*	壳斗科	柯属		无危（LC）	是	

序号	中文名	学名	科名	属名	保护等级	濒危等级	中国特有种	外来入侵种
313	灰柯	*Lithocarpus henryi*	壳斗科	柯属		无危（LC）	是	
314	鼠刺叶柯	*Lithocarpus iteaphyllus*	壳斗科	柯属		无危（LC）	是	
315	木姜叶柯	*Lithocarpus litseifolius*	壳斗科	柯属		无危（LC）		
316	多穗柯	*Lithocarpus polystachyus*	壳斗科	柯属				
317	麻栎	*Quercus acutissima*	壳斗科	栎属				
318	槲栎	*Quercus aliena*	壳斗科	栎属		无危（LC）		
319	锐齿槲栎	*Quercus aliena* var. *acutiserrata*	壳斗科	栎属		无危（LC）		
320	小叶栎	*Quercus chenii*	壳斗科	栎属		无危（LC）	是	
321	巴东栎	*Quercus engleriana*	壳斗科	栎属		无危（LC）	是	
322	白栎	*Quercus fabri*	壳斗科	栎属		无危（LC）	是	
323	乌冈栎	*Quercus phillyreoides*	壳斗科	栎属		无危（LC）		
324	高山栎	*Quercus semecarpifolia*	壳斗科	栎属		无危（LC）		
325	枹栎	*Quercus serrata*	壳斗科	栎属		无危（LC）		
326	糙叶树	*Aphananthe aspera*	榆科	糙叶树属		无危（LC）		
327	紫弹树	*Celtis biondii*	榆科	朴属		无危（LC）		
328	珊瑚朴	*Celtis julianae*	榆科	朴属		无危（LC）	是	
329	朴树	*Celtis sinensis*	榆科	朴属		无危（LC）		
330	西川朴	*Celtis vandervoetiana*	榆科	朴属		无危（LC）	是	
331	山油麻	*Trema cannabina* var. *dielsiana*	榆科	山黄麻属		无危（LC）	是	
332	多脉榆	*Ulmus castaneifolia*	榆科	榆属		无危（LC）	是	
333	杭州榆	*Ulmus changii*	榆科	榆属		无危（LC）	是	
334	榔榆	*Ulmus parvifolia*	榆科	榆属		无危（LC）		
335	榆树	*Ulmus pumila*	榆科	榆属		无危（LC）		
336	红果榆	*Ulmus szechuanica*	榆科	榆属		无危（LC）	是	
337	榉树	*Zelkova serrata*	榆科	榉属		无危（LC）		
338	葡蟠	*Broussonetia kaempferi*	桑科	构属				
339	楮	*Broussonetia kazinoki*	桑科	构属		无危（LC）		
340	构树	*Broussonetia papyrifera*	桑科	构属		无危（LC）		
341	细齿水蛇麻	*Fatoua pilosa*	桑科	水蛇麻属		无危（LC）		
342	无花果	*Ficus carica*	桑科	榕属				
343	矮小天仙果	*Ficus erecta*	桑科	榕属		无危（LC）		
344	异叶榕	*Ficus heteromorpha*	桑科	榕属		无危（LC）		
345	琴叶榕	*Ficus pandurata*	桑科	榕属		无危（LC）		
346	薜荔	*Ficus pumila*	桑科	榕属		无危（LC）		
347	珍珠莲	*Ficus sarmentosa* var. *henryi*	桑科	榕属		无危（LC）	是	
348	爬藤榕	*Ficus sarmentosa* var. *impressa*	桑科	榕属		无危（LC）		
349	白背爬藤榕	*Ficus sarmentosa* var. *nipponica*	桑科	榕属		无危（LC）		

序号	中文名	学名	科名	属名	保护等级	濒危等级	中国特有种	外来入侵种
350	构棘	*Maclura cochinchinensis*	桑科	橙桑属		无危（LC）		
351	柘	*Maclura tricuspidata*	桑科	橙桑属				
352	桑	*Morus alba*	桑科	桑属				
353	鸡桑	*Morus australis*	桑科	桑属		无危（LC）		
354	华桑	*Morus cathayana*	桑科	桑属		无危（LC）		
355	青皮木	*Schoepfia jasminodora*	铁青树科	青皮木属		无危（LC）		
356	椆树桑寄生	*Loranthus delavayi*	桑寄生科	桑寄生属		无危（LC）		
357	小叶钝果寄生	*Taxillus kaempferi*	桑寄生科	钝果寄生属		无危（LC）		
358	锈毛钝果寄生	*Taxillus levinei*	桑寄生科	钝果寄生属		无危（LC）	是	
359	桑寄生	*Taxillus sutchuenensis*	桑寄生科	钝果寄生属		无危（LC）	是	
360	栗寄生	*Korthalsella japonica*	槲寄生科	栗寄生属		无危（LC）		
361	槲寄生	*Viscum coloratum*	槲寄生科	槲寄生属				
362	柿寄生	*Viscum diospyrosicola*	槲寄生科	槲寄生属		无危（LC）	是	
363	葎草	*Humulus scandens*	大麻科	葎草属				
364	序叶苎麻	*Boehmeria clidemioides* var. *diffusa*	荨麻科	苎麻属		无危（LC）		
365	海岛苎麻	*Boehmeria formosana*	荨麻科	苎麻属		无危（LC）		
366	野线麻	*Boehmeria japonica*	荨麻科	苎麻属		无危（LC）		
367	苎麻	*Boehmeria nivea*	荨麻科	苎麻属		无危（LC）		
368	青叶苎麻	*Boehmeria nivea* var. *tenacissima*	荨麻科	苎麻属		无危（LC）		
369	小赤麻	*Boehmeria spicata*	荨麻科	苎麻属				
370	八角麻	*Boehmeria tricuspis*	荨麻科	苎麻属		无危（LC）		
371	楼梯草	*Elatostema involucratum*	荨麻科	楼梯草属		无危（LC）		
372	钝叶楼梯草	*Elatostema obtusum*	荨麻科	楼梯草属		无危（LC）		
373	三齿钝叶楼梯草	*Elatostema obtusum* var. *trilobulatum*	荨麻科	楼梯草属		无危（LC）		
374	庐山楼梯草	*Elatostema stewardii*	荨麻科	楼梯草属		无危（LC）	是	
375	糯米团	*Gonostegia hirta*	荨麻科	糯米团属				
376	花点草	*Nanocnide japonica*	荨麻科	花点草属				
377	紫麻	*Oreocnide frutescens*	荨麻科	紫麻属		无危（LC）		
378	短叶赤车	*Pellionia brevifolia*	荨麻科	赤车属		无危（LC）		
379	赤车	*Pellionia radicans*	荨麻科	赤车属		无危（LC）		
380	蔓赤车	*Pellionia scabra*	荨麻科	赤车属		无危（LC）		
381	京都冷水花	*Pilea kiotensis*	荨麻科	冷水花属				
382	冷水花	*Pilea notata*	荨麻科	冷水花属				
383	苔水花	*Pilea peploides*	荨麻科	冷水花属		无危（LC）		
384	透茎冷水花	*Pilea pumila*	荨麻科	冷水花属				

序号	中文名	学名	科名	属名	保护等级	濒危等级	中国特有种	外来入侵种
385	粗齿冷水花	*Pilea sinofasciata*	荨麻科	冷水花属		无危（LC）		
386	玻璃草	*Pilea swinglei*	荨麻科	冷水花属		无危（LC）		
387	雾水葛	*Pouzolzia zeylanica*	荨麻科	雾水葛属				
388	小果山龙眼	*Helicia cochinchinensis*	山龙眼科	山龙眼属		无危（LC）		
389	米面蓊	*Buckleya henryi*	檀香科	米面蓊属		无危（LC）	是	
390	百蕊草	*Thesium chinense*	檀香科	百蕊草属				
391	北马兜铃	*Aristolochia contorta*	马兜铃科	马兜铃属		无危（LC）		
392	马兜铃	*Aristolochia debilis*	马兜铃科	马兜铃属				
393	通城虎	*Aristolochia fordiana*	马兜铃科	马兜铃属		易危（VU）	是	
394	福建马兜铃	*Aristolochia fujianensis*	马兜铃科	马兜铃属		易危（VU）	是	
395	辟蛇雷	*Aristolochia tubiflora*	马兜铃科	马兜铃属		无危（LC）	是	
396	尾花细辛	*Asarum caudigerum*	马兜铃科	细辛属		无危（LC）		
397	福建细辛	*Asarum fukienense*	马兜铃科	细辛属		无危（LC）	是	
398	小叶马蹄香	*Asarum ichangense*	马兜铃科	细辛属		无危（LC）	是	
399	长毛细辛	*Asarum pulchellum*	马兜铃科	细辛属		无危（LC）	是	
400	疏花蛇菰	*Balanophora laxiflora*	蛇菰科	蛇菰属		无危（LC）		
401	杯茎蛇菰	*Balanophora subcupularis*	蛇菰科	蛇菰属		数据缺乏（DD）	是	
402	金线草	*Antenoron filiforme*	蓼科	金线草属		无危（LC）		
403	短毛金线草	*Antenoron filiforme* var. *neofiliforme*	蓼科	金线草属		无危（LC）	是	
404	金荞	*Fagopyrum dibotrys*	蓼科	荞麦属	二级	无危（LC）		
405	何首乌	*Fallopia multiflora*	蓼科	藤蓼属		无危（LC）		
406	萹蓄	*Polygonum aviculare*	蓼科	萹蓄属				
407	火炭母	*Polygonum chinense*	蓼科	萹蓄属				
408	长箭叶蓼	*Polygonum hastatosagittatum*	蓼科	萹蓄属				
409	辣蓼	*Polygonum hydropiper*	蓼科	萹蓄属				
410	蚕茧蓼	*Polygonum japonicum*	蓼科	萹蓄属				
411	愉悦蓼	*Polygonum jucundum*	蓼科	萹蓄属				
412	马蓼	*Polygonum lapathifolium*	蓼科	萹蓄属				
413	绵毛马蓼	*Polygonum lapathifolium* var. *salicifolium*	蓼科	萹蓄属				
414	小蓼花	*Polygonum muricatum*	蓼科	萹蓄属		无危（LC）		
415	尼泊尔蓼	*Polygonum nepalense*	蓼科	萹蓄属				
416	红蓼	*Polygonum orientale*	蓼科	萹蓄属				
417	杠板归	*Polygonum perfoliatum*	蓼科	萹蓄属				
418	丛枝蓼	*Polygonum posumbu*	蓼科	萹蓄属				

序号	中文名	学名	科名	属名	保护等级	濒危等级	中国特有种	外来入侵种
419	箭头蓼	*Polygonum sagittatum*	蓼科	萹蓄属				
420	刺蓼	*Polygonum senticosum*	蓼科	萹蓄属				
421	细叶蓼	*Polygonum taquetii*	蓼科	萹蓄属				
422	香蓼	*Polygonum viscosum*	蓼科	萹蓄属				
423	虎杖	*Reynoutria japonica*	蓼科	虎杖属				
424	酸模	*Rumex acetosa*	蓼科	酸模属				
425	齿果酸模	*Rumex dentatus*	蓼科	酸模属				
426	羊蹄	*Rumex japonicus*	蓼科	酸模属				
427	尼泊尔酸模	*Rumex nepalensis*	蓼科	酸模属				
428	土牛膝	*Achyranthes aspera*	苋科	牛膝属				
429	牛膝	*Achyranthes bidentata*	苋科	牛膝属				
430	柳叶牛膝	*Achyranthes longifolia*	苋科	牛膝属		无危（LC）		
431	喜旱莲子草	*Alternanthera philoxeroides*	苋科	莲子草属				是
432	凹头苋	*Amaranthus blitum*	苋科	苋属				是
433	老鸦谷	*Amaranthus caudatus*	苋科	苋属				是
434	刺苋	*Amaranthus spinosus*	苋科	苋属				是
435	皱果苋	*Amaranthus viridis*	苋科	苋属				是
436	青葙	*Celosia argentea*	苋科	青葙属				是
437	鸡冠花	*Celosia cristata*	苋科	青葙属				
438	千日红	*Gomphrena globosa*	苋科	千日红属				
439	藜	*Chenopodium album*	藜科	藜属		无危（LC）		
440	土荆芥	*Dysphania ambrosioides*	藜科	腺毛藜属				是
441	菠菜	*Spinacia oleracea*	藜科	菠菜属				
442	紫茉莉	*Mirabilis jalapa*	紫茉莉科	紫茉莉属				是
443	商陆	*Phytolacca acinosa*	商陆科	商陆属				
444	垂序商陆	*Phytolacca americana*	商陆科	商陆属				是
445	日本商陆	*Phytolacca japonica*	商陆科	商陆属		无危（LC）		
446	粟米草	*Mollugo stricta*	粟米草科	毯粟草属				
447	马齿苋	*Portulaca oleracea*	马齿苋科	马齿苋属				
448	土人参	*Talinum paniculatum*	马齿苋科	土人参属				是
449	落葵薯	*Anredera cordifolia*	落葵科	落葵薯属				是
450	落葵	*Basella alba*	落葵科	落葵属				
451	无心菜	*Arenaria serpyllifolia*	石竹科	无心菜属		无危（LC）		
452	喜泉卷耳	*Cerastium fontanum*	石竹科	卷耳属		数据缺乏（DD）		
453	石竹	*Dianthus chinensis*	石竹科	石竹属		无危（LC）		
454	鹅肠菜	*Myosoton aquaticum*	石竹科	鹅肠菜属				是

序号	中文名	学名	科名	属名	保护等级	濒危等级	中国特有种	外来入侵种
455	漆姑草	*Sagina japonica*	石竹科	漆姑草属		无危（LC）		
456	女娄菜	*Silene aprica*	石竹科	蝇子草属		无危（LC）		
457	鹤草	*Silene fortunei*	石竹科	蝇子草属		无危（LC）	是	
458	雀舌草	*Stellaria alsine*	石竹科	繁缕属				
459	繁缕	*Stellaria media*	石竹科	繁缕属		无危（LC）		
460	鸡肠繁缕	*Stellaria neglecta*	石竹科	繁缕属				
461	莼菜	*Brasenia schreberi*	莼菜科	莼菜属	二级	极危（CR）		
462	乌头	*Aconitum carmichaelii*	毛茛科	乌头属				
463	赣皖乌头	*Aconitum finetianum*	毛茛科	乌头属		无危（LC）	是	
464	秋牡丹	*Anemone hupehensis* var. *japonica*	毛茛科	银莲花属		无危（LC）		
465	小升麻	*Cimicifuga japonica*	毛茛科	升麻属		无危（LC）		
466	女萎	*Clematis apiifolia*	毛茛科	铁线莲属		无危（LC）		
467	小木通	*Clematis armandii*	毛茛科	铁线莲属		无危（LC）		
468	浙江山木通	*Clematis chekiangensis*	毛茛科	铁线莲属		无危（LC）	是	
469	威灵仙	*Clematis chinensis*	毛茛科	铁线莲属		无危（LC）		
470	舟柄铁线莲	*Clematis dilatata*	毛茛科	铁线莲属		近危（NT）	是	
471	山木通	*Clematis finetiana*	毛茛科	铁线莲属				
472	单叶铁线莲	*Clematis henryi*	毛茛科	铁线莲属		无危（LC）	是	
473	毛柱铁线莲	*Clematis meyeniana*	毛茛科	铁线莲属		无危（LC）		
474	绣球藤	*Clematis montana*	毛茛科	铁线莲属		无危（LC）		
475	裂叶铁线莲	*Clematis parviloba*	毛茛科	铁线莲属		无危（LC）	是	
476	华中铁线莲	*Clematis pseudootophora*	毛茛科	铁线莲属		无危（LC）	是	
477	柱果铁线莲	*Clematis uncinata*	毛茛科	铁线莲属		无危（LC）		
478	短萼黄连	*Coptis chinensis* var. *brevisepala*	毛茛科	黄连属	二级	濒危（EN）	是	
479	蕨叶人字果	*Dichocarpum dalzielii*	毛茛科	人字果属		无危（LC）	是	
480	茴茴蒜	*Ranunculus chinensis*	毛茛科	毛茛属				
481	毛茛	*Ranunculus japonicus*	毛茛科	毛茛属				
482	扬子毛茛	*Ranunculus sieboldii*	毛茛科	毛茛属				
483	天葵	*Semiaquilegia adoxoides*	毛茛科	天葵属				
484	尖叶唐松草	*Thalictrum acutifolium*	毛茛科	唐松草属		近危（NT）	是	
485	大叶唐松草	*Thalictrum faberi*	毛茛科	唐松草属		无危（LC）	是	
486	华东唐松草	*Thalictrum fortunei*	毛茛科	唐松草属		近危（NT）	是	
487	爪哇唐松草	*Thalictrum javanicum*	毛茛科	唐松草属		无危（LC）		
488	芍药	*Paeonia lactiflora*	芍药科	芍药属		无危（LC）		
489	牡丹*	*Paeonia suffruticosa*	芍药科	芍药属	二级			
490	木通	*Akebia quinata*	木通科	木通属		无危（LC）		

序号	中文名	学名	科名	属名	保护等级	濒危等级	中国特有种	外来入侵种
491	三叶木通	*Akebia trifoliata*	木通科	木通属		无危（LC）		
492	鹰爪枫	*Holboellia coriacea*	木通科	八月瓜属		无危（LC）	是	
493	大血藤	*Sargentodoxa cuneata*	木通科	大血藤属		无危（LC）		
494	野木瓜	*Stauntonia chinensis*	木通科	野木瓜属		无危（LC）		
495	腺脉野木瓜	*Stauntonia conspicua*	木通科	野木瓜属		无危（LC）	是	
496	钝药野木瓜	*Stauntonia leucantha*	木通科	野木瓜属				
497	倒卵叶野木瓜	*Stauntonia obovata*	木通科	野木瓜属		无危（LC）	是	
498	尾叶那藤	*Stauntonia obovatifoliola* subsp. *urophylla*	木通科	野木瓜属				
499	天台小檗	*Berberis lempergiana*	小檗科	小檗属		无危（LC）	是	
500	假豪猪刺	*Berberis soulieana*	小檗科	小檗属		无危（LC）	是	
501	庐山小檗	*Berberis virgetorum*	小檗科	小檗属		无危（LC）	是	
502	六角莲	*Dysosma pleiantha*	小檗科	鬼臼属	二级	近危（NT）	是	
503	八角莲	*Dysosma versipellis*	小檗科	鬼臼属	二级	易危（VU）	是	
504	朝鲜淫羊藿	*Epimedium koreanum*	小檗科	淫羊藿属		近危（NT）		
505	黔岭淫羊藿	*Epimedium leptorrhizum*	小檗科	淫羊藿属		近危（NT）	是	
506	三枝九叶草	*Epimedium sagittatum*	小檗科	淫羊藿属		近危（NT）	是	
507	阔叶十大功劳	*Mahonia bealei*	小檗科	十大功劳属				
508	小果十大功劳	*Mahonia bodinieri*	小檗科	十大功劳属		无危（LC）	是	
509	十大功劳	*Mahonia fortunei*	小檗科	十大功劳属				
510	南天竹	*Nandina domestica*	小檗科	南天竹属				
511	木防己	*Cocculus orbiculatus*	防己科	木防己属				
512	轮环藤	*Cyclea racemosa*	防己科	轮环藤属		无危（LC）	是	
513	秤钩风	*Diploclisia affinis*	防己科	秤钩风属		无危（LC）	是	
514	风龙	*Sinomenium acutum*	防己科	风龙属		无危（LC）		
515	金钱吊乌龟	*Stephania cephalantha*	防己科	千金藤属				
516	千斤藤	*Stephania japonica*	防己科	千金藤属				
517	粉防己	*Stephania tetrandra*	防己科	千金藤属		无危（LC）	是	
518	假地枫皮	*Illicium jiadifengpi*	八角科	八角属		无危（LC）	是	
519	红毒茴	*Illicium lanceolatum*	八角科	八角属		无危（LC）	是	
520	日本南五味子	*Kadsura japonica*	五味子科	南五味子属		无危（LC）		
521	南五味子	*Kadsura longipedunculata*	五味子科	南五味子属		无危（LC）	是	
522	绿叶五味子	*Schisandra arisanensis* subsp. *viridis*	五味子科	五味子属				
523	二色五味子	*Schisandra bicolor*	五味子科	五味子属				
524	翼梗五味子	*Schisandra henryi*	五味子科	五味子属		无危（LC）		
525	华中五味子	*Schisandra sphenanthera*	五味子科	五味子属		数据缺乏（DD）	是	

序号	中文名	学名	科名	属名	保护等级	濒危等级	中国特有种	外来入侵种
526	厚朴	*Houpoea officinalis*	木兰科	厚朴属	二级	无危（LC）	是	
527	鹅掌楸	*Liriodendron chinense*	木兰科	鹅掌楸属	二级	无危（LC）		
528	荷花木兰	*Magnolia grandiflora*	木兰科	北美木兰属				
529	木莲	*Manglietia fordiana*	木兰科	木莲属		无危（LC）		
530	尾叶含笑	*Michelia caudata*	木兰科	含笑属				
531	阔瓣含笑	*Michelia cavaleriei* var. *platypetala*	木兰科	含笑属		无危（LC）	是	
532	黄兰含笑	*Michelia champaca*	木兰科	含笑属				
533	雅致含笑	*Michelia elegans*	木兰科	含笑属		濒危（EN）	是	
534	含笑花	*Michelia figo*	木兰科	含笑属				
535	金叶含笑	*Michelia foveolata*	木兰科	含笑属		无危（LC）		
536	深山含笑	*Michelia maudiae*	木兰科	含笑属		无危（LC）	是	
537	野含笑	*Michelia skinneriana*	木兰科	含笑属		无危（LC）	是	
538	天女花	*Oyama sieboldii*	木兰科	天女花属		近危（NT）		
539	乐东拟单性木兰	*Parakmeria lotungensis*	木兰科	拟单性木兰属		易危（VU）	是	
540	天目玉兰	*Yulania amoena*	木兰科	玉兰属		易危（VU）	是	
541	黄山玉兰	*Yulania cylindrica*	木兰科	玉兰属		无危（LC）	是	
542	玉兰	*Yulania denudata*	木兰科	玉兰属		近危（NT）	是	
543	紫玉兰	*Yulania liliiflora*	木兰科	玉兰属		易危（VU）	是	
544	星花玉兰	*Yulania stellata*	木兰科	玉兰属				
545	山蜡梅	*Chimonanthus nitens*	蜡梅科	蜡梅属		无危（LC）	是	
546	蜡梅	*Chimonanthus praecox*	蜡梅科	蜡梅属		无危（LC）	是	
547	柳叶蜡梅	*Chimonanthus salicifolius*	蜡梅科	蜡梅属		近危（NT）	是	
548	浙江蜡梅	*Chimonanthus zhejiangensis*	蜡梅科	蜡梅属		无危（LC）	是	
549	瓜馥木	*Fissistigma oldhamii*	番荔枝科	瓜馥木属		无危（LC）		
550	华南桂	*Cinnamomum austrosinense*	樟科	桂属		无危（LC）	是	
551	樟	*Cinnamomum camphora*	樟科	桂属		无危（LC）		
552	野黄桂	*Cinnamomum jensenianum*	樟科	桂属		无危（LC）	是	
553	天竺桂	*Cinnamomum japonicum*	樟科	桂属	二级	易危（VU）		
554	香桂	*Cinnamomum subavenium*	樟科	桂属		无危（LC）		
555	乌药	*Lindera aggregata*	樟科	山胡椒属		无危（LC）		
556	香叶树	*Lindera communis*	樟科	山胡椒属		无危（LC）		
557	红果山胡椒	*Lindera erythrocarpa*	樟科	山胡椒属		无危（LC）		
558	山胡椒	*Lindera glauca*	樟科	山胡椒属		无危（LC）		
559	绒毛山胡椒	*Lindera nacusua*	樟科	山胡椒属		无危（LC）		
560	三桠乌药	*Lindera obtusiloba*	樟科	山胡椒属		无危（LC）		
561	绿叶甘橿	*Lindera neesiana*	樟科	山胡椒属		无危（LC）		

序号	中文名	学名	科名	属名	保护等级	濒危等级	中国特有种	外来入侵种
562	山橿	*Lindera reflexa*	樟科	山胡椒属		无危（LC）	是	
563	红脉钓樟	*Lindera rubronervia*	樟科	山胡椒属		无危（LC）	是	
564	毛豹皮樟	*Litsea coreana* var. *lanuginosa*	樟科	木姜子属		无危（LC）	是	
565	豹皮樟	*Litsea coreana* var. *sinensis*	樟科	木姜子属		无危（LC）	是	
566	山鸡椒	*Litsea cubeba*	樟科	木姜子属		无危（LC）		
567	毛山鸡椒	*Litsea cubeba* var. *formosana*	樟科	木姜子属		无危（LC）	是	
568	黄丹木姜子	*Litsea elongata*	樟科	木姜子属		无危（LC）		
569	石木姜子	*Litsea elongata* var. *faberi*	樟科	木姜子属		无危（LC）	是	
570	黄绒润楠	*Machilus grijsii*	樟科	润楠属		无危（LC）		
571	薄叶润楠	*Machilus leptophylla*	樟科	润楠属		无危（LC）	是	
572	建润楠	*Machilus oreophila*	樟科	润楠属		无危（LC）	是	
573	绒毛润楠	*Machilus velutina*	樟科	润楠属		无危（LC）		
574	刨花润楠	*Machilus pauhoi*	樟科	润楠属		无危（LC）	是	
575	凤凰润楠	*Machilus phoenicis*	樟科	润楠属		无危（LC）	是	
576	红楠	*Machilus thunbergii*	樟科	润楠属		无危（LC）		
577	浙江新木姜子	*Neolitsea aurata* var. *chekiangensis*	樟科	新木姜子属		无危（LC）	是	
578	云和新木姜子	*Neolitsea aurata* var. *paraciculata*	樟科	新木姜子属		无危（LC）	是	
579	浙闽新木姜子	*Neolitsea aurata* var. *undulatula*	樟科	新木姜子属		无危（LC）	是	
580	闽楠	*Phoebe bournei*	樟科	楠属	二级	易危（VU）	是	
581	白楠	*Phoebe neurantha*	樟科	楠属		无危（LC）	是	
582	紫楠	*Phoebe sheareri*	樟科	楠属		无危（LC）		
583	檫木	*Sassafras tzumu*	樟科	檫木属				
584	北越紫堇	*Corydalis balansae*	罂粟科	紫堇属		无危（LC）		
585	夏天无	*Corydalis decumbens*	罂粟科	紫堇属				
586	刻叶紫堇	*Corydalis incisa*	罂粟科	紫堇属		无危（LC）		
587	小花黄堇	*Corydalis racemosa*	罂粟科	紫堇属				
588	血水草	*Eomecon chionantha*	罂粟科	血水草属		无危（LC）	是	
589	博落回	*Macleaya cordata*	罂粟科	博落回属				
590	醉蝶花	*Tarenaya hassleriana*	白花菜科	醉蝶花属				
591	荠	*Capsella bursa-pastoris*	十字花科	荠属		无危（LC）		是
592	弯曲碎米荠	*Cardamine flexuosa*	十字花科	碎米荠属				是
593	碎米荠	*Cardamine hirsuta*	十字花科	碎米荠属				
594	弹裂碎米荠	*Cardamine impatiens*	十字花科	碎米荠属				
595	水田碎米荠	*Cardamine lyrata*	十字花科	碎米荠属				
596	臭荠	*Coronopus didymus*	十字花科	臭荠属		无危（LC）		是
597	葶苈	*Draba nemorosa*	十字花科	葶苈属		无危（LC）		

序号	中文名	学名	科名	属名	保护等级	濒危等级	中国特有种	外来入侵种
598	北美独行菜	*Lepidium virginicum*	十字花科	独行菜属		无危（LC）		是
599	无瓣蔊菜	*Rorippa dubia*	十字花科	蔊菜属		无危（LC）		
600	蔊菜	*Rorippa indica*	十字花科	蔊菜属		无危（LC）		
601	紫堇叶阴山荠	*Yinshania fumarioides*	十字花科	阴山荠属		无危（LC）	是	
602	利川阴山荠	*Yinshania lichuanensis*	十字花科	阴山荠属		无危（LC）	是	
603	伯乐树	*Bretschneidera sinensis*	伯乐树科	伯乐树属	二级	近危（NT）		
604	茅膏菜	*Drosera peltata*	茅膏菜科	茅膏菜属		无危（LC）		
605	圆叶茅膏菜	*Drosera rotundifolia*	茅膏菜科	茅膏菜属		无危（LC）		
606	瓦松	*Orostachys fimbriata*	景天科	瓦松属				
607	费菜	*Phedimus aizoon*	景天科	费菜属		无危（LC）		
608	东南景天	*Sedum alfredii*	景天科	景天属				
609	珠芽景天	*Sedum bulbiferum*	景天科	景天属				
610	大叶火焰草	*Sedum drymarioides*	景天科	景天属		无危（LC）		
611	凹叶景天	*Sedum emarginatum*	景天科	景天属				
612	佛甲草	*Sedum lineare*	景天科	景天属				
613	龙泉景天	*Sedum lungtsuanense*	景天科	景天属		无危（LC）	是	
614	圆叶景天	*Sedum makinoi*	景天科	景天属		无危（LC）		
615	垂盆草	*Sedum sarmentosum*	景天科	景天属		无危（LC）		
616	落新妇	*Astilbe chinensis*	虎耳草科	落新妇属				
617	大落新妇	*Astilbe grandis*	虎耳草科	落新妇属		无危（LC）		
618	大果落新妇	*Astilbe macrocarpa*	虎耳草科	落新妇属		无危（LC）	是	
619	草绣球	*Cardiandra moellendorffii*	虎耳草科	草绣球属		无危（LC）		
620	大叶金腰	*Chrysosplenium macrophyllum*	虎耳草科	金腰属		无危（LC）	是	
621	宁波溲疏	*Deutzia ningpoensis*	虎耳草科	溲疏属		无危（LC）	是	
622	冠盖绣球	*Hydrangea anomala*	虎耳草科	绣球属		无危（LC）		
623	中国绣球	*Hydrangea chinensis*	虎耳草科	绣球属		无危（LC）		
624	圆锥绣球	*Hydrangea paniculata*	虎耳草科	绣球属		无危（LC）		
625	粗枝绣球	*Hydrangea robusta*	虎耳草科	绣球属		无危（LC）		
626	娥眉鼠刺	*Itea omeiensis*	虎耳草科	鼠刺属		无危（LC）	是	
627	涧边草	*Peltoboykinia tellimoides*	虎耳草科	涧边草属		无危（LC）		
628	浙江山梅花	*Philadelphus zhejiangensis*	虎耳草科	山梅花属		无危（LC）	是	
629	冠盖藤	*Pileostegia viburnoides*	虎耳草科	冠盖藤属		无危（LC）		
630	蛛网萼	*Platycrater arguta*	虎耳草科	蛛网萼属	二级	无危（LC）		
631	扇叶虎耳草	*Saxifraga rufescens* var. *flabellifolia*	虎耳草科	虎耳草属		无危（LC）	是	
632	虎耳草	*Saxifraga stolonifera*	虎耳草科	虎耳草属		无危（LC）		

序号	中文名	学名	科名	属名	保护等级	濒危等级	中国特有种	外来入侵种
633	浙江虎耳草	*Saxifraga zhejiangensis*	虎耳草科	虎耳草属				
634	钻地风	*Schizophragma integrifolium*	虎耳草科	钻地风属		无危（LC）	是	
635	柔毛钻地风	*Schizophragma molle*	虎耳草科	钻地风属		无危（LC）	是	
636	黄水枝	*Tiarella polyphylla*	虎耳草科	黄水枝属		无危（LC）		
637	海金子	*Pittosporum illicioides*	海桐花科	海桐属		无危（LC）		
638	海桐	*Pittosporum tobira*	海桐花科	海桐属				
639	蕈树	*Altingia chinensis*	金缕梅科	蕈树属		无危（LC）		
640	细柄蕈树	*Altingia gracilipes*	金缕梅科	蕈树属		无危（LC）	是	
641	腺蜡瓣花	*Corylopsis glandulifera*	金缕梅科	蜡瓣花属		近危（NT）	是	
642	蜡瓣花	*Corylopsis sinensis*	金缕梅科	蜡瓣花属		无危（LC）	是	
643	小叶蚊母树	*Distylium buxifolium*	金缕梅科	蚊母树属		无危（LC）	是	
644	杨梅蚊母树	*Distylium myricoides*	金缕梅科	蚊母树属		无危（LC）	是	
645	缺萼枫香树	*Liquidambar acalycina*	金缕梅科	枫香树属		无危（LC）	是	
646	枫香树	*Liquidambar formosana*	金缕梅科	枫香树属		无危（LC）		
647	檵木	*Loropetalum chinense*	金缕梅科	檵木属				
648	长尾半枫荷	*Semiliquidambar caudata*	金缕梅科	半枫荷属				
649	水丝梨	*Sycopsis sinensis*	金缕梅科	水丝梨属		无危（LC）	是	
650	杜仲	*Eucommia ulmoides*	杜仲科	杜仲属		易危（VU）	是	
651	二球悬铃木	*Platanus acerifolia*	悬铃木科	悬铃木属				
652	龙芽草	*Agrimonia pilosa*	蔷薇科	龙牙草属		无危（LC）		
653	桃	*Amygdalus persica*	蔷薇科	桃属				
654	政和杏	*Armeniaca zhengheensis*	蔷薇科	杏属		极危（CR）	是	
655	钟花樱桃	*Cerasus campanulata*	蔷薇科	樱属		无危（LC）		
656	微毛樱桃	*Cerasus clarofolia*	蔷薇科	樱属		无危（LC）	是	
657	华中樱桃	*Cerasus conradinae*	蔷薇科	樱属		无危（LC）	是	
658	迎春樱桃	*Cerasus discoidea*	蔷薇科	樱属		近危（NT）	是	
659	郁李	*Cerasus japonica*	蔷薇科	樱属				
660	浙闽樱桃	*Cerasus schneideriana*	蔷薇科	樱属		无危（LC）	是	
661	山樱花	*Cerasus serrulata*	蔷薇科	樱属				
662	毛叶山樱花	*Cerasus serrulata* var. *pubescens*	蔷薇科	樱属		无危（LC）	是	
663	野山楂	*Crataegus cuneata*	蔷薇科	山楂属		无危（LC）		
664	蛇莓	*Duchesnea indica*	蔷薇科	蛇莓属				
665	枇杷	*Eriobotrya japonica*	蔷薇科	枇杷属				
666	柔毛路边青	*Geum japonicum* var. *chinense*	蔷薇科	路边青属		无危（LC）	是	
667	棣棠花	*Kerria japonica*	蔷薇科	棣棠属		无危（LC）		
668	腺叶桂樱	*Laurocerasus phaeosticta*	蔷薇科	桂樱属				

序号	中文名	学名	科名	属名	保护等级	濒危等级	中国特有种	外来入侵种
669	刺叶桂樱	*Laurocerasus spinulosa*	蔷薇科	桂樱属		无危（LC）		
670	大叶桂樱	*Laurocerasus zippeliana*	蔷薇科	桂樱属		无危（LC）		
671	山荆子	*Malus baccata*	蔷薇科	苹果属		无危（LC）		
672	台湾林檎	*Malus doumeri*	蔷薇科	苹果属		无危（LC）		
673	湖北海棠	*Malus hupehensis*	蔷薇科	苹果属		无危（LC）	是	
674	光萼林檎	*Malus leiocalyca*	蔷薇科	苹果属				
675	短梗稠李	*Padus brachypoda*	蔷薇科	稠李属		无危（LC）	是	
676	橉木	*Padus buergeriana*	蔷薇科	稠李属		无危（LC）		
677	灰叶稠李	*Padus grayana*	蔷薇科	稠李属		无危（LC）		
678	绢毛稠李	*Padus wilsonii*	蔷薇科	稠李属		无危（LC）	是	
679	中华石楠	*Photinia beauverdiana*	蔷薇科	石楠属		无危（LC）		
680	短叶中华石楠	*Photinia beauverdiana* var. *brevifolia*	蔷薇科	石楠属		无危（LC）	是	
681	贵州石楠	*Photinia bodinieri*	蔷薇科	石楠属		无危（LC）		
682	福建石楠	*Photinia fokienensis*	蔷薇科	石楠属		无危（LC）	是	
683	光叶石楠	*Photinia glabra*	蔷薇科	石楠属		无危（LC）		
684	褐毛石楠	*Photinia hirsuta*	蔷薇科	石楠属		无危（LC）	是	
685	垂丝石楠	*Photinia komarovii*	蔷薇科	石楠属		无危（LC）	是	
686	小叶石楠	*Photinia parvifolia*	蔷薇科	石楠属		无危（LC）	是	
687	桃叶石楠	*Photinia prunifolia*	蔷薇科	石楠属		无危（LC）		
688	绒毛石楠	*Photinia schneideriana*	蔷薇科	石楠属		无危（LC）	是	
689	石楠	*Photinia serratifolia*	蔷薇科	石楠属		无危（LC）		
690	毛叶石楠	*Photinia villosa*	蔷薇科	石楠属		无危（LC）		
691	庐山石楠	*Photinia villosa* var. *sinica*	蔷薇科	石楠属		无危（LC）	是	
692	浙江石楠	*Photinia zhejiangensis*	蔷薇科	石楠属		无危（LC）	是	
693	翻白草	*Potentilla discolor*	蔷薇科	委陵菜属		无危（LC）		
694	三叶委陵菜	*Potentilla freyniana*	蔷薇科	委陵菜属		无危（LC）		
695	蛇含委陵菜	*Potentilla kleiniana*	蔷薇科	委陵菜属				
696	李	*Prunus salicina*	蔷薇科	李属				
697	豆梨	*Pyrus calleryana*	蔷薇科	梨属		无危（LC）		
698	海棠叶梨	*Pyrus malifolioides*	蔷薇科	梨属				
699	麻梨	*Pyrus serrulata*	蔷薇科	梨属		无危（LC）	是	
700	锈毛石斑木	*Rhaphiolepis ferruginea*	蔷薇科	石斑木属				
701	石斑木	*Rhaphiolepis indica*	蔷薇科	石斑木属		无危（LC）		
702	硕苞蔷薇	*Rosa bracteata*	蔷薇科	蔷薇属		无危（LC）		
703	小果蔷薇	*Rosa cymosa*	蔷薇科	蔷薇属		无危（LC）		
704	软条七蔷薇	*Rosa henryi*	蔷薇科	蔷薇属		无危（LC）	是	

序号	中文名	学名	科名	属名	保护等级	濒危等级	中国特有种	外来入侵种
705	金樱子	*Rosa laevigata*	蔷薇科	蔷薇属				
706	野蔷薇	*Rosa multiflora*	蔷薇科	蔷薇属				
707	粉团蔷薇	*Rosa multiflora* var. *cathayensis*	蔷薇科	蔷薇属		无危（LC）	是	
708	腺毛莓	*Rubus adenophorus*	蔷薇科	悬钩子属		无危（LC）	是	
709	周毛悬钩子	*Rubus amphidasys*	蔷薇科	悬钩子属		无危（LC）	是	
710	寒莓	*Rubus buergeri*	蔷薇科	悬钩子属		无危（LC）		
711	尾叶悬钩子	*Rubus caudifolius*	蔷薇科	悬钩子属		无危（LC）	是	
712	掌叶覆盆子	*Rubus chingii*	蔷薇科	悬钩子属				
713	山莓	*Rubus corchorifolius*	蔷薇科	悬钩子属		无危（LC）		
714	插田泡	*Rubus coreanus*	蔷薇科	悬钩子属		无危（LC）		
715	弓茎悬钩子	*Rubus flosculosus*	蔷薇科	悬钩子属		无危（LC）	是	
716	福建悬钩子	*Rubus fujianensis*	蔷薇科	悬钩子属		数据缺乏（DD）	是	
717	光果悬钩子	*Rubus glabricarpus*	蔷薇科	悬钩子属		数据缺乏（DD）	是	
718	无毛光果悬钩子	*Rubus glabricarpus* var. *glabratus*	蔷薇科	悬钩子属		近危（NT）	是	
719	蓬蘽	*Rubus hirsutus*	蔷薇科	悬钩子属				
720	湖南悬钩子	*Rubus hunanensis*	蔷薇科	悬钩子属		无危（LC）	是	
721	陷脉悬钩子	*Rubus impressinervus*	蔷薇科	悬钩子属		无危（LC）	是	
722	白叶莓	*Rubus innominatus*	蔷薇科	悬钩子属		无危（LC）	是	
723	灰毛泡	*Rubus irenaeus*	蔷薇科	悬钩子属		无危（LC）	是	
724	高粱泡	*Rubus lambertianus*	蔷薇科	悬钩子属				
725	太平莓	*Rubus pacificus*	蔷薇科	悬钩子属		无危（LC）	是	
726	茅莓	*Rubus parvifolius*	蔷薇科	悬钩子属				
727	黄泡	*Rubus pectinellus*	蔷薇科	悬钩子属		无危（LC）		
728	盾叶莓	*Rubus peltatus*	蔷薇科	悬钩子属		无危（LC）		
729	梨叶悬钩子	*Rubus pirifolius*	蔷薇科	悬钩子属		无危（LC）		
730	锈毛莓	*Rubus reflexus*	蔷薇科	悬钩子属		无危（LC）	是	
731	浅裂锈毛莓	*Rubus reflexus* var. *hui*	蔷薇科	悬钩子属		无危（LC）	是	
732	空心泡	*Rubus rosifolius*	蔷薇科	悬钩子属		无危（LC）		
733	棕红悬钩子	*Rubus rufus*	蔷薇科	悬钩子属		无危（LC）		
734	红腺悬钩子	*Rubus sumatranus*	蔷薇科	悬钩子属		无危（LC）		
735	木莓	*Rubus swinhoei*	蔷薇科	悬钩子属		无危（LC）		
736	三花悬钩子	*Rubus trianthus*	蔷薇科	悬钩子属		无危（LC）		
737	东南悬钩子	*Rubus tsangiorum*	蔷薇科	悬钩子属		无危（LC）	是	
738	地榆	*Sanguisorba officinalis*	蔷薇科	地榆属		无危（LC）		
739	水榆花楸	*Sorbus alnifolia*	蔷薇科	花楸属		无危（LC）		

序号	中文名	学名	科名	属名	保护等级	濒危等级	中国特有种	外来入侵种
740	棕脉花楸	*Sorbus dunnii*	蔷薇科	花楸属		无危（LC）	是	
741	石灰花楸	*Sorbus folgneri*	蔷薇科	花楸属		无危（LC）	是	
742	江南花楸	*Sorbus hemsleyi*	蔷薇科	花楸属		无危（LC）	是	
743	中华绣线菊	*Spiraea chinensis*	蔷薇科	绣线菊属		无危（LC）	是	
744	粉花绣线菊	*Spiraea japonica*	蔷薇科	绣线菊属				
745	渐尖绣线菊	*Spiraea japonica* var. *acumilata*	蔷薇科	绣线菊属				
746	光叶粉花绣线菊	*Spiraea japonica* var. *fortunei*	蔷薇科	绣线菊属		无危（LC）	是	
747	单瓣李叶绣线菊	*Spiraea prunifolia* var. *simpliciflora*	蔷薇科	绣线菊属		无危（LC）	是	
748	绣线菊	*Spiraea salicifolia*	蔷薇科	绣线菊属		无危（LC）		
749	野珠兰	*Stephanandra chinensis*	蔷薇科	小米空木属		无危（LC）	是	
750	波叶红果树	*Stranvaesia davidiana* var. *undulata*	蔷薇科	红果树属		无危（LC）	是	
751	银荆	*Acacia dealbata*	豆科	相思树属				
752	合萌	*Aeschynomene indica*	豆科	合萌属				
753	合欢	*Albizia julibrissin*	豆科	合欢属				
754	山槐	*Albizia kalkora*	豆科	合欢属		无危（LC）		
755	紫穗槐	*Amorpha fruticosa*	豆科	紫穗槐属				
756	两型豆	*Amphicarpaea edgeworthii*	豆科	两型豆属		无危（LC）		
757	土圞儿	*Apios fortunei*	豆科	土圞儿属		无危（LC）		
758	云实	*Caesalpinia decapetala*	豆科	小凤花属		无危（LC）		
759	春云实	*Caesalpinia vernalis*	豆科	小凤花属		无危（LC）		
760	香花鸡血藤	*Callerya dielsiana*	豆科	鸡血藤属				
761	亮叶鸡血藤	*Callerya nitida*	豆科	鸡血藤属		无危（LC）	是	
762	网络鸡血藤	*Callerya reticulata*	豆科	鸡血藤属		无危（LC）		
763	杭子梢	*Campylotropis macrocarpa*	豆科	笐子梢属		无危（LC）		
764	锦鸡儿	*Caragana sinica*	豆科	锦鸡儿属		无危（LC）		
765	广西紫荆	*Cercis chuniana*	豆科	紫荆属		无危（LC）	是	
766	山扁豆	*Chamaecrista mimosoides*	豆科	山扁豆属				是
767	香槐	*Cladrastis wilsonii*	豆科	香槐属		无危（LC）	是	
768	假地蓝	*Crotalaria ferruginea*	豆科	猪屎豆属				
769	紫花野百合	*Crotalaria sessiliflora*	豆科	猪屎豆属				
770	秧青	*Dalbergia assamica*	豆科	黄檀属		濒危（EN）		
771	藤黄檀	*Dalbergia hancei*	豆科	黄檀属		无危（LC）	是	
772	黄檀	*Dalbergia hupeana*	豆科	黄檀属		近危（NT）		
773	香港黄檀	*Dalbergia millettii*	豆科	黄檀属		无危（LC）	是	
774	中南鱼藤	*Derris fordii*	豆科	鱼藤属		无危（LC）	是	

序号	中文名	学名	科名	属名	保护等级	濒危等级	中国特有种	外来入侵种
775	鱼藤	*Derris trifoliata*	豆科	鱼藤属		无危（LC）		
776	假地豆	*Desmodium heterocarpon*	豆科	山蚂蟥属		无危（LC）		
777	小叶三点金	*Desmodium microphyllum*	豆科	山蚂蟥属		无危（LC）		
778	饿蚂蟥	*Desmodium multiflorum*	豆科	山蚂蟥属		无危（LC）		
779	皂荚	*Gleditsia sinensis*	豆科	皂荚属		无危（LC）	是	
780	野大豆	*Glycine soja*	豆科	大豆属	二级	无危（LC）		
781	肥皂荚	*Gymnocladus chinensis*	豆科	肥皂荚属		无危（LC）		
782	细长柄山蚂蟥	*Hylodesmum leptopus*	豆科	长柄山蚂蟥属		无危（LC）		
783	宽卵叶长柄山蚂蟥	*Hylodesmum podocarpum* subsp. *fallax*	豆科	长柄山蚂蟥属				
784	尖叶长柄山蚂蟥	*Hylodesmum podocarpum* subsp. *oxyphyllum*	豆科	长柄山蚂蟥属				
785	河北木蓝	*Indigofera bungeana*	豆科	木蓝属		无危（LC）		
786	庭藤	*Indigofera decora*	豆科	木蓝属		无危（LC）		
787	宁波木蓝	*Indigofera decora* var. *cooperi*	豆科	木蓝属		数据缺乏（DD）	是	
788	宜昌木蓝	*Indigofera decora* var. *ichangensis*	豆科	木蓝属		无危（LC）	是	
789	黑叶木蓝	*Indigofera nigrescens*	豆科	木蓝属		无危（LC）		
790	浙江木蓝	*Indigofera parkesii*	豆科	木蓝属		无危（LC）	是	
791	长萼鸡眼草	*Kummerowia stipulacea*	豆科	鸡眼草属				
792	鸡眼草	*Kummerowia striata*	豆科	鸡眼草属				
793	胡枝子	*Lespedeza bicolor*	豆科	胡枝子属		无危（LC）		
794	中华胡枝子	*Lespedeza chinensis*	豆科	胡枝子属		无危（LC）	是	
795	截叶铁扫帚	*Lespedeza cuneata*	豆科	胡枝子属				
796	大叶胡枝子	*Lespedeza davidii*	豆科	胡枝子属				
797	铁马鞭	*Lespedeza pilosa*	豆科	胡枝子属		无危（LC）		
798	美丽胡枝子	*Lespedeza thunbergii* subsp. *formosa*	豆科	胡枝子属		无危（LC）	是	
799	厚果崖豆藤	*Millettia pachycarpa*	豆科	崖豆藤属		无危（LC）		
800	常春油麻藤	*Mucuna sempervirens*	豆科	油麻藤属		无危（LC）		
801	小槐花	*Ohwia caudata*	豆科	小槐花属		无危（LC）		
802	花榈木	*Ormosia henryi*	豆科	红豆属	二级	易危（VU）		
803	红豆树	*Ormosia hosiei*	豆科	红豆属	二级	濒危（EN）	是	
804	葛	*Pueraria montana*	豆科	葛属		无危（LC）		
805	三裂叶野葛	*Pueraria phaseoloides*	豆科	葛属				
806	菱叶鹿藿	*Rhynchosia dielsii*	豆科	鹿藿属		无危（LC）	是	
807	鹿藿	*Rhynchosia volubilis*	豆科	鹿藿属				

序号	中文名	学名	科名	属名	保护等级	濒危等级	中国特有种	外来入侵种
808	刺槐	*Robinia pseudoacacia*	豆科	刺槐属				是
809	望江南	*Senna occidentalis*	豆科	决明属				是
810	田菁	*Sesbania cannabina*	豆科	田菁属				是
811	苦参	*Sophora flavescens*	豆科	苦参属		无危（LC）		
812	白车轴草	*Trifolium repens*	豆科	车轴草属				是
813	广布野豌豆	*Vicia cracca*	豆科	野豌豆属		无危（LC）		
814	小巢菜	*Vicia hirsuta*	豆科	野豌豆属				
815	救荒野豌豆	*Vicia sativa*	豆科	野豌豆属				
816	贼小豆	*Vigna minima*	豆科	豇豆属		无危（LC）		
817	野豇豆	*Vigna vexillata*	豆科	豇豆属		无危（LC）		
818	紫藤	*Wisteria sinensis*	豆科	紫藤属		无危（LC）		
819	丁癸草	*Zornia gibbosa*	豆科	丁癸草属				
820	酢浆草	*Oxalis corniculata*	酢浆草科	酢浆草属				
821	山酢浆草	*Oxalis griffithii*	酢浆草科	酢浆草属		无危（LC）		
822	东方古柯	*Erythroxylum sinense*	古柯科	古柯属		无危（LC）		
823	野老鹳草	*Geranium carolinianum*	牻牛儿苗科	老鹳草属				是
824	尼泊尔老鹳草	*Geranium nepalense*	牻牛儿苗科	老鹳草属				
825	老鹳草	*Geranium wilfordii*	牻牛儿苗科	老鹳草属				
826	臭节草	*Boenninghausenia albiflora*	芸香科	石椒草属		无危（LC）		
827	枳	*Citrus trifoliata*	芸香科	柑橘属				
828	臭常山	*Orixa japonica*	芸香科	臭常山属		无危（LC）		
829	黄檗	*Phellodendron amurense*	芸香科	黄檗属	二级	易危（VU）		
830	茵芋	*Skimmia reevesiana*	芸香科	茵芋属		无危（LC）		
831	楝叶吴萸	*Tetradium glabrifolium*	芸香科	吴茱萸属		无危（LC）		
832	吴茱萸	*Tetradium ruticarpum*	芸香科	吴茱萸属		无危（LC）		
833	椿叶花椒	*Zanthoxylum ailanthoides*	芸香科	花椒属		无危（LC）		
834	竹叶花椒	*Zanthoxylum armatum*	芸香科	花椒属				
835	岭南花椒	*Zanthoxylum austrosinense*	芸香科	花椒属		无危（LC）	是	
836	朵花椒	*Zanthoxylum molle*	芸香科	花椒属		易危（VU）	是	
837	大叶臭花椒	*Zanthoxylum myriacanthum*	芸香科	花椒属		无危（LC）		
838	花椒簕	*Zanthoxylum scandens*	芸香科	花椒属		无危（LC）		
839	青花椒	*Zanthoxylum schinifolium*	芸香科	花椒属		无危（LC）		
840	臭椿	*Ailanthus altissima*	苦木科	臭椿属				
841	苦树	*Picrasma quassioides*	苦木科	苦木属		无危（LC）		
842	楝	*Melia azedarach*	楝科	楝属		无危（LC）		
843	红花香椿	*Toona fargesii*	楝科	香椿属	二级	易危（VU）		

序号	中文名	学名	科名	属名	保护等级	濒危等级	中国特有种	外来入侵种
844	香椿	*Toona sinensis*	楝科	香椿属		无危（LC）		
845	荷包山桂花	*Polygala arillata*	远志科	远志属		无危（LC）		
846	狭叶香港远志	*Polygala hongkongensis* var. *stenophylla*	远志科	远志属		无危（LC）	是	
847	瓜子金	*Polygala japonica*	远志科	远志属		无危（LC）		
848	大叶金牛	*Polygala latouchei*	远志科	远志属		无危（LC）	是	
849	齿果草	*Salomonia cantoniensis*	远志科	齿果草属		无危（LC）		
850	椭圆叶齿果草	*Salomonia ciliata*	远志科	齿果草属		无危（LC）		
851	铁苋菜	*Acalypha australis*	大戟科	铁苋菜属		无危（LC）		
852	酸味子	*Antidesma japonicum*	大戟科	五月茶属		无危（LC）		
853	飞扬草	*Euphorbia hirta*	大戟科	大戟属				是
854	地锦草	*Euphorbia humifusa*	大戟科	大戟属				
855	斑地锦	*Euphorbia maculata*	大戟科	大戟属				是
856	大戟	*Euphorbia pekinensis*	大戟科	大戟属				
857	算盘子	*Glochidion puberum*	大戟科	算盘子属		无危（LC）		
858	白背叶	*Mallotus apelta*	大戟科	野桐属		无危（LC）		
859	野梧桐	*Mallotus japonicus*	大戟科	野桐属		无危（LC）		
860	东南野桐	*Mallotus lianus*	大戟科	野桐属		无危（LC）	是	
861	石岩枫	*Mallotus repandus*	大戟科	野桐属		无危（LC）		
862	野桐	*Mallotus tenuifolius*	大戟科	野桐属				
863	红叶野桐	*Mallotus tenuifolius* var. *paxii*	大戟科	野桐属		无危（LC）	是	
864	木薯	*Manihot esculenta*	大戟科	木薯属				
865	白木乌柏	*Neoshirakia japonica*	大戟科	白木乌柏属		无危（LC）		
866	落萼叶下珠	*Phyllanthus flexuosus*	大戟科	叶下珠属		无危（LC）		
867	青灰叶下珠	*Phyllanthus glaucus*	大戟科	叶下珠属		无危（LC）		
868	叶下珠	*Phyllanthus urinaria*	大戟科	叶下珠属				
869	蜜柑草	*Phyllanthus ussuriensis*	大戟科	叶下珠属				
870	蓖麻	*Ricinus communis*	大戟科	蓖麻属				是
871	山乌柏	*Triadica cochinchinensis*	大戟科	乌柏属				
872	乌柏	*Triadica sebifera*	大戟科	乌柏属		无危（LC）		
873	油桐	*Vernicia fordii*	大戟科	油桐属		无危（LC）		
874	木油桐	*Vernicia montana*	大戟科	油桐属		无危（LC）		
875	交让木	*Daphniphyllum macropodum*	交让木科	虎皮楠属		无危（LC）		
876	虎皮楠	*Daphniphyllum oldhamii*	交让木科	虎皮楠属		无危（LC）		
877	水马齿	*Callitriche palustris*	水马齿科	水马齿属				
878	雀舌黄杨	*Buxus bodinieri*	黄杨科	黄杨属				
879	黄杨	*Buxus sinica*	黄杨科	黄杨属				

序号	中文名	学名	科名	属名	保护等级	濒危等级	中国特有种	外来入侵种
880	尖叶黄杨	*Buxus sinica* var. *aemulans*	黄杨科	黄杨属				
881	东方野扇花	*Sarcococca orientalis*	黄杨科	野扇花属				
882	南酸枣	*Choerospondias axillaris*	漆树科	南酸枣属		无危（LC）		
883	黄连木	*Pistacia chinensis*	漆树科	黄连木属		无危（LC）	是	
884	盐麸木	*Rhus chinensis*	漆树科	盐麸木属		无危（LC）		
885	白背麸杨	*Rhus hypoleuca*	漆树科	盐麸木属		无危（LC）	是	
886	野漆	*Toxicodendron succedaneum*	漆树科	漆树属		无危（LC）		
887	木蜡树	*Toxicodendron sylvestre*	漆树科	漆树属		无危（LC）		
888	毛漆树	*Toxicodendron trichocarpum*	漆树科	漆树属		无危（LC）		
889	漆树	*Toxicodendron vernicifluum*	漆树科	漆树属				
890	秤星树	*Ilex asprella*	冬青科	冬青属		无危（LC）		
891	短梗冬青	*Ilex buergeri*	冬青科	冬青属		无危（LC）		
892	华中枸骨	*Ilex centrochinensis*	冬青科	冬青属		无危（LC）	是	
893	冬青	*Ilex chinensis*	冬青科	冬青属		无危（LC）		
894	齿叶冬青	*Ilex crenata*	冬青科	冬青属		无危（LC）		
895	显脉冬青	*Ilex editicostata*	冬青科	冬青属		无危（LC）	是	
896	厚叶冬青	*Ilex elmerrilliana*	冬青科	冬青属		无危（LC）	是	
897	硬叶冬青	*Ilex ficifolia*	冬青科	冬青属		无危（LC）	是	
898	榕叶冬青	*Ilex ficoidea*	冬青科	冬青属		无危（LC）		
899	台湾冬青	*Ilex formosana*	冬青科	冬青属		无危（LC）		
900	凸脉冬青	*Ilex kobuskiana*	冬青科	冬青属		无危（LC）		
901	广东冬青	*Ilex kwangtungensis*	冬青科	冬青属		无危（LC）	是	
902	大叶冬青	*Ilex latifolia*	冬青科	冬青属		无危（LC）		
903	木姜叶冬青	*Ilex litseifolia*	冬青科	冬青属		无危（LC）	是	
904	矮冬青	*Ilex lohfauensis*	冬青科	冬青属		无危（LC）	是	
905	大果冬青	*Ilex macrocarpa*	冬青科	冬青属		无危（LC）	是	
906	小果冬青	*Ilex micrococca*	冬青科	冬青属		无危（LC）		
907	亮叶冬青	*Ilex nitidissima*	冬青科	冬青属		无危（LC）	是	
908	具柄冬青	*Ilex pedunculosa*	冬青科	冬青属		无危（LC）		
909	猫儿刺	*Ilex pernyi*	冬青科	冬青属		无危（LC）	是	
910	毛冬青	*Ilex pubescens*	冬青科	冬青属		无危（LC）	是	
911	庆元冬青	*Ilex qingyuanensis*	冬青科	冬青属		无危（LC）	是	
912	铁冬青	*Ilex rotunda*	冬青科	冬青属		无危（LC）		
913	香冬青	*Ilex suaveolens*	冬青科	冬青属		无危（LC）	是	
914	拟榕叶冬青	*Ilex subficoidea*	冬青科	冬青属		无危（LC）		
915	三花冬青	*Ilex triflora*	冬青科	冬青属		无危（LC）		
916	钝头冬青	*Ilex triflora* var. *kanehirae*	冬青科	冬青属		无危（LC）	是	

序号	中文名	学名	科名	属名	保护等级	濒危等级	中国特有种	外来入侵种
917	紫果冬青	*Ilex tsoi*	冬青科	冬青属		无危（LC）	是	
918	温州冬青	*Ilex wenchowensis*	冬青科	冬青属		濒危（EN）	是	
919	尾叶冬青	*Ilex wilsonii*	冬青科	冬青属		无危（LC）	是	
920	过山枫	*Celastrus aculeatus*	卫矛科	南蛇藤属				
921	大芽南蛇藤	*Celastrus gemmatus*	卫矛科	南蛇藤属		无危（LC）	是	
922	粉背南蛇藤	*Celastrus hypoleucus*	卫矛科	南蛇藤属		无危（LC）	是	
923	窄叶南蛇藤	*Celastrus oblanceifolius*	卫矛科	南蛇藤属				
924	南蛇藤	*Celastrus orbiculatus*	卫矛科	南蛇藤属		无危（LC）		
925	短梗南蛇藤	*Celastrus rosthornianus*	卫矛科	南蛇藤属		无危（LC）	是	
926	毛脉显柱南蛇藤	*Celastrus stylosus* var. *puberulus*	卫矛科	南蛇藤属		无危（LC）	是	
927	刺果卫矛	*Euonymus acanthocarpus*	卫矛科	卫矛属		无危（LC）		
928	卫矛	*Euonymus alatus*	卫矛科	卫矛属				
929	肉花卫矛	*Euonymus carnosus*	卫矛科	卫矛属		无危（LC）		
930	百齿卫矛	*Euonymus centidens*	卫矛科	卫矛属		无危（LC）	是	
931	棘刺卫矛	*Euonymus echinatus*	卫矛科	卫矛属		无危（LC）		
932	鸦椿卫矛	*Euonymus euscaphis*	卫矛科	卫矛属		无危（LC）	是	
933	扶芳藤	*Euonymus fortunei*	卫矛科	卫矛属				
934	西南卫矛	*Euonymus hamiltonianus*	卫矛科	卫矛属		无危（LC）		
935	冬青卫矛	*Euonymus japonicus*	卫矛科	卫矛属				
936	疏花卫矛	*Euonymus laxiflorus*	卫矛科	卫矛属		无危（LC）		
937	大果卫矛	*Euonymus myrianthus*	卫矛科	卫矛属		无危（LC）	是	
938	中华卫矛	*Euonymus nitidus*	卫矛科	卫矛属		无危（LC）		
939	福建假卫矛	*Microtropis fokienensis*	卫矛科	假卫矛属		无危（LC）	是	
940	雷公藤	*Tripterygium wilfordii*	卫矛科	雷公藤属		无危（LC）		
941	野鸦椿	*Euscaphis japonica*	省沽油科	野鸦椿属		无危（LC）		
942	省沽油	*Staphylea bumalda*	省沽油科	省沽油属		无危（LC）		
943	锐尖山香圆	*Turpinia arguta*	省沽油科	山香圆属		无危（LC）	是	
944	绒毛锐尖山香圆	*Turpinia arguta* var. *pubescens*	省沽油科	山香圆属		无危（LC）	是	
945	瘿椒树	*Tapiscia sinensis*	瘿椒树科	瘿椒树属		无危（LC）	是	
946	无须藤	*Hosiea sinensis*	茶茱萸科	无须藤属		无危（LC）	是	
947	阔叶槭	*Acer amplum*	槭树科	槭属				
948	三角枫	*Acer buergerianum*	槭树科	槭属		无危（LC）		
949	紫果枫	*Acer cordatum*	槭树科	槭属		无危（LC）	是	
950	青榨枫	*Acer davidii*	槭树科	槭属		无危（LC）		
951	秀丽枫	*Acer elegantulum*	槭树科	槭属		无危（LC）	是	
952	鸡爪枫	*Acer palmatum*	槭树科	槭属		易危（VU）		
953	五角枫	*Acer pictum* subsp. *mono*	槭树科	槭属		无危（LC）		

序号	中文名	学名	科名	属名	保护等级	濒危等级	中国特有种	外来入侵种
954	毛脉枫	*Acer pubinerve*	槭树科	槭属		无危（LC）	是	
955	三峡枫	*Acer wilsonii*	槭树科	槭属		无危（LC）		
956	复羽叶栾树	*Koelreuteria bipinnata*	无患子科	栾属				
957	无患子	*Sapindus saponaria*	无患子科	无患子属		无危（LC）		
958	垂枝泡花树	*Meliosma flexuosa*	清风藤科	泡花树属		无危（LC）	是	
959	异色泡花树	*Meliosma myriantha* var. *discolor*	清风藤科	泡花树属		无危（LC）	是	
960	柔毛泡花树	*Meliosma myriantha* var. *pilosa*	清风藤科	泡花树属		无危（LC）	是	
961	红柴枝	*Meliosma oldhamii*	清风藤科	泡花树属		无危（LC）		
962	腋毛清风藤	*Meliosma rhoifolia* var. *barbulata*	清风藤科	泡花树属		无危（LC）	是	
963	笔罗子	*Meliosma rigida*	清风藤科	泡花树属		无危（LC）		
964	毡毛泡花树	*Meliosma rigida* var. *pannosa*	清风藤科	泡花树属		无危（LC）	是	
965	樟叶泡花树	*Meliosma squamulata*	清风藤科	泡花树属		无危（LC）		
966	鄂西清风藤	*Sabia campanulata* subsp. *ritchieae*	清风藤科	清风藤属		无危（LC）	是	
967	灰背清风藤	*Sabia discolor*	清风藤科	清风藤属		无危（LC）	是	
968	清风藤	*Sabia japonica*	清风藤科	清风藤属		无危（LC）		
969	尖叶清风藤	*Sabia swinhoei*	清风藤科	清风藤属		无危（LC）		
970	凤仙花	*Impatiens balsamina*	凤仙花科	凤仙花属				是
971	浙江凤仙花	*Impatiens chekiangensis*	凤仙花科	凤仙花属		无危（LC）	是	
972	华凤仙	*Impatiens chinensis*	凤仙花科	凤仙花属		无危（LC）		
973	牯岭凤仙花	*Impatiens davidii*	凤仙花科	凤仙花属		无危（LC）	是	
974	阔萼凤仙花	*Impatiens platysepala*	凤仙花科	凤仙花属				
975	多花勾儿茶	*Berchemia floribunda*	鼠李科	勾儿茶属		无危（LC）		
976	矩叶勾儿茶	*Berchemia floribunda* var. *oblongifolia*	鼠李科	勾儿茶属		无危（LC）	是	
977	牯岭勾儿茶	*Berchemia kulingensis*	鼠李科	勾儿茶属		无危（LC）	是	
978	枳椇	*Hovenia acerba*	鼠李科	枳椇属		无危（LC）		
979	北枳椇	*Hovenia dulcis*	鼠李科	枳椇属		无危（LC）		
980	光叶毛果枳椇	*Hovenia trichocarpa* var. *robusta*	鼠李科	枳椇属		无危（LC）		
981	马甲子	*Paliurus ramosissimus*	鼠李科	马甲子属		无危（LC）		
982	山柴绿	*Rhamnus brachypoda*	鼠李科	鼠李属		无危（LC）	是	
983	长叶冻绿	*Rhamnus crenata*	鼠李科	鼠李属		无危（LC）		
984	两色冻绿	*Rhamnus crenata* var. *discolor*	鼠李科	鼠李属		近危（NT）	是	
985	圆叶鼠李	*Rhamnus globosa*	鼠李科	鼠李属				
986	尼泊尔鼠李	*Rhamnus napalensis*	鼠李科	鼠李属		无危（LC）		
987	冻绿	*Rhamnus utilis*	鼠李科	鼠李属		无危（LC）		

序号	中文名	学名	科名	属名	保护等级	濒危等级	中国特有种	外来入侵种
988	山鼠李	*Rhamnus wilsonii*	鼠李科	鼠李属		无危（LC）	是	
989	钩枝雀梅藤	*Sageretia hamosa*	鼠李科	雀梅藤属		无危（LC）		
990	梗花雀梅藤	*Sageretia henryi*	鼠李科	雀梅藤属				
991	刺藤子	*Sageretia melliana*	鼠李科	雀梅藤属		无危（LC）	是	
992	雀梅藤	*Sageretia thea*	鼠李科	雀梅藤属		无危（LC）		
993	枣	*Ziziphus jujuba*	鼠李科	枣属				
994	广东蛇葡萄	*Ampelopsis cantoniensis*	葡萄科	蛇葡萄属		无危（LC）		
995	羽叶蛇葡萄	*Ampelopsis chaffanjonii*	葡萄科	蛇葡萄属		无危（LC）	是	
996	三裂蛇葡萄	*Ampelopsis delavayana*	葡萄科	蛇葡萄属		无危（LC）	是	
997	蛇葡萄	*Ampelopsis glandulosa*	葡萄科	蛇葡萄属		无危（LC）		
998	光叶蛇葡萄	*Ampelopsis glandulosa* var. *hancei*	葡萄科	蛇葡萄属		无危（LC）		
999	异叶蛇葡萄	*Ampelopsis glandulosa* var. *heterophylla*	葡萄科	蛇葡萄属		无危（LC）		
1000	牯岭蛇葡萄	*Ampelopsis glandulosa* var. *kulingensis*	葡萄科	蛇葡萄属		无危（LC）	是	
1001	白蔹	*Ampelopsis japonica*	葡萄科	蛇葡萄属		无危（LC）		
1002	柔毛大叶蛇葡萄	*Ampelopsis megalophylla* var. *jiangxiensis*	葡萄科	蛇葡萄属		无危（LC）	是	
1003	白毛乌蔹莓	*Cayratia albifolia*	葡萄科	大麻藤属		无危（LC）	是	
1004	乌蔹莓	*Cayratia japonica*	葡萄科	大麻藤属				
1005	毛乌蔹莓	*Cayratia japonica* var. *mollis*	葡萄科	大麻藤属		无危（LC）		
1006	华中乌蔹莓	*Cayratia oligocarpa*	葡萄科	大麻藤属		无危（LC）	是	
1007	异叶地锦	*Parthenocissus dalzielii*	葡萄科	地锦属		无危（LC）	是	
1008	绿叶地锦	*Parthenocissus laetevirens*	葡萄科	地锦属		无危（LC）	是	
1009	地锦	*Parthenocissus tricuspidata*	葡萄科	地锦属		无危（LC）		
1010	三叶崖爬藤	*Tetrastigma hemsleyanum*	葡萄科	崖爬藤属		无危（LC）		
1011	蘡薁	*Vitis bryoniifolia*	葡萄科	葡萄属		无危（LC）		
1012	东南葡萄	*Vitis chunganensis*	葡萄科	葡萄属		无危（LC）	是	
1013	闽赣葡萄	*Vitis chungii*	葡萄科	葡萄属		无危（LC）	是	
1014	刺葡萄	*Vitis davidii*	葡萄科	葡萄属		无危（LC）	是	
1015	葛藟葡萄	*Vitis flexuosa*	葡萄科	葡萄属		无危（LC）		
1016	菱叶葡萄	*Vitis hancockii*	葡萄科	葡萄属		无危（LC）	是	
1017	毛葡萄	*Vitis heyneana*	葡萄科	葡萄属		无危（LC）		
1018	华东葡萄	*Vitis pseudoreticulata*	葡萄科	葡萄属		无危（LC）		
1019	网脉葡萄	*Vitis wilsoniae*	葡萄科	葡萄属		无危（LC）	是	
1020	俞藤	*Yua thomsonii*	葡萄科	俞藤属		无危（LC）		
1021	华杜英	*Elaeocarpus chinensis*	杜英科	杜英属		无危（LC）		

序号	中文名	学名	科名	属名	保护等级	濒危等级	中国特有种	外来入侵种
1022	杜英	*Elaeocarpus decipiens*	杜英科	杜英属		无危（LC）		
1023	秃瓣杜英	*Elaeocarpus glabripetalus*	杜英科	杜英属		无危（LC）	是	
1024	薯豆	*Elaeocarpus japonicus*	杜英科	杜英属				
1025	山杜英	*Elaeocarpus sylvestris*	杜英科	杜英属				
1026	猴欢喜	*Sloanea sinensis*	杜英科	猴欢喜属		无危（LC）		
1027	黄麻	*Corchorus capsularis*	椴树科	黄麻属				
1028	扁担杆	*Grewia biloba*	椴树科	扁担杆属		无危（LC）		
1029	白毛椴	*Tilia endochrysea*	椴树科	椴属		无危（LC）	是	
1030	华东椴	*Tilia japonica*	椴树科	椴属		无危（LC）		
1031	鄂椴	*Tilia oliveri*	椴树科	椴属		无危（LC）	是	
1032	单毛刺蒴麻	*Triumfetta annua*	椴树科	刺蒴麻属				
1033	毛刺蒴麻	*Triumfetta cana*	椴树科	刺蒴麻属		无危（LC）		
1034	黄蜀葵	*Abelmoschus manihot*	锦葵科	秋葵属				
1035	黄葵	*Abelmoschus moschatus*	锦葵科	秋葵属				
1036	苘麻	*Abutilon theophrasti*	锦葵科	苘麻属				是
1037	木芙蓉	*Hibiscus mutabilis*	锦葵科	木槿属				
1038	木槿	*Hibiscus syriacus*	锦葵科	木槿属				
1039	野葵	*Malva verticillata*	锦葵科	锦葵属				
1040	地桃花	*Urena lobata*	锦葵科	梵天花属				
1041	梵天花	*Urena procumbens*	锦葵科	梵天花属				
1042	小叶梵天花	*Urena procumbens* var. *microphylla*	锦葵科	梵天花属		无危（LC）	是	
1043	田麻	*Corchoropsis crenata*	梧桐科	田麻属				
1044	梧桐	*Firmiana simplex*	梧桐科	梧桐属				
1045	马松子	*Melochia corchorifolia*	梧桐科	马松子属				
1046	密花梭罗	*Reevesia pycnantha*	梧桐科	梭罗树属		易危（VU）	是	
1047	软枣猕猴桃	*Actinidia arguta*	猕猴桃科	猕猴桃属	二级	无危（LC）		
1048	硬齿猕猴桃	*Actinidia callosa*	猕猴桃科	猕猴桃属				
1049	异色猕猴桃	*Actinidia callosa* var. *discolor*	猕猴桃科	猕猴桃属				
1050	京梨猕猴桃	*Actinidia callosa* var. *henryi*	猕猴桃科	猕猴桃属				
1051	中华猕猴桃	*Actinidia chinensis*	猕猴桃科	猕猴桃属	二级	无危（LC）	是	
1052	毛花猕猴桃	*Actinidia eriantha*	猕猴桃科	猕猴桃属		无危（LC）	是	
1053	长叶猕猴桃	*Actinidia hemsleyana*	猕猴桃科	猕猴桃属		易危（VU）	是	
1054	小叶猕猴桃	*Actinidia lanceolata*	猕猴桃科	猕猴桃属		易危（VU）	是	
1055	大籽猕猴桃	*Actinidia macrosperma*	猕猴桃科	猕猴桃属	二级			
1056	黑蕊猕猴桃	*Actinidia melanandra*	猕猴桃科	猕猴桃属				
1057	安息香猕猴桃	*Actinidia styracifolia*	猕猴桃科	猕猴桃属		易危（VU）	是	

序号	中文名	学名	科名	属名	保护等级	濒危等级	中国特有种	外来入侵种
1058	对萼猕猴桃	*Actinidia valvata*	猕猴桃科	猕猴桃属		近危（NT）	是	
1059	浙江猕猴桃	*Actinidia zhejiangensis*	猕猴桃科	猕猴桃属		极危（CR）	是	
1060	大萼杨桐	*Adinandra glischroloma* var. *macrosepala*	山茶科	杨桐属		无危（LC）	是	
1061	杨桐	*Adinandra millettii*	山茶科	杨桐属		无危（LC）		
1062	短柱油茶	*Camellia brevistyla*	山茶科	山茶属		无危（LC）	是	
1063	细叶短柱油茶	*Camellia brevistyla* var. *microphylla*	山茶科	山茶属		无危（LC）	是	
1064	浙江红山茶	*Camellia chekiangoleosa*	山茶科	山茶属		无危（LC）	是	
1065	红皮糙果茶	*Camellia crapnelliana*	山茶科	山茶属		易危（VU）	是	
1066	连蕊茶	*Camellia cuspidata*	山茶科	山茶属		无危（LC）	是	
1067	浙江连蕊茶	*Camellia cuspidata* var. *chekiangensis*	山茶科	山茶属		无危（LC）	是	
1068	毛花连蕊茶	*Camellia fraterna*	山茶科	山茶属		无危（LC）	是	
1069	糙果茶	*Camellia furfuracea*	山茶科	山茶属		无危（LC）		
1070	油茶	*Camellia oleifera*	山茶科	山茶属		无危（LC）		
1071	茶*	*Camellia sinensis*	山茶科	山茶属	二级	数据缺乏（DD）		
1072	毛枝连蕊茶	*Camellia trichoclada*	山茶科	山茶属		近危（NT）	是	
1073	红淡比	*Cleyera japonica*	山茶科	红淡比属		无危（LC）		
1074	厚叶红淡比	*Cleyera pachyphylla*	山茶科	红淡比属		无危（LC）	是	
1075	尖萼毛柃	*Eurya acutisepala*	山茶科	柃属		无危（LC）	是	
1076	翅柃	*Eurya alata*	山茶科	柃属		无危（LC）	是	
1077	微毛柃	*Eurya hebeclados*	山茶科	柃属		无危（LC）	是	
1078	细枝柃	*Eurya loquaiana*	山茶科	柃属		无危（LC）	是	
1079	金叶细枝柃	*Eurya loquaiana* var. *aureopunctata*	山茶科	柃属		无危（LC）	是	
1080	格药柃	*Eurya muricata*	山茶科	柃属		无危（LC）	是	
1081	毛枝格药柃	*Eurya muricata* var. *huana*	山茶科	柃属		无危（LC）	是	
1082	细齿叶柃	*Eurya nitida*	山茶科	柃属		无危（LC）		
1083	窄基红褐柃	*Eurya rubiginosa* var. *attenuata*	山茶科	柃属		无危（LC）	是	
1084	岩柃	*Eurya saxicola*	山茶科	柃属		无危（LC）	是	
1085	小果核果茶	*Pyrenaria microcarpa*	山茶科	核果茶属		无危（LC）		
1086	云南核果茶	*Pyrenaria sophiae*	山茶科	核果茶属		易危（VU）	是	
1087	木荷	*Schima superba*	山茶科	木荷属		无危（LC）		
1088	紫茎	*Stewartia sinensis*	山茶科	紫茎属		无危（LC）	是	
1089	尖萼紫茎	*Stewartia sinensis* var. *acutisepala*	山茶科	紫茎属		无危（LC）	是	

序号	中文名	学名	科名	属名	保护等级	濒危等级	中国特有种	外来入侵种
1090	厚皮香	*Ternstroemia gymnanthera*	山茶科	厚皮香属		无危（LC）		
1091	亮叶厚皮香	*Ternstroemia nitida*	山茶科	厚皮香属		无危（LC）	是	
1092	黄海棠	*Hypericum ascyron*	藤黄科	金丝桃属				
1093	赶山鞭	*Hypericum attenuatum*	藤黄科	金丝桃属		无危（LC）		
1094	小连翘	*Hypericum erectum*	藤黄科	金丝桃属		无危（LC）		
1095	地耳草	*Hypericum japonicum*	藤黄科	金丝桃属				
1096	金丝梅	*Hypericum patulum*	藤黄科	金丝桃属				
1097	元宝草	*Hypericum sampsonii*	藤黄科	金丝桃属				
1098	密腺小连翘	*Hypericum seniawinii*	藤黄科	金丝桃属		无危（LC）		
1099	三腺金丝桃	*Triadenum breviflorum*	藤黄科	三腺金丝桃属		无危（LC）		
1100	如意草	*Viola arcuata*	堇菜科	堇菜属				
1101	戟叶堇菜	*Viola betonicifolia*	堇菜科	堇菜属				
1102	南山堇菜	*Viola chaerophylloides*	堇菜科	堇菜属		无危（LC）		
1103	深圆齿堇菜	*Viola davidii*	堇菜科	堇菜属		无危（LC）	是	
1104	七星莲	*Viola diffusa*	堇菜科	堇菜属		无危（LC）		
1105	柔毛堇菜	*Viola fargesii*	堇菜科	堇菜属		无危（LC）	是	
1106	长梗紫花堇菜	*Viola faurieana*	堇菜科	堇菜属				
1107	紫花堇菜	*Viola grypoceras*	堇菜科	堇菜属		无危（LC）		
1108	长萼堇菜	*Viola inconspicua*	堇菜科	堇菜属				
1109	福建堇菜	*Viola kosanensis*	堇菜科	堇菜属		无危（LC）	是	
1110	亮毛堇菜	*Viola lucens*	堇菜科	堇菜属		濒危（EN）	是	
1111	紫花地丁	*Viola philippica*	堇菜科	堇菜属				
1112	庐山堇菜	*Viola stewardiana*	堇菜科	堇菜属		无危（LC）	是	
1113	三角叶堇菜	*Viola triangulifolia*	堇菜科	堇菜属		无危（LC）	是	
1114	紫背堇菜	*Viola violacea*	堇菜科	堇菜属				
1115	心叶堇菜	*Viola yunnanfuensis*	堇菜科	堇菜属		无危（LC）		
1116	山桐子	*Idesia polycarpa*	大风子科	山桐子属		无危（LC）		
1117	毛叶山桐子	*Idesia polycarpa* var. *vestita*	大风子科	山桐子属				
1118	山拐枣	*Poliothyrsis sinensis*	大风子科	山拐枣属		无危（LC）	是	
1119	柞木	*Xylosma congesta*	大风子科	柞木属				
1120	中国旌节花	*Stachyurus chinensis*	旌节花科	旌节花属				
1121	西域旌节花	*Stachyurus himalaicus*	旌节花科	旌节花属		无危（LC）		
1122	盒子草	*Actinostemma tenerum*	葫芦科	盒子草属				
1123	绞股蓝	*Gynostemma pentaphyllum*	葫芦科	绞股蓝属		无危（LC）		
1124	南赤瓟	*Thladiantha nudiflora*	葫芦科	赤瓟属				
1125	台湾赤瓟	*Thladiantha punctata*	葫芦科	赤瓟属		无危（LC）	是	

序号	中文名	学名	科名	属名	保护等级	濒危等级	中国特有种	外来入侵种
1126	栝楼	*Trichosanthes kirilowii*	葫芦科	栝楼属		无危（LC）		
1127	马瓟儿	*Zehneria japonica*	葫芦科	马瓟儿属				
1128	美丽秋海棠	*Begonia algaia*	秋海棠科	秋海棠属		近危（NT）	是	
1129	槭叶秋海棠	*Begonia digyna*	秋海棠科	秋海棠属		无危（LC）	是	
1130	毛瑞香	*Daphne kiusiana* var. *atrocaulis*	瑞香科	瑞香属		无危（LC）		
1131	结香	*Edgeworthia chrysantha*	瑞香科	结香属				
1132	了哥王	*Wikstroemia indica*	瑞香科	荛花属				
1133	北江荛花	*Wikstroemia monnula*	瑞香科	荛花属		无危（LC）	是	
1134	巴东胡颓子	*Elaeagnus difficilis*	胡颓子科	胡颓子属		无危（LC）	是	
1135	蔓胡颓子	*Elaeagnus glabra*	胡颓子科	胡颓子属		无危（LC）		
1136	宜昌胡颓子	*Elaeagnus henryi*	胡颓子科	胡颓子属		无危（LC）	是	
1137	木半夏	*Elaeagnus multiflora*	胡颓子科	胡颓子属				
1138	胡颓子	*Elaeagnus pungens*	胡颓子科	胡颓子属		无危（LC）		
1139	紫薇	*Lagerstroemia indica*	千屈菜科	紫薇属				
1140	南紫薇	*Lagerstroemia subcostata*	千屈菜科	紫薇属		无危（LC）		
1141	千屈菜	*Lythrum salicaria*	千屈菜科	千屈菜属		无危（LC）		
1142	石榴	*Punica granatum*	千屈菜科	石榴属				
1143	圆叶节节菜	*Rotala rotundifolia*	千屈菜科	节节菜属		无危（LC）		
1144	喜树	*Camptotheca acuminata*	蓝果树科	喜树属		无危（LC）	是	
1145	珙桐*	*Davidia involucrata*	蓝果树科	珙桐属	一级	无危（LC）	是	
1146	蓝果树	*Nyssa sinensis*	蓝果树科	蓝果树属		无危（LC）		
1147	八角枫	*Alangium chinense*	八角枫科	八角枫属		无危（LC）		
1148	毛八角枫	*Alangium kurzii*	八角枫科	八角枫属		无危（LC）		
1149	云山八角枫	*Alangium kurzii* var. *handelii*	八角枫科	八角枫属		无危（LC）		
1150	三裂瓜木	*Alangium platanifolium* var. *trilobum*	八角枫科	八角枫属		无危（LC）		
1151	赤桉	*Eucalyptus camaldulensis*	桃金娘科	桉属				
1152	赤楠	*Syzygium buxifolium*	桃金娘科	蒲桃属		无危（LC）		
1153	华南蒲桃	*Syzygium austrosinense*	桃金娘科	蒲桃属		无危（LC）	是	
1154	轮叶蒲桃	*Syzygium grijsii*	桃金娘科	蒲桃属		无危（LC）	是	
1155	过路惊	*Bredia quadrangularis*	野牡丹科	野海棠属		无危（LC）	是	
1156	鸭脚茶	*Bredia sinensis*	野牡丹科	野海棠属		无危（LC）	是	
1157	异药花	*Fordiophyton faberi*	野牡丹科	肥肉草属		无危（LC）	是	
1158	地菍	*Melastoma dodecandrum*	野牡丹科	野牡丹属		无危（LC）		
1159	金锦香	*Osbeckia chinensis*	野牡丹科	金锦香属				
1160	星毛金锦香	*Osbeckia stellata*	野牡丹科	金锦香属		无危（LC）		
1161	锦香草	*Phyllagathis cavaleriei*	野牡丹科	锦香草属		无危（LC）	是	

序号	中文名	学名	科名	属名	保护等级	濒危等级	中国特有种	外来入侵种
1162	楮头红	*Sarcopyramis napalensis*	野牡丹科	肉穗草属				
1163	细果野菱	*Trapa incisa*	菱科	菱属	二级	数据缺乏（DD）		
1164	露珠草	*Circaea cordata*	柳叶菜科	露珠草属		无危（LC）		
1165	谷蓼	*Circaea erubescens*	柳叶菜科	露珠草属		无危（LC）		
1166	腺茎柳叶菜	*Epilobium brevifolium* subsp. *trichoneurum*	柳叶菜科	柳叶菜属		无危（LC）		
1167	长籽柳叶菜	*Epilobium pyrricholophum*	柳叶菜科	柳叶菜属		无危（LC）		
1168	假柳叶菜	*Ludwigia epilobioides*	柳叶菜科	丁香蓼属				
1169	毛草龙	*Ludwigia octovalvis*	柳叶菜科	丁香蓼属				
1170	丁香蓼	*Ludwigia prostrata*	柳叶菜科	丁香蓼属				
1171	小二仙草	*Gonocarpus micranthus*	小二仙草科	小二仙草属				
1172	黄毛楤木	*Aralia chinensis*	五加科	楤木属		无危（LC）	是	
1173	头序楤木	*Aralia dasyphylla*	五加科	楤木属		无危（LC）		
1174	棘茎楤木	*Aralia echinocaulis*	五加科	楤木属		无危（LC）	是	
1175	楤木	*Aralia elata*	五加科	楤木属		无危（LC）		
1176	树参	*Dendropanax dentiger*	五加科	树参属		无危（LC）		
1177	糙叶五加	*Eleutherococcus henryi*	五加科	五加属		无危（LC）	是	
1178	细柱五加	*Eleutherococcus nodiflorus*	五加科	五加属		无危（LC）	是	
1179	白簕	*Eleutherococcus trifoliatus*	五加科	五加属				
1180	吴茱萸五加	*Gamblea ciliata* var. *evodiifolia*	五加科	萸叶五加属		易危（VU）		
1181	常春藤	*Hedera nepalensis* var. *sinensis*	五加科	常春藤属		无危（LC）		
1182	刺楸	*Kalopanax septemlobus*	五加科	刺楸属		无危（LC）		
1183	竹节参	*Panax japonicus*	五加科	人参属				
1184	疙瘩七	*Panax japonicus* var. *bipinnatifidus*	五加科	人参属	二级	易危（VU）		
1185	紫花前胡	*Angelica decursiva*	伞形科	当归属		无危（LC）		
1186	积雪草	*Centella asiatica*	伞形科	积雪草属				
1187	明党参	*Changium smyrnioides*	伞形科	明党参属	二级	易危（VU）	是	
1188	蛇床	*Cnidium monnieri*	伞形科	蛇床属				
1189	鸭儿芹	*Cryptotaenia japonica*	伞形科	鸭儿芹属		无危（LC）		
1190	红马蹄草	*Hydrocotyle nepalensis*	伞形科	天胡荽属		无危（LC）		
1191	天胡荽	*Hydrocotyle sibthorpioides*	伞形科	天胡荽属				
1192	破铜钱	*Hydrocotyle sibthorpioides* var. *batrachium*	伞形科	天胡荽属				
1193	肾叶天胡荽	*Hydrocotyle wilfordii*	伞形科	天胡荽属		无危（LC）		

序号	中文名	学名	科名	属名	保护等级	濒危等级	中国特有种	外来入侵种
1194	藁本	*Ligusticum sinense*	伞形科	藁本属		无危（LC）	是	
1195	水芹	*Oenanthe javanica*	伞形科	水芹属				
1196	线叶水芹	*Oenanthe linearis*	伞形科	水芹属				
1197	多裂叶水芹	*Oenanthe thomsonii*	伞形科	水芹属		无危（LC）		
1198	香根芹	*Osmorhiza aristata*	伞形科	香根芹属		无危（LC）		
1199	隔山香	*Ostericum citriodorum*	伞形科	山芹属		无危（LC）	是	
1200	大齿山芹	*Ostericum grosseserratum*	伞形科	山芹属		无危（LC）		
1201	华东山芹	*Ostericum huadongense*	伞形科	山芹属		近危（NT）	是	
1202	前胡	*Peucedanum praeruptorum*	伞形科	前胡属		无危（LC）	是	
1203	异叶茴芹	*Pimpinella diversifolia*	伞形科	茴芹属		无危（LC）		
1204	东亚囊瓣芹	*Pternopetalum tanakae*	伞形科	囊瓣芹属		无危（LC）		
1205	变豆菜	*Sanicula chinensis*	伞形科	变豆菜属				
1206	薄片变豆菜	*Sanicula lamelligera*	伞形科	变豆菜属		无危（LC）		
1207	野鹅脚板	*Sanicula orthacantha*	伞形科	变豆菜属		无危（LC）		
1208	小窃衣	*Torilis japonica*	伞形科	窃衣属				
1209	窃衣	*Torilis scabra*	伞形科	窃衣属				
1210	斑叶珊瑚	*Aucuba albopunctifolia*	桃叶珊瑚科	桃叶珊瑚属		无危（LC）	是	
1211	长叶珊瑚	*Aucuba himalaica* var. *dolichophylla*	桃叶珊瑚科	桃叶珊瑚属		无危（LC）	是	
1212	头状四照花	*Cornus capitata*	山茱萸科	山茱萸属		无危（LC）		
1213	灯台树	*Cornus controversa*	山茱萸科	山茱萸属		无危（LC）		
1214	尖叶四照花	*Cornus elliptica*	山茱萸科	山茱萸属		无危（LC）	是	
1215	秀丽四照花	*Cornus hongkongensis* subsp. *elegans*	山茱萸科	山茱萸属		无危（LC）	是	
1216	四照花	*Cornus kousa* subsp. *chinensis*	山茱萸科	山茱萸属		无危（LC）	是	
1217	山茱萸	*Cornus officinalis*	山茱萸科	山茱萸属		近危（NT）		
1218	青荚叶	*Helwingia japonica*	青荚叶科	青荚叶属		无危（LC）		
1219	台湾青荚叶	*Helwingia japonica* var. *zhejiangensis*	青荚叶科	青荚叶属		无危（LC）	是	
1220	髭脉桤叶树	*Clethra barbinervis*	桤叶树科	桤叶树属		无危（LC）		
1221	云南桤叶树	*Clethra delavayi*	桤叶树科	桤叶树属		无危（LC）		
1222	灯笼吊钟花	*Enkianthus chinensis*	杜鹃花科	吊钟花属		无危（LC）	是	
1223	毛果珍珠花	*Lyonia ovalifolia* var. *hebecarpa*	杜鹃花科	珍珠花属		数据缺乏（DD）	是	
1224	松下兰	*Monotropa hypopitys*	杜鹃花科	水晶兰属		无危（LC）		
1225	水晶兰	*Monotropa uniflora*	杜鹃花科	水晶兰属		近危（NT）		
1226	球果假沙晶兰	*Monotropastrum humile*	杜鹃花科	假沙晶兰属		无危（LC）		

序号	中文名	学名	科名	属名	保护等级	濒危等级	中国特有种	外来入侵种
1227	马醉木	*Pieris japonica*	杜鹃花科	马醉木属		无危（LC）		
1228	鹿蹄草	*Pyrola calliantha*	杜鹃花科	鹿蹄草属		无危（LC）	是	
1229	普通鹿蹄草	*Pyrola decorata*	杜鹃花科	鹿蹄草属		无危（LC）		
1230	美容杜鹃	*Rhododendron calophytum*	杜鹃花科	杜鹃花属		无危（LC）	是	
1231	刺毛杜鹃	*Rhododendron championiae*	杜鹃花科	杜鹃花属		无危（LC）	是	
1232	丁香杜鹃	*Rhododendron farrerae*	杜鹃花科	杜鹃花属		无危（LC）	是	
1233	云锦杜鹃	*Rhododendron fortunei*	杜鹃花科	杜鹃花属		无危（LC）	是	
1234	弯蒴杜鹃	*Rhododendron henryi*	杜鹃花科	杜鹃花属		无危（LC）	是	
1235	秃房弯蒴杜鹃	*Rhododendron henryi* var. *dunnii*	杜鹃花科	杜鹃花属		近危（NT）	是	
1236	西施花	*Rhododendron latoucheae*	杜鹃花科	杜鹃花属		无危（LC）		
1237	满山红	*Rhododendron mariesii*	杜鹃花科	杜鹃花属		无危（LC）	是	
1238	羊踯躅	*Rhododendron molle*	杜鹃花科	杜鹃花属		无危（LC）	是	
1239	马银花	*Rhododendron ovatum*	杜鹃花科	杜鹃花属		无危（LC）	是	
1240	毛果杜鹃	*Rhododendron seniavinii*	杜鹃花科	杜鹃花属		无危（LC）	是	
1241	猴头杜鹃	*Rhododendron simiarum*	杜鹃花科	杜鹃花属		无危（LC）	是	
1242	杜鹃	*Rhododendron simsii*	杜鹃花科	杜鹃花属		无危（LC）		
1243	南烛	*Vaccinium bracteatum*	杜鹃花科	越橘属		无危（LC）		
1244	短尾越桔	*Vaccinium carlesii*	杜鹃花科	越橘属		无危（LC）		
1245	无梗越桔	*Vaccinium henryi*	杜鹃花科	越橘属		无危（LC）	是	
1246	黄背越桔	*Vaccinium iteophyllum*	杜鹃花科	越橘属		无危（LC）		
1247	扁枝越桔	*Vaccinium japonicum* var. *sinicum*	杜鹃花科	越橘属		无危（LC）	是	
1248	江南越桔	*Vaccinium mandarinorum*	杜鹃花科	越橘属		无危（LC）	是	
1249	广西越桔	*Vaccinium sinicum*	杜鹃花科	越橘属		近危（NT）	是	
1250	刺毛越桔	*Vaccinium trichocladum*	杜鹃花科	越橘属		无危（LC）	是	
1251	光序刺毛越桔	*Vaccinium trichocladum* var. *glabriracemosum*	杜鹃花科	越橘属		无危（LC）	是	
1252	少年红	*Ardisia alyxiifolia*	紫金牛科	紫金牛属		无危（LC）	是	
1253	九管血	*Ardisia brevicaulis*	紫金牛科	紫金牛属		无危（LC）	是	
1254	朱砂根	*Ardisia crenata*	紫金牛科	紫金牛属		无危（LC）		
1255	百两金	*Ardisia crispa*	紫金牛科	紫金牛属		无危（LC）		
1256	大罗伞树	*Ardisia hanceana*	紫金牛科	紫金牛属		无危（LC）		
1257	紫金牛	*Ardisia japonica*	紫金牛科	紫金牛属		无危（LC）		
1258	山血丹	*Ardisia lindleyana*	紫金牛科	紫金牛属		无危（LC）		
1259	九节龙	*Ardisia pusilla*	紫金牛科	紫金牛属		无危（LC）		
1260	平叶酸藤子	*Embelia undulata*	紫金牛科	酸藤子属		无危（LC）		
1261	密齿酸藤子	*Embelia vestita*	紫金牛科	酸藤子属		无危（LC）		

序号	中文名	学名	科名	属名	保护等级	濒危等级	中国特有种	外来入侵种
1262	杜茎山	*Maesa japonica*	紫金牛科	杜茎山属		无危（LC）		
1263	密花树	*Myrsine seguinii*	紫金牛科	铁仔属		无危（LC）		
1264	光叶铁仔	*Myrsine stolonifera*	紫金牛科	铁仔属		无危（LC）		
1265	泽珍珠菜	*Lysimachia candida*	报春花科	珍珠菜属				
1266	浙江过路黄	*Lysimachia chekiangensis*	报春花科	珍珠菜属		无危（LC）	是	
1267	过路黄	*Lysimachia christiniae*	报春花科	珍珠菜属				
1268	矮桃	*Lysimachia clethroides*	报春花科	珍珠菜属				
1269	临时救	*Lysimachia congestiflora*	报春花科	珍珠菜属				
1270	星宿菜	*Lysimachia fortunei*	报春花科	珍珠菜属				
1271	福建过路黄	*Lysimachia fukienensis*	报春花科	珍珠菜属		无危（LC）	是	
1272	点腺过路黄	*Lysimachia hemsleyana*	报春花科	珍珠菜属				
1273	黑腺珍珠菜	*Lysimachia heterogenea*	报春花科	珍珠菜属				
1274	长梗过路黄	*Lysimachia longipes*	报春花科	珍珠菜属		无危（LC）	是	
1275	巴东过路黄	*Lysimachia patungensis*	报春花科	珍珠菜属		无危（LC）	是	
1276	假婆婆纳	*Stimpsonia chamaedryoides*	报春花科	假婆婆纳属		无危（LC）		
1277	红花假婆婆纳	*Stimpsonia chamaedryoides* f. *rubriflora*	报春花科	假婆婆纳属		易危（VU）	是	
1278	山柿	*Diospyros japonica*	柿树科	柿属		无危（LC）		
1279	柿	*Diospyros kaki*	柿树科	柿属				
1280	野柿	*Diospyros kaki* var. *silvestris*	柿树科	柿属		无危（LC）	是	
1281	君迁子	*Diospyros lotus*	柿树科	柿属		无危（LC）		
1282	罗浮柿	*Diospyros morrisiana*	柿树科	柿属		无危（LC）		
1283	油柿	*Diospyros oleifera*	柿树科	柿属		无危（LC）	是	
1284	老鸦柿	*Diospyros rhombifolia*	柿树科	柿属		无危（LC）	是	
1285	延平柿	*Diospyros tsangii*	柿树科	柿属		无危（LC）	是	
1286	薄叶山矾	*Symplocos anomala*	山矾科	山矾属		无危（LC）		
1287	黄牛奶树	*Symplocos cochinchinensis* var. *laurina*	山矾科	山矾属		无危（LC）		
1288	团花山矾	*Symplocos glomerata*	山矾科	山矾属		无危（LC）		
1289	海桐山矾	*Symplocos heishanensis*	山矾科	山矾属		无危（LC）	是	
1290	光叶山矾	*Symplocos lancifolia*	山矾科	山矾属		无危（LC）		
1291	光亮山矾	*Symplocos lucida*	山矾科	山矾属				
1292	白檀	*Symplocos paniculata*	山矾科	山矾属		无危（LC）		
1293	南岭山矾	*Symplocos pendula* var. *hirtistylis*	山矾科	山矾属		无危（LC）		
1294	老鼠矢	*Symplocos stellaris*	山矾科	山矾属		无危（LC）		
1295	山矾	*Symplocos sumuntia*	山矾科	山矾属		无危（LC）		
1296	微毛山矾	*Symplocos wikstroemiifolia*	山矾科	山矾属		无危（LC）		

序号	中文名	学名	科名	属名	保护等级	濒危等级	中国特有种	外来入侵种
1297	赤杨叶	*Alniphyllum fortunei*	安息香科	赤杨叶属		无危（LC）		
1298	银钟花	*Halesia macgregorii*	安息香科	北美银钟花属		近危（NT）	是	
1299	小叶白辛树	*Pterostyrax corymbosus*	安息香科	白辛树属		无危（LC）		
1300	灰叶安息香	*Styrax calvescens*	安息香科	安息香属		无危（LC）	是	
1301	赛山梅	*Styrax confusus*	安息香科	安息香属		无危（LC）	是	
1302	垂珠花	*Styrax dasyanthus*	安息香科	安息香属		无危（LC）	是	
1303	白花龙	*Styrax faberi*	安息香科	安息香属		无危（LC）	是	
1304	长柔毛安息香	*Styrax formosanus* var. *hirtus*	安息香科	安息香属		无危（LC）	是	
1305	野茉莉	*Styrax japonicus*	安息香科	安息香属		无危（LC）		
1306	玉铃花	*Styrax obassis*	安息香科	安息香属		无危（LC）		
1307	芬芳安息香	*Styrax odoratissimus*	安息香科	安息香属		无危（LC）	是	
1308	栓叶安息香	*Styrax suberifolius*	安息香科	安息香属		无危（LC）		
1309	流苏树	*Chionanthus retusus*	木犀科	流苏树属		无危（LC）		
1310	金钟花	*Forsythia viridissima*	木犀科	连翘属				
1311	白蜡树	*Fraxinus chinensis*	木犀科	梣属				
1312	苦枥木	*Fraxinus insularis*	木犀科	梣属		无危（LC）		
1313	庐山梣	*Fraxinus sieboldiana*	木犀科	梣属		无危（LC）		
1314	清香藤	*Jasminum lanceolaria*	木犀科	素馨属		无危（LC）		
1315	华香藤	*Jasminum sinense*	木犀科	素馨属		无危（LC）	是	
1316	蜡子树	*Ligustrum leucanthum*	木犀科	女贞属		无危（LC）	是	
1317	华女贞	*Ligustrum lianum*	木犀科	女贞属		无危（LC）	是	
1318	女贞	*Ligustrum lucidum*	木犀科	女贞属		无危（LC）	是	
1319	小叶女贞	*Ligustrum quihoui*	木犀科	女贞属		无危（LC）	是	
1320	华粗壮女贞	*Ligustrum robustum* subsp. *chinense*	木犀科	女贞属		无危（LC）	是	
1321	小蜡	*Ligustrum sinense*	木犀科	女贞属				
1322	木樨榄	*Olea europaea*	木犀科	木樨榄属				
1323	宁波木犀	*Osmanthus cooperi*	木犀科	木樨属		无危（LC）	是	
1324	木犀	*Osmanthus fragrans*	木犀科	木樨属		无危（LC）	是	
1325	细脉木犀	*Osmanthus gracilinervis*	木犀科	木樨属		无危（LC）	是	
1326	厚边木犀	*Osmanthus marginatus*	木犀科	木樨属		无危（LC）		
1327	长叶木犀	*Osmanthus marginatus* var. *longissimus*	木犀科	木樨属		无危（LC）	是	
1328	牛矢果	*Osmanthus matsumuranus*	木犀科	木樨属		无危（LC）		
1329	醉鱼草	*Buddleja lindleyana*	马钱科	醉鱼草属		无危（LC）	是	
1330	狭叶蓬莱葛	*Gardneria angustifolia*	马钱科	蓬莱葛属		无危（LC）		
1331	蓬莱葛	*Gardneria multiflora*	马钱科	蓬莱葛属		无危（LC）		

序号	中文名	学名	科名	属名	保护等级	濒危等级	中国特有种	外来入侵种
1332	百金花	*Centaurium pulchellum* var. *altaicum*	龙胆科	百金花属				
1333	五岭龙胆	*Gentiana davidii*	龙胆科	龙胆属		无危（LC）	是	
1334	华南龙胆	*Gentiana loureiroi*	龙胆科	龙胆属		数据缺乏（DD）		
1335	龙胆	*Gentiana scabra*	龙胆科	龙胆属		无危（LC）		
1336	笔龙胆	*Gentiana zollingeri*	龙胆科	龙胆属		无危（LC）		
1337	匙叶草	*Latouchea fokienensis*	龙胆科	匙叶草属		数据缺乏（DD）	是	
1338	美丽獐牙菜	*Swertia angustifolia* var. *pulchella*	龙胆科	獐牙菜属				
1339	獐牙菜	*Swertia bimaculata*	龙胆科	獐牙菜属		无危（LC）		
1340	浙江獐牙菜	*Swertia hickinii*	龙胆科	獐牙菜属		无危（LC）	是	
1341	双蝴蝶	*Tripterospermum chinense*	龙胆科	双蝴蝶属				
1342	细茎双蝴蝶	*Tripterospermum filicaule*	龙胆科	双蝴蝶属		数据缺乏（DD）	是	
1343	香港双蝴蝶	*Tripterospermum nienkui*	龙胆科	双蝴蝶属		无危（LC）		
1344	链珠藤	*Alyxia sinensis*	夹竹桃科	链珠藤属		无危（LC）	是	
1345	长春花	*Catharanthus roseus*	夹竹桃科	长春花属				是
1346	夹竹桃	*Nerium oleander*	夹竹桃科	夹竹桃属				
1347	大花帘子藤	*Pottsia grandiflora*	夹竹桃科	帘子藤属		无危（LC）	是	
1348	毛药藤	*Sindechites henryi*	夹竹桃科	毛药藤属		无危（LC）	是	
1349	亚洲络石	*Trachelospermum asiaticum*	夹竹桃科	络石属		无危（LC）		
1350	紫花络石	*Trachelospermum axillare*	夹竹桃科	络石属		无危（LC）	是	
1351	贵州络石	*Trachelospermum bodinieri*	夹竹桃科	络石属		无危（LC）	是	
1352	短柱络石	*Trachelospermum brevistylum*	夹竹桃科	络石属		无危（LC）	是	
1353	络石	*Trachelospermum jasminoides*	夹竹桃科	络石属		无危（LC）		
1354	青龙藤	*Biondia henryi*	萝藦科	秦岭藤属		无危（LC）	是	
1355	牛皮消	*Cynanchum auriculatum*	萝藦科	鹅绒藤属		无危（LC）		
1356	蔓剪草	*Cynanchum chekiangense*	萝藦科	鹅绒藤属		无危（LC）	是	
1357	朱砂藤	*Cynanchum officinale*	萝藦科	鹅绒藤属		无危（LC）	是	
1358	徐长卿	*Cynanchum paniculatum*	萝藦科	鹅绒藤属		无危（LC）		
1359	柳叶白前	*Cynanchum stauntonii*	萝藦科	鹅绒藤属		无危（LC）	是	
1360	黑鳗藤	*Jasminanthes mucronata*	萝藦科	黑鳗藤属		无危（LC）	是	
1361	牛奶菜	*Marsdenia sinensis*	萝藦科	牛奶菜属		无危（LC）	是	
1362	七层楼	*Tylophora floribunda*	萝藦科	娃儿藤属		无危（LC）		
1363	贵州娃儿藤	*Tylophora silvestris*	萝藦科	娃儿藤属		无危（LC）	是	
1364	打碗花	*Calystegia hederacea*	旋花科	打碗花属		无危（LC）		

序号	中文名	学名	科名	属名	保护等级	濒危等级	中国特有种	外来入侵种
1365	菟丝子	*Cuscuta chinensis*	旋花科	菟丝子属				
1366	金灯藤	*Cuscuta japonica*	旋花科	菟丝子属				
1367	马蹄金	*Dichondra micrantha*	旋花科	马蹄金属		无危（LC）		
1368	土丁桂	*Evolvulus alsinoides*	旋花科	土丁桂属		无危（LC）		
1369	月光花	*Ipomoea alba*	旋花科	番薯属				是
1370	蕹菜	*Ipomoea aquatica*	旋花科	番薯属				
1371	番薯	*Ipomoea batatas*	旋花科	番薯属				
1372	牵牛	*Ipomoea nil*	旋花科	番薯属				是
1373	三裂叶薯	*Ipomoea triloba*	旋花科	番薯属		无危（LC）		是
1374	橙红茑萝	*Quamoclit cholulensis*	旋花科	茑萝属				
1375	茑萝松	*Quamoclit pennata*	旋花科	茑萝属				
1376	柔弱斑种草	*Bothriospermum zeylanicum*	紫草科	斑种草属				
1377	琉璃草	*Cynoglossum furcatum*	紫草科	琉璃草属				
1378	小花琉璃草	*Cynoglossum lanceolatum*	紫草科	琉璃草属		无危（LC）		
1379	厚壳树	*Ehretia acuminata*	紫草科	厚壳树属				
1380	紫草	*Lithospermum erythrorhizon*	紫草科	紫草属		无危（LC）		
1381	聚合草	*Symphytum officinale*	紫草科	聚合草属				
1382	盾果草	*Thyrocarpus sampsonii*	紫草科	盾果草属				
1383	附地菜	*Trigonotis peduncularis*	紫草科	附地菜属				
1384	藿香	*Agastache rugosa*	唇形科	藿香属				
1385	金疮小草	*Ajuga decumbens*	唇形科	筋骨草属		无危（LC）		
1386	毛药花	*Bostrychanthera deflexa*	唇形科	毛药花属		无危（LC）	是	
1387	邻近风轮菜	*Clinopodium confine*	唇形科	风轮菜属				
1388	细风轮菜	*Clinopodium gracile*	唇形科	风轮菜属				
1389	灯笼草	*Clinopodium polycephalum*	唇形科	风轮菜属		无危（LC）	是	
1390	绵穗苏	*Comanthosphace ningpoensis*	唇形科	绵穗苏属		无危（LC）	是	
1391	水蜡烛	*Dysophylla yatabeana*	唇形科	水蜡烛属		无危（LC）		
1392	紫花香薷	*Elsholtzia argyi*	唇形科	香薷属		无危（LC）		
1393	小野芝麻	*Galeobdolon chinense*	唇形科	小野芝麻属		无危（LC）	是	
1394	活血丹	*Glechoma longituba*	唇形科	活血丹属				
1395	香茶菜	*Isodon amethystoides*	唇形科	香茶菜属		无危（LC）	是	
1396	长管香茶菜	*Isodon longitubus*	唇形科	香茶菜属		无危（LC）		
1397	线纹香茶菜	*Isodon lophanthoides*	唇形科	香茶菜属		无危（LC）		
1398	大萼香茶菜	*Isodon macrocalyx*	唇形科	香茶菜属		无危（LC）	是	
1399	显脉香茶菜	*Isodon nervosus*	唇形科	香茶菜属		无危（LC）	是	
1400	香薷状香简草	*Keiskea elsholtzioides*	唇形科	香简草属		无危（LC）	是	
1401	宝盖草	*Lamium amplexicaule*	唇形科	野芝麻属				

序号	中文名	学名	科名	属名	保护等级	濒危等级	中国特有种	外来入侵种
1402	野芝麻	*Lamium barbatum*	唇形科	野芝麻属				
1403	益母草	*Leonurus japonicus*	唇形科	益母草属				
1404	硬毛地笋	*Lycopus lucidus* var. *hirtus*	唇形科	地笋属		无危（LC）		
1405	走茎华西龙头草	*Meehania fargesii* var. *radicans*	唇形科	龙头草属		无危（LC）	是	
1406	薄荷	*Mentha canadensis*	唇形科	薄荷属				
1407	凉粉草	*Mesona chinensis*	唇形科	凉粉草属		无危（LC）	是	
1408	小花荠苎	*Mosla cavaleriei*	唇形科	石荠苎属		无危（LC）		
1409	石香薷	*Mosla chinensis*	唇形科	石荠苎属		无危（LC）		
1410	小鱼仙草	*Mosla dianthera*	唇形科	石荠苎属		无危（LC）		
1411	长苞荠苎	*Mosla longibracteata*	唇形科	石荠苎属				
1412	石荠苎	*Mosla scabra*	唇形科	石荠苎属		无危（LC）		
1413	苏州荠苎	*Mosla soochouensis*	唇形科	石荠苎属				
1414	牛至	*Origanum vulgare*	唇形科	牛至属				
1415	短齿白毛假糙苏	*Paraphlomis albida* var. *brevidens*	唇形科	假糙苏属		无危（LC）	是	
1416	中间假糙苏	*Paraphlomis intermedia*	唇形科	假糙苏属				
1417	假糙苏	*Paraphlomis javanica*	唇形科	假糙苏属		无危（LC）		
1418	云和假糙苏	*Paraphlomis lancidentata*	唇形科	假糙苏属		近危（NT）	是	
1419	紫苏	*Perilla frutescens*	唇形科	紫苏属				
1420	回回苏	*Perilla frutescens* var. *crispa*	唇形科	紫苏属				
1421	野生紫苏	*Perilla frutescens* var. *purpurascens*	唇形科	紫苏属		无危（LC）		
1422	夏枯草	*Prunella vulgaris*	唇形科	夏枯草属				
1423	南丹参	*Salvia bowleyana*	唇形科	鼠尾草属		无危（LC）	是	
1424	华鼠尾草	*Salvia chinensis*	唇形科	鼠尾草属		无危（LC）	是	
1425	鼠尾草	*Salvia japonica*	唇形科	鼠尾草属		无危（LC）		
1426	舌瓣鼠尾草	*Salvia liguliloba*	唇形科	鼠尾草属		无危（LC）	是	
1427	荔枝草	*Salvia plebeia*	唇形科	鼠尾草属				
1428	红根草	*Salvia prionitis*	唇形科	鼠尾草属		无危（LC）	是	
1429	大花腋花黄芩	*Scutellaria axilliflora* var. *medullifera*	唇形科	黄芩属		数据缺乏（DD）	是	
1430	半枝莲	*Scutellaria barbata*	唇形科	黄芩属				
1431	岩霍黄芩	*Scutellaria franchetiana*	唇形科	黄芩属		无危（LC）	是	
1432	韩信草	*Scutellaria indica*	唇形科	黄芩属		无危（LC）		
1433	京黄芩	*Scutellaria pekinensis*	唇形科	黄芩属		无危（LC）		
1434	柔弱黄芩	*Scutellaria tenera*	唇形科	黄芩属		无危（LC）	是	
1435	地蚕	*Stachys geobombycis*	唇形科	水苏属		无危（LC）	是	

序号	中文名	学名	科名	属名	保护等级	濒危等级	中国特有种	外来入侵种
1436	水苏	*Stachys japonica*	唇形科	水苏属				
1437	针筒菜	*Stachys oblongifolia*	唇形科	水苏属				
1438	细柄针筒菜	*Stachys oblongifolia* var. *leptopoda*	唇形科	水苏属		无危（LC）		
1439	庐山香科科	*Teucrium pernyi*	唇形科	香科科属		无危（LC）	是	
1440	庆元香科科	*Teucrium qingyuanense*	唇形科	香科科属				
1441	血见愁	*Teucrium viscidum*	唇形科	香科科属		无危（LC）		
1442	紫珠	*Callicarpa bodinieri*	马鞭草科	紫珠属		无危（LC）		
1443	短柄紫珠	*Callicarpa brevipes*	马鞭草科	紫珠属		无危（LC）		
1444	华紫珠	*Callicarpa cathayana*	马鞭草科	紫珠属		无危（LC）	是	
1445	白棠子树	*Callicarpa dichotoma*	马鞭草科	紫珠属		无危（LC）		
1446	杜虹花	*Callicarpa formosana*	马鞭草科	紫珠属				
1447	老鸦糊	*Callicarpa giraldii*	马鞭草科	紫珠属		无危（LC）	是	
1448	毛叶老鸦糊	*Callicarpa giraldii* var. *subcanescens*	马鞭草科	紫珠属		无危（LC）	是	
1449	全缘叶紫珠	*Callicarpa integerrima*	马鞭草科	紫珠属		无危（LC）	是	
1450	藤紫珠	*Callicarpa integerrima* var. *chinensis*	马鞭草科	紫珠属		无危（LC）	是	
1451	日本紫珠	*Callicarpa japonica*	马鞭草科	紫珠属		无危（LC）		
1452	枇杷叶紫珠	*Callicarpa kochiana*	马鞭草科	紫珠属		无危（LC）		
1453	光叶紫珠	*Callicarpa lingii*	马鞭草科	紫珠属				
1454	长柄紫珠	*Callicarpa longipes*	马鞭草科	紫珠属		无危（LC）	是	
1455	窄叶紫珠	*Callicarpa membranacea*	马鞭草科	紫珠属				
1456	红紫珠	*Callicarpa rubella*	马鞭草科	紫珠属		无危（LC）		
1457	秃红紫珠	*Callicarpa rubella* var. *subglabra*	马鞭草科	紫珠属		无危（LC）	是	
1458	兰香草	*Caryopteris incana*	马鞭草科	莸属		无危（LC）		
1459	单花莸	*Caryopteris nepetifolia*	马鞭草科	莸属		无危（LC）	是	
1460	臭牡丹	*Clerodendrum bungei*	马鞭草科	大青属		无危（LC）		
1461	大青	*Clerodendrum cyrtophyllum*	马鞭草科	大青属		无危（LC）		
1462	浙江大青	*Clerodendrum kaichianum*	马鞭草科	大青属		无危（LC）	是	
1463	尖齿臭茉莉	*Clerodendrum lindleyi*	马鞭草科	大青属				
1464	海州常山	*Clerodendrum trichotomum*	马鞭草科	大青属				
1465	豆腐柴	*Premna microphylla*	马鞭草科	豆腐柴属		无危（LC）		
1466	马鞭草	*Verbena officinalis*	马鞭草科	马鞭草属				
1467	牡荆	*Vitex negundo* var. *cannabifolia*	马鞭草科	牡荆属		无危（LC）		
1468	曼陀罗	*Datura stramonium*	茄科	曼陀罗属				是
1469	单花红丝线	*Lycianthes lysimachioides*	茄科	红丝线属		无危（LC）		

序号	中文名	学名	科名	属名	保护等级	濒危等级	中国特有种	外来入侵种
1470	枸杞	*Lycium chinense*	茄科	枸杞属		无危（LC）		
1471	假酸浆	*Nicandra physalodes*	茄科	假酸浆属				是
1472	江南散血丹	*Physaliastrum heterophyllum*	茄科	散血丹属		无危（LC）	是	
1473	酸浆	*Physalis alkekengi*	茄科	洋酸浆属				
1474	苦蘵	*Physalis angulata*	茄科	洋酸浆属		无危（LC）		是
1475	牛茄子	*Solanum capsicoides*	茄科	茄属		无危（LC）		是
1476	白英	*Solanum lyratum*	茄科	茄属		无危（LC）		
1477	龙葵	*Solanum nigrum*	茄科	茄属		无危（LC）		
1478	龙珠	*Tubocapsicum anomalum*	茄科	龙珠属		无危（LC）		
1479	黑草	*Buchnera cruciata*	玄参科	黑草属		无危（LC）		
1480	胡麻草	*Centranthera cochinchinensis*	玄参科	胡麻草属		无危（LC）		
1481	长蒴母草	*Lindernia anagallis*	玄参科	陌上菜属				
1482	母草	*Lindernia crustacea*	玄参科	陌上菜属				
1483	狭叶母草	*Lindernia micrantha*	玄参科	陌上菜属				
1484	陌上菜	*Lindernia procumbens*	玄参科	陌上菜属				
1485	刺毛母草	*Lindernia setulosa*	玄参科	陌上菜属		无危（LC）		
1486	通泉草	*Mazus pumilus*	玄参科	通泉草属		无危（LC）		
1487	林地通泉草	*Mazus saltuarius*	玄参科	通泉草属		无危（LC）	是	
1488	弹刀子菜	*Mazus stachydifolius*	玄参科	通泉草属				
1489	圆苞山罗花	*Melampyrum laxum*	玄参科	山罗花属		数据缺乏（DD）		
1490	山罗花	*Melampyrum roseum*	玄参科	山罗花属				
1491	沙氏鹿茸草	*Monochasma savatieri*	玄参科	鹿茸草属		无危（LC）		
1492	白花泡桐	*Paulownia fortunei*	玄参科	泡桐属				
1493	台湾泡桐	*Paulownia kawakamii*	玄参科	泡桐属		无危（LC）	是	
1494	毛泡桐	*Paulownia tomentosa*	玄参科	泡桐属				
1495	亨氏马先蒿	*Pedicularis henryi*	玄参科	马先蒿属		无危（LC）		
1496	松蒿	*Phtheirospermum japonicum*	玄参科	松蒿属				
1497	阴行草	*Siphonostegia chinensis*	玄参科	阴行草属		无危（LC）		
1498	腺毛阴行草	*Siphonostegia laeta*	玄参科	阴行草属		无危（LC）	是	
1499	长叶蝴蝶草	*Torenia asiatica*	玄参科	蝴蝶草属				
1500	单色蝴蝶草	*Torenia concolor*	玄参科	蝴蝶草属		无危（LC）		
1501	紫萼蝴蝶草	*Torenia violacea*	玄参科	蝴蝶草属				
1502	直立婆婆纳	*Veronica arvensis*	玄参科	婆婆纳属				是
1503	蚊母草	*Veronica peregrina*	玄参科	婆婆纳属				是
1504	阿拉伯婆婆纳	*Veronica persica*	玄参科	婆婆纳属				是

序号	中文名	学名	科名	属名	保护等级	濒危等级	中国特有种	外来入侵种
1505	婆婆纳	*Veronica polita*	玄参科	婆婆纳属		无危（LC）		是
1506	水苦荬	*Veronica undulata*	玄参科	婆婆纳属				
1507	爬岩红	*Veronicastrum axillare*	玄参科	腹水草属		无危（LC）		
1508	毛叶腹水草	*Veronicastrum villosulum*	玄参科	腹水草属		无危（LC）		
1509	铁钓竿	*Veronicastrum villosulum* var. *glabrum*	玄参科	腹水草属		无危（LC）	是	
1510	刚毛毛叶腹水草	*Veronicastrum villosulum* var. *hirsutum*	玄参科	腹水草属		无危（LC）	是	
1511	两头连	*Veronicastrum villosulum* var. *parviflorum*	玄参科	腹水草属		数据缺乏（DD）	是	
1512	楸	*Catalpa bungei*	紫葳科	梓属		无危（LC）	是	
1513	凌霄	*Campsis grandiflora*	紫葳科	凌霄属		无危（LC）		
1514	芝麻	*Sesamum indicum*	胡麻科	芝麻属				
1515	齿鳞草	*Lathraea japonica*	列当科	齿鳞草属		近危（NT）		
1516	野菰	*Aeginetia indica*	列当科	野菰属		无危（LC）		
1517	浙皖粗筒苣苔	*Briggsia chienii*	苦苣苔科	粗筒苣苔属		无危（LC）	是	
1518	苦苣苔	*Conandron ramondioides*	苦苣苔科	苦苣苔属		无危（LC）		
1519	江西全唇苣苔	*Deinocheilos jiangxiense*	苦苣苔科	全唇苣苔属		易危（VU）	是	
1520	半蒴苣苔	*Hemiboea subcapitata*	苦苣苔科	半蒴苣苔属				
1521	吊石苣苔	*Lysionotus pauciflorus*	苦苣苔科	吊石苣苔属		无危（LC）		
1522	长瓣马铃苣苔	*Oreocharis auricula*	苦苣苔科	马铃苣苔属		无危（LC）	是	
1523	黄花狸藻	*Utricularia aurea*	狸藻科	狸藻属				
1524	南方狸藻	*Utricularia australis*	狸藻科	狸藻属				
1525	挖耳草	*Utricularia bifida*	狸藻科	狸藻属		无危（LC）		
1526	短梗挖耳草	*Utricularia caerulea*	狸藻科	狸藻属				
1527	圆叶挖耳草	*Utricularia striatula*	狸藻科	狸藻属		无危（LC）		
1528	狸藻	*Utricularia vulgaris*	狸藻科	狸藻属				
1529	钩突耳草	*Utricularia warburgii*	狸藻科	狸藻属		无危（LC）	是	
1530	水蓑衣	*Hygrophila ringens*	爵床科	水蓑衣属		无危（LC）		
1531	圆苞杜根藤	*Justicia championii*	爵床科	爵床属		无危（LC）	是	
1532	爵床	*Justicia procumbens*	爵床科	爵床属				
1533	九头狮子草	*Peristrophe japonica*	爵床科	观音草属		无危（LC）		
1534	密花孩儿草	*Rungia densiflora*	爵床科	孩儿草属		无危（LC）	是	
1535	少花马蓝	*Strobilanthes oligantha*	爵床科	马蓝属		无危（LC）		
1536	羽裂马蓝	*Strobilanthes pinnatifida*	爵床科	马蓝属		无危（LC）	是	
1537	透骨草	*Phryma leptostachya* subsp. *asiatica*	透骨草科	透骨草属		无危（LC）		

序号	中文名	学名	科名	属名	保护等级	濒危等级	中国特有种	外来入侵种
1538	车前	*Plantago asiatica*	车前科	车前属				
1539	大车前	*Plantago major*	车前科	车前属				
1540	水团花	*Adina pilulifera*	茜草科	水团花属		无危（LC）		
1541	细叶水团花	*Adina rubella*	茜草科	水团花属		无危（LC）		
1542	茜树	*Aidia cochinchinensis*	茜草科	茜树属		无危（LC）		
1543	风箱树	*Cephalanthus tetrandrus*	茜草科	风箱树属		无危（LC）		
1544	流苏子	*Coptosapelta diffusa*	茜草科	流苏子属		无危（LC）		
1545	短刺虎刺	*Damnacanthus giganteus*	茜草科	虎刺属		无危（LC）		
1546	虎刺	*Damnacanthus indicus*	茜草科	虎刺属		无危（LC）		
1547	浙皖虎刺	*Damnacanthus macrophyllus*	茜草科	虎刺属				
1548	狗骨柴	*Diplospora dubia*	茜草科	狗骨柴属		无危（LC）		
1549	香果树	*Emmenopterys henryi*	茜草科	香果树属	二级	近危（NT）	是	
1550	四叶律	*Galium bungei*	茜草科	拉拉藤属				
1551	阔叶四叶律	*Galium bungei* var. *trachyspermum*	茜草科	拉拉藤属		无危（LC）		
1552	猪殃殃	*Galium spurium*	茜草科	拉拉藤属				
1553	小叶猪殃殃	*Galium trifidum*	茜草科	拉拉藤属				
1554	栀子	*Gardenia jasminoides*	茜草科	栀子属		无危（LC）		
1555	狭叶栀子	*Gardenia stenophylla*	茜草科	栀子属		无危（LC）		
1556	剑叶耳草	*Hedyotis caudatifolia*	茜草科	耳草属				
1557	金毛耳草	*Hedyotis chrysotricha*	茜草科	耳草属				
1558	白花蛇耳草	*Hedyotis diffusa*	茜草科	耳草属				
1559	纤花耳草	*Hedyotis tenelliflora*	茜草科	耳草属				
1560	日本粗叶木	*Lasianthus japonicus*	茜草科	粗叶木属		无危（LC）		
1561	锡金粗叶木	*Lasianthus sikkimensis*	茜草科	粗叶木属		无危（LC）		
1562	印度羊角藤	*Morinda umbellata*	茜草科	巴戟天属				
1563	羊角藤	*Morinda umbellata* subsp. *obovata*	茜草科	巴戟天属				
1564	玉叶金花	*Mussaenda pubescens*	茜草科	玉叶金花属		无危（LC）		
1565	大叶白纸扇	*Mussaenda shikokiana*	茜草科	玉叶金花属		无危（LC）		
1566	卷毛新耳草	*Neanotis boerhaavioides*	茜草科	新耳草属		无危（LC）	是	
1567	薄叶新耳草	*Neanotis hirsuta*	茜草科	新耳草属		无危（LC）		
1568	臭味新耳草	*Neanotis ingrata*	茜草科	新耳草属		无危（LC）		
1569	日本蛇根草	*Ophiorrhiza japonica*	茜草科	蛇根草属		无危（LC）		
1570	耳叶鸡矢藤	*Paederia cavaleriei*	茜草科	鸡屎藤属		无危（LC）		
1571	鸡矢藤	*Paederia foetida*	茜草科	鸡屎藤属				
1572	海南槽裂木	*Pertusadina metcalfii*	茜草科	槽裂木属		无危（LC）	是	
1573	金剑草	*Rubia alata*	茜草科	茜草属		无危（LC）		
1574	东南茜草	*Rubia argyi*	茜草科	茜草属		无危（LC）		

序号	中文名	学名	科名	属名	保护等级	濒危等级	中国特有种	外来入侵种
1575	茜草	*Rubia cordifolia*	茜草科	茜草属				
1576	六月雪	*Serissa japonica*	茜草科	白马骨属				
1577	白马骨	*Serissa serissoides*	茜草科	白马骨属				
1578	鸡仔木	*Sinoadina racemosa*	茜草科	鸡仔木属		无危（LC）		
1579	尖萼乌口树	*Tarenna acutisepala*	茜草科	乌口树属		无危（LC）	是	
1580	白花苦灯笼	*Tarenna mollissima*	茜草科	乌口树属		无危（LC）		
1581	钩藤	*Uncaria rhynchophylla*	茜草科	钩藤属		无危（LC）		
1582	接骨草	*Sambucus javanica*	五福花科	接骨木属		无危（LC）		
1583	接骨木	*Sambucus williamsii*	五福花科	接骨木属		无危（LC）	是	
1584	桦叶荚蒾	*Viburnum betulifolium*	五福花科	荚蒾属		无危（LC）	是	
1585	金腺荚蒾	*Viburnum chunii*	五福花科	荚蒾属		无危（LC）	是	
1586	伞房荚蒾	*Viburnum corymbiflorum*	五福花科	荚蒾属		无危（LC）	是	
1587	荚蒾	*Viburnum dilatatum*	五福花科	荚蒾属		无危（LC）		
1588	宜昌荚蒾	*Viburnum erosum*	五福花科	荚蒾属		无危（LC）		
1589	南方荚蒾	*Viburnum fordiae*	五福花科	荚蒾属		无危（LC）	是	
1590	光萼荚蒾	*Viburnum formosanum* subsp. *leiogynum*	五福花科	荚蒾属		无危（LC）	是	
1591	衡山荚蒾	*Viburnum hengshanicum*	五福花科	荚蒾属		无危（LC）	是	
1592	巴东荚蒾	*Viburnum henryi*	五福花科	荚蒾属		无危（LC）	是	
1593	披针形荚蒾	*Viburnum lancifolium*	五福花科	荚蒾属		无危（LC）	是	
1594	淡黄荚蒾	*Viburnum lutescens*	五福花科	荚蒾属				
1595	吕宋荚蒾	*Viburnum luzonicum*	五福花科	荚蒾属		无危（LC）		
1596	日本珊瑚树	*Viburnum odoratissimum* var. *awabuki*	五福花科	荚蒾属				
1597	蝴蝶戏珠花	*Viburnum plicatum* f. *tomentosum*	五福花科	荚蒾属				
1598	球核荚蒾	*Viburnum propinquum*	五福花科	荚蒾属		无危（LC）	是	
1599	具毛常绿荚蒾	*Viburnum sempervirens* var. *trichophorum*	五福花科	荚蒾属		无危（LC）	是	
1600	茶荚蒾	*Viburnum setigerum*	五福花科	荚蒾属		无危（LC）	是	
1601	合轴荚蒾	*Viburnum sympodiale*	五福花科	荚蒾属		无危（LC）	是	
1602	壶花荚蒾	*Viburnum urceolatum*	五福花科	荚蒾属		无危（LC）		
1603	淡红忍冬	*Lonicera acuminata*	忍冬科	忍冬属		无危（LC）		
1604	无毛忍冬	*Lonicera glabrata*	忍冬科	忍冬属				
1605	菰腺忍冬	*Lonicera hypoglauca*	忍冬科	忍冬属		无危（LC）		
1606	忍冬	*Lonicera japonica*	忍冬科	忍冬属		无危（LC）		
1607	大花忍冬	*Lonicera macrantha*	忍冬科	忍冬属		无危（LC）		
1608	下江忍冬	*Lonicera modesta*	忍冬科	忍冬属		无危（LC）	是	

序号	中文名	学名	科名	属名	保护等级	濒危等级	中国特有种	外来入侵种
1609	盘叶忍冬	*Lonicera tragophylla*	忍冬科	忍冬属		无危（LC）	是	
1610	半边月	*Weigela japonica* var. *sinica*	锦带花科	锦带花属		无危（LC）		
1611	南方六道木	*Zabelia dielsii*	北极花科	六道木属				
1612	墓回头	*Patrinia heterophylla*	败酱科	败酱属				
1613	少蕊败酱	*Patrinia monandra*	败酱科	败酱属		无危（LC）		
1614	败酱	*Patrinia scabiosifolia*	败酱科	败酱属				
1615	攀倒甑	*Patrinia villosa*	败酱科	败酱属		无危（LC）		
1616	华东杏叶沙参	*Adenophora petiolata* subsp. *huadungensis*	桔梗科	沙参属		无危（LC）	是	
1617	沙参	*Adenophora stricta*	桔梗科	沙参属		无危（LC）		
1618	轮叶沙参	*Adenophora tetraphylla*	桔梗科	沙参属		无危（LC）		
1619	金钱豹	*Campanumoea javanica*	桔梗科	金钱豹属		无危（LC）		
1620	小花金钱豹	*Campanumoea javanica* subsp. *japonica*	桔梗科	金钱豹属		无危（LC）		
1621	羊乳	*Codonopsis lanceolata*	桔梗科	党参属		无危（LC）		
1622	党参	*Codonopsis pilosula*	桔梗科	党参属		无危（LC）		
1623	轮钟花	*Cyclocodon lancifolius*	桔梗科	轮钟草属		无危（LC）		
1624	半边莲	*Lobelia chinensis*	桔梗科	半边莲属				
1625	江南山梗菜	*Lobelia davidii*	桔梗科	半边莲属		无危（LC）		
1626	线萼山梗菜	*Lobelia melliana*	桔梗科	半边莲属		无危（LC）	是	
1627	铜锤玉带草	*Lobelia nummularia*	桔梗科	半边莲属				
1628	山梗菜	*Lobelia sessilifolia*	桔梗科	半边莲属		无危（LC）		
1629	袋果草	*Peracarpa carnosa*	桔梗科	袋果草属		无危（LC）		
1630	桔梗	*Platycodon grandiflorus*	桔梗科	桔梗属		无危（LC）		
1631	蓝花参	*Wahlenbergia marginata*	桔梗科	蓝花参属				
1632	下田菊	*Adenostemma lavenia*	菊科	下田菊属				
1633	串叶松香草	*Silphium perfoliatum*	菊科	松香草属				
1634	藿香蓟	*Ageratum conyzoides*	菊科	藿香蓟属				是
1635	杏香兔儿风	*Ainsliaea fragrans*	菊科	兔儿风属		无危（LC）		
1636	阿里山兔儿风	*Ainsliaea macroclinidioides*	菊科	兔儿风属		无危（LC）		
1637	三脉兔儿风	*Ainsliaea trinervis*	菊科	兔儿风属		无危（LC）	是	
1638	香青	*Anaphalis sinica*	菊科	香青属		无危（LC）		
1639	翅茎香青	*Anaphalis sinica* f. *pterocaula*	菊科	香青属				
1640	牛蒡	*Arctium lappa*	菊科	牛蒡属				
1641	奇蒿	*Artemisia anomala*	菊科	蒿属		无危（LC）		
1642	密毛奇蒿	*Artemisia anomala* var. *tomentella*	菊科	蒿属		无危（LC）	是	

序号	中文名	学名	科名	属名	保护等级	濒危等级	中国特有种	外来入侵种
1643	艾	*Artemisia argyi*	菊科	蒿属				
1644	茵陈蒿	*Artemisia capillaris*	菊科	蒿属				
1645	五月艾	*Artemisia indica*	菊科	蒿属		无危（LC）		
1646	牡蒿	*Artemisia japonica*	菊科	蒿属				
1647	白苞蒿	*Artemisia lactiflora*	菊科	蒿属		无危（LC）		
1648	矮蒿	*Artemisia lancea*	菊科	蒿属				
1649	野艾蒿	*Artemisia lavandulifolia*	菊科	蒿属				
1650	微糙三脉紫菀	*Aster ageratoides* var. *scaberulus*	菊科	紫菀属		无危（LC）		
1651	马兰	*Aster indicus*	菊科	紫菀属				
1652	短冠东风菜	*Aster marchandii*	菊科	紫菀属		无危（LC）		
1653	琴叶紫菀	*Aster panduratus*	菊科	紫菀属		无危（LC）	是	
1654	全叶马兰	*Aster pekinensis*	菊科	紫菀属				
1655	东风菜	*Aster scaber*	菊科	紫菀属				
1656	毡毛马兰	*Aster shimadae*	菊科	紫菀属				
1657	狭叶裸菀	*Aster sinoangustifolius*	菊科	紫菀属				
1658	三脉紫菀	*Aster trinervius* subsp. *ageratoides*	菊科	紫菀属				
1659	陀螺紫菀	*Aster turbinatus*	菊科	紫菀属		无危（LC）	是	
1660	金盏银盘	*Bidens biternata*	菊科	鬼针草属				
1661	大狼杷草	*Bidens frondosa*	菊科	鬼针草属				是
1662	鬼针草	*Bidens pilosa*	菊科	鬼针草属				是
1663	狼杷草	*Bidens tripartita*	菊科	鬼针草属				
1664	柔毛艾纳香	*Blumea axillaris*	菊科	艾纳香属		无危（LC）		
1665	台北艾纳香	*Blumea formosana*	菊科	艾纳香属		无危（LC）	是	
1666	毛毡草	*Blumea hieraciifolia*	菊科	艾纳香属				
1667	长圆叶艾纳香	*Blumea oblongifolia*	菊科	艾纳香属		无危（LC）		
1668	拟毛毡草	*Blumea sericans*	菊科	艾纳香属		无危（LC）		
1669	天名精	*Carpesium abrotanoides*	菊科	天名精属				
1670	烟管头草	*Carpesium cernuum*	菊科	天名精属				
1671	石胡荽	*Centipeda minima*	菊科	石胡荽属				
1672	野菊	*Chrysanthemum indicum*	菊科	菊属				
1673	刺儿菜	*Cirsium arvense* var. *integrifolium*	菊科	蓟属		无危（LC）		
1674	蓟	*Cirsium japonicum*	菊科	蓟属		无危（LC）		
1675	线叶蓟	*Cirsium lineare*	菊科	蓟属		无危（LC）		
1676	大花金鸡菊	*Coreopsis grandiflora*	菊科	金鸡菊属				
1677	野茼蒿	*Crassocephalum crepidioides*	菊科	野茼蒿属				是

序号	中文名	学名	科名	属名	保护等级	濒危等级	中国特有种	外来入侵种
1678	黄瓜假还阳参	*Crepidiastrum denticulatum*	菊科	假还阳参属				
1679	尖裂假还阳参	*Crepidiastrum sonchifolium*	菊科	假还阳参属				
1680	鱼眼草	*Dichrocephala integrifolia*	菊科	鱼眼草属				
1681	羊耳菊	*Duhaldea cappa*	菊科	羊耳菊属		无危（LC）		
1682	鳢肠	*Eclipta prostrata*	菊科	鳢肠属				是
1683	地胆草	*Elephantopus scaber*	菊科	地胆草属				
1684	小一点红	*Emilia prenanthoidea*	菊科	一点红属		无危（LC）		
1685	一点红	*Emilia sonchifolia*	菊科	一点红属				
1686	一年蓬	*Erigeron annuus*	菊科	飞蓬属				是
1687	香丝草	*Erigeron bonariensis*	菊科	飞蓬属				是
1688	小蓬草	*Erigeron canadensis*	菊科	飞蓬属				是
1689	苏门白酒草	*Erigeron sumatrensis*	菊科	飞蓬属		无危（LC）		是
1690	白酒草	*Eschenbachia japonica*	菊科	白酒草属				
1691	多须公	*Eupatorium chinense*	菊科	泽兰属		无危（LC）		
1692	白头婆	*Eupatorium japonicum*	菊科	泽兰属		无危（LC）		
1693	林泽兰	*Eupatorium lindleyanum*	菊科	泽兰属				
1694	牛膝菊	*Galinsoga parviflora*	菊科	牛膝菊属				是
1695	粗毛牛膝菊	*Galinsoga quadriradiata*	菊科	牛膝菊属				是
1696	匙叶合冠鼠麹草	*Gamochaeta pensylvanica*	菊科	合冠鼠曲属				
1697	细叶鼠麹草	*Gnaphalium japonicum*	菊科	湿鼠曲草属				
1698	红凤菜	*Gynura bicolor*	菊科	菊三七属		无危（LC）		
1699	菊三七	*Gynura japonica*	菊科	菊三七属		无危（LC）		
1700	菊芋	*Helianthus tuberosus*	菊科	向日葵属				是
1701	泥胡菜	*Hemisteptia lyrata*	菊科	泥胡菜属				
1702	山柳菊	*Hieracium umbellatum*	菊科	山柳菊属		无危（LC）		
1703	三角叶须弥菊	*Himalaiella deltoidea*	菊科	须弥菊属				
1704	旋覆花	*Inula japonica*	菊科	旋覆花属				
1705	小苦荬	*Ixeridium dentatum*	菊科	小苦荬属				
1706	细叶小苦荬	*Ixeridium gracile*	菊科	小苦荬属				
1707	褐冠小苦荬	*Ixeridium laevigatum*	菊科	小苦荬属				
1708	中华苦荬菜	*Ixeris chinensis*	菊科	苦荬菜属				
1709	剪刀股	*Ixeris japonica*	菊科	苦荬菜属				
1710	苦荬菜	*Ixeris polycephala*	菊科	苦荬菜属				
1711	台湾翅果菊	*Lactuca formosana*	菊科	莴苣属				
1712	翅果菊	*Lactuca indica*	菊科	莴苣属				
1713	毛脉翅果菊	*Lactuca raddeana*	菊科	莴苣属		无危（LC）		
1714	六棱菊	*Laggera alata*	菊科	六棱菊属		无危（LC）		

序号	中文名	学名	科名	属名	保护等级	濒危等级	中国特有种	外来入侵种
1715	稻槎菜	*Lapsanastrum apogonoides*	菊科	稻槎菜属				
1716	蹄叶橐吾	*Ligularia fischeri*	菊科	橐吾属		无危（LC）		
1717	狭苞橐吾	*Ligularia intermedia*	菊科	橐吾属		无危（LC）		
1718	大头橐吾	*Ligularia japonica*	菊科	橐吾属		无危（LC）		
1719	橐吾	*Ligularia sibirica*	菊科	橐吾属		无危（LC）		
1720	黑花紫菊	*Notoseris melanantha*	菊科	紫菊属		无危（LC）	是	
1721	林生假福王草	*Paraprenanthes diversifolia*	菊科	假福王草属		无危（LC）		
1722	密毛假福王草	*Paraprenanthes glandulosissima*	菊科	假福王草属		无危（LC）	是	
1723	假福王草	*Paraprenanthes sororia*	菊科	假福王草属		无危（LC）		
1724	天目山蟹甲草	*Parasenecio matsudae*	菊科	蟹甲草属		数据缺乏（DD）	是	
1725	心叶帚菊	*Pertya cordifolia*	菊科	帚菊属		无危（LC）	是	
1726	聚头帚菊	*Pertya desmocephala*	菊科	帚菊属		无危（LC）	是	
1727	蜂斗菜	*Petasites japonicus*	菊科	蜂斗菜属		无危（LC）		
1728	兔耳一枝箭	*Piloselloides hirsuta*	菊科	兔耳一枝箭属				
1729	宽叶拟鼠麴草	*Pseudognaphalium adnatum*	菊科	鼠曲草属				
1730	拟鼠麴草	*Pseudognaphalium affine*	菊科	鼠曲草属				
1731	秋拟鼠麴草	*Pseudognaphalium hypoleucum*	菊科	鼠曲草属				
1732	华漏芦	*Rhaponticum chinense*	菊科	漏芦属				
1733	庐山风毛菊	*Saussurea bullockii*	菊科	风毛菊属		无危（LC）	是	
1734	千里光	*Senecio scandens*	菊科	千里光属				
1735	毛梗豨莶	*Sigesbeckia glabrescens*	菊科	豨莶属				
1736	豨莶	*Sigesbeckia orientalis*	菊科	豨莶属				
1737	腺梗豨莶	*Sigesbeckia pubescens*	菊科	豨莶属				
1738	蒲儿根	*Sinosenecio oldhamianus*	菊科	蒲儿根属				
1739	一枝黄花	*Solidago decurrens*	菊科	一枝黄花属				
1740	苦苣菜	*Sonchus oleraceus*	菊科	苦苣菜属				是
1741	兔儿伞	*Syneilesis aconitifolia*	菊科	兔儿伞属		无危（LC）		
1742	山牛蒡	*Synurus deltoides*	菊科	山牛蒡属		无危（LC）		
1743	蒙古蒲公英	*Taraxacum mongolicum*	菊科	蒲公英属				
1744	夜香牛	*Vernonia cinerea*	菊科	铁鸠菊属				
1745	苍耳	*Xanthium strumarium*	菊科	苍耳属				
1746	红果黄鹌菜	*Youngia erythrocarpa*	菊科	黄鹌菜属				
1747	异叶黄鹌菜	*Youngia heterophylla*	菊科	黄鹌菜属				
1748	黄鹌菜	*Youngia japonica*	菊科	黄鹌菜属				
1749	棕榈	*Trachycarpus fortunei*	棕榈科	棕榈属				
1750	水烛	*Typha angustifolia*	香蒲科	香蒲属				

序号	中文名	学名	科名	属名	保护等级	濒危等级	中国特有种	外来入侵种
1751	曲轴黑三棱	*Sparganium fallax*	香蒲科	黑三棱属		无危（LC）		
1752	菹草	*Potamogeton crispus*	眼子菜科	眼子菜属		无危（LC）		
1753	鸡冠眼子菜	*Potamogeton cristatus*	眼子菜科	眼子菜属		无危（LC）		
1754	眼子菜	*Potamogeton distinctus*	眼子菜科	眼子菜属		无危（LC）		
1755	尖叶眼子菜	*Potamogeton oxyphyllus*	眼子菜科	眼子菜属		无危（LC）		
1756	竹叶眼子菜	*Potamogeton wrightii*	眼子菜科	眼子菜属		无危（LC）		
1757	窄叶泽泻	*Alisma canaliculatum*	泽泻科	泽泻属				
1758	东方泽泻	*Alisma orientale*	泽泻科	泽泻属		无危（LC）		
1759	小慈姑	*Sagittaria potamogetonifolia*	泽泻科	慈姑属		易危（VU）	是	
1760	矮慈姑	*Sagittaria pygmaea*	泽泻科	慈姑属				
1761	野慈姑	*Sagittaria trifolia*	泽泻科	慈姑属		无危（LC）		
1762	水蕹	*Aponogeton lakhonensis*	水蕹科	水蕹属		无危（LC）		
1763	无尾水筛	*Blyxa aubertii*	水鳖科	水筛属		无危（LC）		
1764	有尾水筛	*Blyxa echinosperma*	水鳖科	水筛属		无危（LC）		
1765	光滑水筛	*Blyxa leiosperma*	水鳖科	水筛属		无危（LC）		
1766	黑藻	*Hydrilla verticillata*	水鳖科	黑藻属				
1767	水鳖	*Hydrocharis dubia*	水鳖科	水鳖属		无危（LC）		
1768	纤细茨藻	*Najas gracillima*	水鳖科	茨藻属		无危（LC）		
1769	弯果草茨藻	*Najas graminea* var. *recurvata*	水鳖科	茨藻属				
1770	龙舌草	*Ottelia alismoides*	水鳖科	水车前属	二级	易危（VU）		
1771	苦草	*Vallisneria natans*	水鳖科	苦草属		无危（LC）		
1772	斑箨酸竹	*Acidosasa notata*	禾本科	酸竹属		无危（LC）	是	
1773	华北剪股颖	*Agrostis clavata*	禾本科	剪股颖属		无危（LC）		
1774	看麦娘	*Alopecurus aequalis*	禾本科	看麦娘属		无危（LC）		
1775	荩草	*Arthraxon hispidus*	禾本科	荩草属		无危（LC）		
1776	毛秆野古草	*Arundinella hirta*	禾本科	野古草属		无危（LC）		
1777	野燕麦	*Avena fatua*	禾本科	燕麦属		无危（LC）		是
1778	孝顺竹	*Bambusa multiplex*	禾本科	簕竹属				
1779	凤尾竹	*Bambusa multiplex* f. *fernleaf*	禾本科	簕竹属				
1780	米筛竹	*Bambusa pachinensis*	禾本科	簕竹属				
1781	菵草	*Beckmannia syzigachne*	禾本科	菵草属		无危（LC）		
1782	毛臂形草	*Brachiaria villosa*	禾本科	臂形草属		无危（LC）		
1783	短柄草	*Brachypodium sylvaticum*	禾本科	短柄草属		无危（LC）		
1784	雀麦	*Bromus japonicus*	禾本科	雀麦属		无危（LC）		
1785	疏花雀麦	*Bromus remotiflorus*	禾本科	雀麦属		无危（LC）		
1786	拂子茅	*Calamagrostis epigeios*	禾本科	拂子茅属		无危（LC）		
1787	硬秆子草	*Capillipedium assimile*	禾本科	细柄草属		无危（LC）		

序号	中文名	学名	科名	属名	保护等级	濒危等级	中国特有种	外来入侵种
1788	细柄草	*Capillipedium parviflorum*	禾本科	细柄草属		无危（LC）		
1789	缅甸方竹	*Chimonobambusa armata*	禾本科	寒竹属		无危（LC）		
1790	方竹	*Chimonobambusa quadrangularis*	禾本科	寒竹属		无危（LC）		
1791	朝阳隐子草	*Cleistogenes hackelii*	禾本科	隐子草属		无危（LC）		
1792	薏苡	*Coix lacryma-jobi*	禾本科	薏苡属		无危（LC）		
1793	橘草	*Cymbopogon goeringii*	禾本科	香茅属		无危（LC）		
1794	狗牙根	*Cynodon dactylon*	禾本科	狗牙根属				
1795	疏穗野青茅	*Deyeuxia effusiflora*	禾本科	野青茅属		无危（LC）	是	
1796	野青茅	*Deyeuxia pyramidalis*	禾本科	野青茅属		无危（LC）		
1797	纤毛马唐	*Digitaria ciliaris*	禾本科	马唐属		无危（LC）		
1798	毛马唐	*Digitaria ciliaris* var. *chrysoblephara*	禾本科	马唐属		无危（LC）		
1799	红尾翎	*Digitaria radicosa*	禾本科	马唐属		无危（LC）		
1800	紫马唐	*Digitaria violascens*	禾本科	马唐属		无危（LC）		
1801	觿茅	*Dimeria ornithopoda*	禾本科	雁茅属		无危（LC）		
1802	长芒稗	*Echinochloa caudata*	禾本科	稗属		无危（LC）		
1803	光头稗	*Echinochloa colona*	禾本科	稗属		无危（LC）		
1804	稗	*Echinochloa crusgalli*	禾本科	稗属		无危（LC）		
1805	无芒稗	*Echinochloa crusgalli* var. *mitis*	禾本科	稗属		无危（LC）		
1806	西来稗	*Echinochloa crusgalli* var. *zelayensis*	禾本科	稗属		无危（LC）		
1807	牛筋草	*Eleusine indica*	禾本科	䅟属		无危（LC）		
1808	纤毛披碱草	*Elymus ciliaris*	禾本科	披碱草属		无危（LC）		
1809	日本纤毛草	*Elymus ciliaris* var. *hackelianus*	禾本科	披碱草属		无危（LC）		
1810	柯孟披碱草	*Elymus kamoji*	禾本科	披碱草属		无危（LC）		
1811	秋画眉草	*Eragrostis autumnalis*	禾本科	画眉草属		无危（LC）	是	
1812	珠芽画眉草	*Eragrostis cumingii*	禾本科	画眉草属		无危（LC）		
1813	知风草	*Eragrostis ferruginea*	禾本科	画眉草属		无危（LC）		
1814	小画眉草	*Eragrostis minor*	禾本科	画眉草属		无危（LC）		
1815	多秆画眉草	*Eragrostis multicaulis*	禾本科	画眉草属		无危（LC）		
1816	画眉草	*Eragrostis pilosa*	禾本科	画眉草属		无危（LC）		
1817	假俭草	*Eremochloa ophiuroides*	禾本科	蜈蚣草属		无危（LC）		
1818	野黍	*Eriochloa villosa*	禾本科	野黍属		无危（LC）		
1819	四脉金茅	*Eulalia quadrinervis*	禾本科	黄金茅属		无危（LC）		
1820	金茅	*Eulalia speciosa*	禾本科	黄金茅属		无危（LC）		
1821	华西箭竹	*Fargesia nitida*	禾本科	箭竹属		无危（LC）	是	

序号	中文名	学名	科名	属名	保护等级	濒危等级	中国特有种	外来入侵种
1822	小颖羊茅	*Festuca parvigluma*	禾本科	羊茅属		无危（LC）		
1823	白茅	*Imperata cylindrica*	禾本科	白茅属				
1824	阔叶箬竹	*Indocalamus latifolius*	禾本科	箬竹属		无危（LC）	是	
1825	箬叶竹	*Indocalamus longiauritus*	禾本科	箬竹属		无危（LC）	是	
1826	矮箬竹	*Indocalamus pedalis*	禾本科	箬竹属		濒危（EN）	是	
1827	箬竹	*Indocalamus tessellatus*	禾本科	箬竹属		无危（LC）	是	
1828	橄榄竹	*Indosasa gigantea*	禾本科	大节竹属		无危（LC）	是	
1829	算盘竹	*Indosasa glabrata*	禾本科	大节竹属		无危（LC）	是	
1830	柳叶箬	*Isachne globosa*	禾本科	柳叶箬属		无危（LC）		
1831	浙江柳叶箬	*Isachne hoi*	禾本科	柳叶箬属		无危（LC）	是	
1832	矮小柳叶箬	*Isachne pulchella*	禾本科	柳叶箬属		无危（LC）		
1833	平颖柳叶箬	*Isachne truncata*	禾本科	柳叶箬属		无危（LC）		
1834	有芒鸭嘴草	*Ischaemum aristatum*	禾本科	鸭嘴草属		无危（LC）		
1835	细毛鸭嘴草	*Ischaemum ciliare*	禾本科	鸭嘴草属		无危（LC）		
1836	假稻	*Leersia japonica*	禾本科	假稻属		无危（LC）		
1837	千金子	*Leptochloa chinensis*	禾本科	千金子属		无危（LC）		
1838	淡竹叶	*Lophatherum gracile*	禾本科	淡竹叶属		无危（LC）		
1839	竹叶茅	*Microstegium nudum*	禾本科	莠竹属		无危（LC）		
1840	柔枝莠竹	*Microstegium vimineum*	禾本科	莠竹属		无危（LC）		
1841	五节芒	*Miscanthus floridulus*	禾本科	芒属		无危（LC）		
1842	荻	*Miscanthus sacchariflorus*	禾本科	芒属		无危（LC）		
1843	芒	*Miscanthus sinensis*	禾本科	芒属		无危（LC）		
1844	拟麦氏草	*Molinia japonica*	禾本科	蓝沼草属		近危（NT）		
1845	日本乱子草	*Muhlenbergia japonica*	禾本科	乱子草属		无危（LC）		
1846	山类芦	*Neyraudia montana*	禾本科	类芦属		无危（LC）	是	
1847	类芦	*Neyraudia reynaudiana*	禾本科	类芦属		无危（LC）		
1848	屏南少穗竹	*Oligostachyum glabrescens*	禾本科	少穗竹属		数据缺乏（DD）	是	
1849	四季竹	*Oligostachyum lubricum*	禾本科	少穗竹属		无危（LC）	是	
1850	肿节少穗竹	*Oligostachyum oedogonatum*	禾本科	少穗竹属		无危（LC）	是	
1851	少穗竹	*Oligostachyum sulcatum*	禾本科	少穗竹属		数据缺乏（DD）	是	
1852	竹叶草	*Oplismenus compositus*	禾本科	求米草属		无危（LC）		
1853	求米草	*Oplismenus undulatifolius*	禾本科	求米草属		无危（LC）		
1854	糠稷	*Panicum bisulcatum*	禾本科	黍属		无危（LC）		
1855	细柄黍	*Panicum sumatrense*	禾本科	黍属		无危（LC）		

序号	中文名	学名	科名	属名	保护等级	濒危等级	中国特有种	外来入侵种
1856	双穗雀稗	*Paspalum distichum*	禾本科	雀稗属		无危（LC）		
1857	圆果雀稗	*Paspalum scrobiculatum* var. *orbiculare*	禾本科	雀稗属		无危（LC）		
1858	雀稗	*Paspalum thunbergii*	禾本科	雀稗属		无危（LC）		
1859	狼尾草	*Pennisetum alopecuroides*	禾本科	狼尾草属		无危（LC）		
1860	显子草	*Phaenosperma globosum*	禾本科	显子草属				
1861	虉草	*Phalaris arundinacea*	禾本科	虉草属		无危（LC）		
1862	黄古竹	*Phyllostachys angusta*	禾本科	刚竹属		无危（LC）		
1863	石绿竹	*Phyllostachys arcana*	禾本科	刚竹属				
1864	人面竹	*Phyllostachys aurea*	禾本科	刚竹属		无危（LC）		
1865	毛竹	*Phyllostachys edulis*	禾本科	刚竹属				
1866	淡竹	*Phyllostachys glauca*	禾本科	刚竹属		无危（LC）		
1867	水竹	*Phyllostachys heteroclada*	禾本科	刚竹属		无危（LC）	是	
1868	红哺鸡竹	*Phyllostachys iridescens*	禾本科	刚竹属				
1869	台湾桂竹	*Phyllostachys makinoi*	禾本科	刚竹属		无危（LC）		
1870	美竹	*Phyllostachys mannii*	禾本科	刚竹属				
1871	篌竹	*Phyllostachys nidularia*	禾本科	刚竹属				
1872	紫竹	*Phyllostachys nigra*	禾本科	刚竹属				
1873	毛金竹	*Phyllostachys nigra* var. *henonis*	禾本科	刚竹属		无危（LC）		
1874	灰竹	*Phyllostachys nuda*	禾本科	刚竹属				
1875	桂竹	*Phyllostachys reticulata*	禾本科	刚竹属		无危（LC）		
1876	漫竹	*Phyllostachys stimulosa*	禾本科	刚竹属		无危（LC）	是	
1877	金竹	*Phyllostachys sulphurea*	禾本科	刚竹属		无危（LC）		
1878	刚竹	*Phyllostachys sulphurea* var. *viridis*	禾本科	刚竹属		无危（LC）	是	
1879	早竹	*Phyllostachys violascens*	禾本科	刚竹属				
1880	东阳青皮竹	*Phyllostachys virella*	禾本科	刚竹属				
1881	云和哺鸡竹	*Phyllostachys yunhoensis*	禾本科	刚竹属				
1882	高舌苦竹	*Pleioblastus altiligulatus*	禾本科	苦竹属		无危（LC）	是	
1883	苦竹	*Pleioblastus amarus*	禾本科	苦竹属		无危（LC）	是	
1884	仙居苦竹	*Pleioblastus hsienchuensis*	禾本科	苦竹属		无危（LC）	是	
1885	华丝竹	*Pleioblastus intermedius*	禾本科	苦竹属		无危（LC）	是	
1886	衢县苦竹	*Pleioblastus juxianensis*	禾本科	苦竹属		数据缺乏（DD）	是	
1887	油苦竹	*Pleioblastus oleosus*	禾本科	苦竹属		无危（LC）	是	
1888	实心苦竹	*Pleioblastus solidus*	禾本科	苦竹属		无危（LC）	是	
1889	宜兴苦竹	*Pleioblastus yixingensis*	禾本科	苦竹属		近危（NT）	是	

序号	中文名	学名	科名	属名	保护等级	濒危等级	中国特有种	外来入侵种
1890	白顶早熟禾	*Poa acroleuca*	禾本科	早熟禾属		无危（LC）		
1891	早熟禾	*Poa annua*	禾本科	早熟禾属		无危（LC）		
1892	法氏早熟禾	*Poa faberi*	禾本科	早熟禾属		无危（LC）	是	
1893	金丝草	*Pogonatherum crinitum*	禾本科	金发草属		无危（LC）		
1894	尖箨茶秆竹	*Pseudosasa acutivagina*	禾本科	矢竹属		无危（LC）	是	
1895	茶秆竹	*Pseudosasa amabilis*	禾本科	矢竹属				
1896	毛箨茶秆竹	*Pseudosasa maculifera* var. *hirsuta*	禾本科	矢竹属				
1897	斑茅	*Saccharum arundinaceum*	禾本科	甘蔗属		无危（LC）		
1898	河八王	*Saccharum narenga*	禾本科	甘蔗属		无危（LC）		
1899	囊颖草	*Sacciolepis indica*	禾本科	囊颖草属		无危（LC）		
1900	庆元华箬竹	*Sasa qingyuanensis*	禾本科	赤竹属		无危（LC）	是	
1901	华箬竹	*Sasa sinica*	禾本科	赤竹属		近危（NT）	是	
1902	裂稃草	*Schizachyrium brevifolium*	禾本科	裂稃草属		无危（LC）		
1903	短穗竹	*Semiarundinaria densiflora*	禾本科	业平竹属		无危（LC）	是	
1904	大狗尾草	*Setaria faberi*	禾本科	狗尾草属		无危（LC）		
1905	棕叶狗尾草	*Setaria palmifolia*	禾本科	狗尾草属		无危（LC）		是
1906	皱叶狗尾草	*Setaria plicata*	禾本科	狗尾草属		无危（LC）		
1907	金色狗尾草	*Setaria pumila*	禾本科	狗尾草属				
1908	狗尾草	*Setaria viridis*	禾本科	狗尾草属		无危（LC）		
1909	江山鹅毛竹	*Shibataea chiangshanensis*	禾本科	鹅毛竹属		近危（NT）	是	
1910	鹅毛竹	*Shibataea chinensis*	禾本科	鹅毛竹属		无危（LC）	是	
1911	矮雷竹	*Shibataea strigosa*	禾本科	鹅毛竹属		无危（LC）	是	
1912	油芒	*Spodiopogon cotulifer*	禾本科	大油芒属		无危（LC）		
1913	大油芒	*Spodiopogon sibiricus*	禾本科	大油芒属		无危（LC）		
1914	鼠尾粟	*Sporobolus fertilis*	禾本科	鼠尾粟属		无危（LC）		
1915	苞子草	*Themeda caudata*	禾本科	菅属		无危（LC）		
1916	黄背草	*Themeda triandra*	禾本科	菅属		无危（LC）		
1917	三毛草	*Trisetum bifidum*	禾本科	穗三毛草属		无危（LC）		
1918	百山祖玉山竹	*Yushania baishanzuensis*	禾本科	玉山竹属		无危（LC）	是	
1919	毛玉山竹	*Yushania basihirsuta*	禾本科	玉山竹属		无危（LC）	是	
1920	菰	*Zizania latifolia*	禾本科	菰属		无危（LC）		
1921	结缕草	*Zoysia japonica*	禾本科	结缕草属		无危（LC）		
1922	球柱草	*Bulbostylis barbata*	莎草科	球柱草属		无危（LC）		
1923	丝叶球柱草	*Bulbostylis densa*	莎草科	球柱草属		无危（LC）		
1924	青绿薹草	*Carex breviculmis*	莎草科	薹草属		无危（LC）		
1925	短尖薹草	*Carex brevicuspis*	莎草科	薹草属		无危（LC）	是	

序号	中文名	学名	科名	属名	保护等级	濒危等级	中国特有种	外来入侵种
1926	褐果薹草	*Carex brunnea*	莎草科	薹草属		无危（LC）		
1927	发秆薹草	*Carex capillacea*	莎草科	薹草属		濒危（EN）		
1928	朝芳薹草	*Carex chaofangii*	莎草科	薹草属		无危（LC）	是	
1929	陈氏薹草	*Carex cheniana*	莎草科	薹草属		无危（LC）	是	
1930	中华薹草	*Carex chinensis*	莎草科	薹草属		无危（LC）	是	
1931	十字薹草	*Carex cruciata*	莎草科	薹草属		无危（LC）		
1932	签草	*Carex doniana*	莎草科	薹草属		无危（LC）		
1933	蕨状薹草	*Carex filicina*	莎草科	薹草属		无危（LC）		
1934	少囊薹草	*Carex filipes* var. *oligostachys*	莎草科	薹草属		无危（LC）		
1935	穿孔薹草	*Carex foraminata*	莎草科	薹草属		无危（LC）	是	
1936	穹隆薹草	*Carex gibba*	莎草科	薹草属		无危（LC）		
1937	长梗薹草	*Carex glossostigma*	莎草科	薹草属		无危（LC）	是	
1938	狭穗薹草	*Carex ischnostachya*	莎草科	薹草属		无危（LC）		
1939	日本薹草	*Carex japonica*	莎草科	薹草属		无危（LC）		
1940	高氏薹草	*Carex kaoi*	莎草科	薹草属		近危（NT）	是	
1941	大披针薹草	*Carex lanceolata*	莎草科	薹草属		无危（LC）		
1942	舌叶薹草	*Carex ligulata*	莎草科	薹草属		无危（LC）		
1943	斑点果薹草	*Carex maculata*	莎草科	薹草属		无危（LC）		
1944	套鞘薹草	*Carex maubertiana*	莎草科	薹草属		无危（LC）		
1945	乳突薹草	*Carex maximowiczii*	莎草科	薹草属		无危（LC）		
1946	柔果薹草	*Carex mollicula*	莎草科	薹草属		无危（LC）		
1947	条穗薹草	*Carex nemostachys*	莎草科	薹草属		无危（LC）		
1948	福建薹草	*Carex pallideviridis*	莎草科	薹草属				
1949	霹雳薹草	*Carex perakensis*	莎草科	薹草属		无危（LC）		
1950	镜子薹草	*Carex phacota*	莎草科	薹草属		无危（LC）		
1951	粉被薹草	*Carex pruinosa*	莎草科	薹草属		无危（LC）		
1952	拟三穗薹草	*Carex pseudotristachya*	莎草科	薹草属		无危（LC）	是	
1953	矮生薹草	*Carex pumila*	莎草科	薹草属		无危（LC）		
1954	松叶薹草	*Carex rara*	莎草科	薹草属		无危（LC）		
1955	大理薹草	*Carex rubrobrunnea* var. *taliensis*	莎草科	薹草属		无危（LC）	是	
1956	横纹薹草	*Carex rugata*	莎草科	薹草属		无危（LC）		
1957	花葶薹草	*Carex scaposa*	莎草科	薹草属		无危（LC）		
1958	宽叶薹草	*Carex siderosticta*	莎草科	薹草属		无危（LC）		
1959	相仿薹草	*Carex simulans*	莎草科	薹草属		无危（LC）	是	
1960	柄果薹草	*Carex stipitinux*	莎草科	薹草属		无危（LC）	是	
1961	似柔果薹草	*Carex submollicula*	莎草科	薹草属		无危（LC）	是	
1962	长柱头薹草	*Carex teinogyna*	莎草科	薹草属		无危（LC）		

序号	中文名	学名	科名	属名	保护等级	濒危等级	中国特有种	外来入侵种
1963	藏薹草	*Carex thibetica*	莎草科	薹草属		无危（LC）	是	
1964	三穗薹草	*Carex tristachya*	莎草科	薹草属		无危（LC）		
1965	阿穆尔莎草	*Cyperus amuricus*	莎草科	莎草属		数据缺乏（DD）		
1966	扁穗莎草	*Cyperus compressus*	莎草科	莎草属		无危（LC）		
1967	莎状砖子苗	*Cyperus cyperinus*	莎草科	莎草属		无危（LC）		
1968	砖子苗	*Cyperus cyperoides*	莎草科	莎草属		无危（LC）		
1969	异型莎草	*Cyperus difformis*	莎草科	莎草属		无危（LC）		
1970	高秆莎草	*Cyperus exaltatus*	莎草科	莎草属		无危（LC）		
1971	畦畔莎草	*Cyperus haspan*	莎草科	莎草属		无危（LC）		
1972	碎米莎草	*Cyperus iria*	莎草科	莎草属		无危（LC）		
1973	具芒碎米莎草	*Cyperus microiria*	莎草科	莎草属		无危（LC）		
1974	毛轴莎草	*Cyperus pilosus*	莎草科	莎草属		无危（LC）		
1975	香附子	*Cyperus rotundus*	莎草科	莎草属		无危（LC）		是
1976	水莎草	*Cyperus serotinus*	莎草科	莎草属		无危（LC）		
1977	窄穗莎草	*Cyperus tenuispica*	莎草科	莎草属		无危（LC）		
1978	荸荠	*Eleocharis dulcis*	莎草科	荸荠属				
1979	透明鳞荸荠	*Eleocharis pellucida*	莎草科	荸荠属		无危（LC）		
1980	稻田荸荠	*Eleocharis pellucida* var. *japonica*	莎草科	荸荠属		无危（LC）		
1981	龙师草	*Eleocharis tetraquetra*	莎草科	荸荠属		数据缺乏（DD）		
1982	羽毛荸荠	*Eleocharis wichurae*	莎草科	荸荠属		无危（LC）		
1983	牛毛毡	*Eleocharis yokoscensis*	莎草科	荸荠属		无危（LC）		
1984	秋飘拂草	*Fimbristylis autumnalis*	莎草科	飘拂草属		无危（LC）		
1985	两歧飘拂草	*Fimbristylis dichotoma*	莎草科	飘拂草属		无危（LC）		
1986	拟二叶飘拂草	*Fimbristylis diphylloides*	莎草科	飘拂草属		无危（LC）		
1987	水虱草	*Fimbristylis littoralis*	莎草科	飘拂草属		无危（LC）		
1988	五棱秆飘拂草	*Fimbristylis quinquangularis*	莎草科	飘拂草属		无危（LC）		
1989	少穗飘拂草	*Fimbristylis schoenoides*	莎草科	飘拂草属		无危（LC）		
1990	双穗飘拂草	*Fimbristylis subbispicata*	莎草科	飘拂草属		无危（LC）		
1991	黑莎草	*Gahnia tristis*	莎草科	黑莎草属		无危（LC）		
1992	短叶水蜈蚣	*Kyllinga brevifolia*	莎草科	水蜈蚣属		无危（LC）		
1993	湖瓜草	*Lipocarpha microcephala*	莎草科	湖瓜草属		无危（LC）		
1994	球穗扁莎	*Pycreus flavidus*	莎草科	扁莎属		无危（LC）		
1995	多枝扁莎	*Pycreus polystachyos*	莎草科	扁莎属		无危（LC）		
1996	红鳞扁莎	*Pycreus sanguinolentus*	莎草科	扁莎属		无危（LC）		

序号	中文名	学名	科名	属名	保护等级	濒危等级	中国特有种	外来入侵种
1997	华刺子莞	*Rhynchospora chinensis*	莎草科	刺子莞属		无危（LC）		
1998	细叶刺子莞	*Rhynchospora faberi*	莎草科	刺子莞属		无危（LC）		
1999	刺子莞	*Rhynchospora rubra*	莎草科	刺子莞属				
2000	白喙刺子莞	*Rhynchospora rugosa* subsp. *brownii*	莎草科	刺子莞属		无危（LC）		
2001	萤蔺	*Schoenoplectus juncoides*	莎草科	水葱属		无危（LC）		
2002	水毛花	*Schoenoplectus mucronatus* subsp. *robustus*	莎草科	水葱属		无危（LC）		
2003	三棱水葱	*Schoenoplectus triqueter*	莎草科	水葱属		无危（LC）		
2004	华东藨草	*Scirpus karuisawensis*	莎草科	藨草属		无危（LC）		
2005	庐山藨草	*Scirpus lushanensis*	莎草科	藨草属		无危（LC）		
2006	百球藨草	*Scirpus rosthornii*	莎草科	藨草属		无危（LC）		
2007	黑鳞珍珠茅	*Scleria hookeriana*	莎草科	珍珠茅属		无危（LC）		
2008	毛果珍珠茅	*Scleria levis*	莎草科	珍珠茅属		无危（LC）		
2009	小型珍珠茅	*Scleria parvula*	莎草科	珍珠茅属		无危（LC）		
2010	三棱针蔺	*Trichophorum mattfeldianum*	莎草科	蔺藨草属		无危（LC）		
2011	玉山针蔺	*Trichophorum subcapitatum*	莎草科	蔺藨草属		无危（LC）		
2012	菖蒲	*Acorus calamus*	菖蒲科	菖蒲属				
2013	金钱蒲	*Acorus gramineus*	菖蒲科	菖蒲属		无危（LC）		
2014	东亚蘑芋	*Amorphophallus kiusianus*	天南星科	魔芋属		无危（LC）		
2015	灯台莲	*Arisaema bockii*	天南星科	天南星属		无危（LC）		
2016	一把伞南星	*Arisaema erubescens*	天南星科	天南星属		无危（LC）		
2017	天南星	*Arisaema heterophyllum*	天南星科	天南星属		无危（LC）		
2018	滇南芋	*Colocasia antiquorum*	天南星科	芋属		无危（LC）		
2019	滴水珠	*Pinellia cordata*	天南星科	半夏属		无危（LC）	是	
2020	盾叶半夏	*Pinellia peltata*	天南星科	半夏属		易危（VU）	是	
2021	半夏	*Pinellia ternata*	天南星科	半夏属		无危（LC）		
2022	大漂	*Pistia stratiotes*	天南星科	大薸属				是
2023	稀脉浮萍	*Lemna aequinoctialis*	浮萍科	浮萍属		数据缺乏（DD）		是
2024	浮萍	*Lemna minor*	浮萍科	浮萍属				
2025	紫萍	*Spirodela polyrhiza*	浮萍科	紫萍属				
2026	谷精草	*Eriocaulon buergerianum*	谷精草科	谷精草属		无危（LC）		
2027	白药谷精草	*Eriocaulon cinereum*	谷精草科	谷精草属		无危（LC）		
2028	长苞谷精草	*Eriocaulon decemflorum*	谷精草科	谷精草属		易危（VU）		
2029	尼泊尔谷精草	*Eriocaulon nepalense*	谷精草科	谷精草属		无危（LC）		
2030	华南谷精草	*Eriocaulon sexangulare*	谷精草科	谷精草属				

序号	中文名	学名	科名	属名	保护等级	濒危等级	中国特有种	外来入侵种
2031	饭包草	*Commelina benghalensis*	鸭跖草科	鸭跖草属				
2032	鸭跖草	*Commelina communis*	鸭跖草科	鸭跖草属				
2033	聚花草	*Floscopa scandens*	鸭跖草科	聚花草属		无危（LC）		
2034	根茎水竹叶	*Murdannia hookeri*	鸭跖草科	水竹叶属		无危（LC）		
2035	疣草	*Murdannia keisak*	鸭跖草科	水竹叶属				
2036	牛轭草	*Murdannia loriformis*	鸭跖草科	水竹叶属		无危（LC）		
2037	裸花水竹叶	*Murdannia nudiflora*	鸭跖草科	水竹叶属				
2038	水竹叶	*Murdannia triquetra*	鸭跖草科	水竹叶属				
2039	杜若	*Pollia japonica*	鸭跖草科	杜若属		无危（LC）		
2040	凤眼蓝	*Eichhornia crassipes*	雨久花科	凤眼莲属				是
2041	鸭舌草	*Monochoria vaginalis*	雨久花科	雨久花属				
2042	翅茎灯心草	*Juncus alatus*	灯心草科	灯芯草属				
2043	星花灯心草	*Juncus diastrophanthus*	灯心草科	灯芯草属				
2044	灯心草	*Juncus effusus*	灯心草科	灯芯草属				
2045	笄石菖	*Juncus prismatocarpus*	灯心草科	灯芯草属				
2046	圆柱叶灯心草	*Juncus prismatocarpus* subsp. *teretifolius*	灯心草科	灯芯草属		无危（LC）	是	
2047	野灯心草	*Juncus setchuensis*	灯心草科	灯芯草属				
2048	羽毛地杨梅	*Luzula plumosa*	灯心草科	地杨梅属		无危（LC）		
2049	黄精叶钩吻	*Croomia japonica*	百部科	金刚大属		濒危（EN）		
2050	百部	*Stemona japonica*	百部科	百部属		数据缺乏（DD）		
2051	大百部	*Stemona tuberosa*	百部科	百部属		无危（LC）		
2052	短柄粉条儿菜	*Aletris scopulorum*	百合科	肺筋草属		无危（LC）		
2053	粉条儿菜	*Aletris spicata*	百合科	肺筋草属		无危（LC）		
2054	藠头	*Allium chinense*	百合科	葱属		无危（LC）	是	
2055	宽叶韭	*Allium hookeri*	百合科	葱属		无危（LC）		
2056	薤白	*Allium macrostemon*	百合科	葱属		无危（LC）		
2057	韭	*Allium tuberosum*	百合科	葱属				
2058	天门冬	*Asparagus cochinchinensis*	百合科	天门冬属		无危（LC）		
2059	九龙盘	*Aspidistra lurida*	百合科	蜘蛛抱蛋属		无危（LC）	是	
2060	绵枣儿	*Barnardia japonica*	百合科	绵枣儿属		无危（LC）		
2061	开口箭	*Campylandra chinensis*	百合科	开口箭属		无危（LC）	是	
2062	荞麦叶大百合	*Cardiocrinum cathayanum*	百合科	大百合属	二级	无危（LC）	是	
2063	少花万寿竹	*Disporum uniflorum*	百合科	万寿竹属		无危（LC）		
2064	黄花菜	*Hemerocallis citrina*	百合科	萱草属				
2065	萱草	*Hemerocallis fulva*	百合科	萱草属		无危（LC）		

序号	中文名	学名	科名	属名	保护等级	濒危等级	中国特有种	外来入侵种
2066	肖菝葜	*Heterosmilax japonica*	百合科	肖菝葜属		无危（LC）		
2067	紫萼	*Hosta ventricosa*	百合科	玉簪属				
2068	野百合	*Lilium brownii*	百合科	百合属		无危（LC）	是	
2069	百合	*Lilium brownii* var. *viridulum*	百合科	百合属		无危（LC）	是	
2070	卷丹	*Lilium tigrinum*	百合科	百合属				
2071	禾叶山麦冬	*Liriope graminifolia*	百合科	山麦冬属		无危（LC）	是	
2072	阔叶山麦冬	*Liriope muscari*	百合科	山麦冬属		无危（LC）		
2073	山麦冬	*Liriope spicata*	百合科	山麦冬属		无危（LC）		
2074	鹿药	*Maianthemum japonicum*	百合科	舞鹤草属		无危（LC）		
2075	沿阶草	*Ophiopogon bodinieri*	百合科	沿阶草属		无危（LC）		
2076	间型沿阶草	*Ophiopogon intermedius*	百合科	沿阶草属		无危（LC）		
2077	麦冬	*Ophiopogon japonicus*	百合科	沿阶草属				
2078	华重楼	*Paris polyphylla* var. *chinensis*	百合科	重楼属	二级	易危（VU）		
2079	狭叶重楼	*Paris polyphylla* var. *stenophylla*	百合科	重楼属	二级	近危（NT）		
2080	疏花无叶莲	*Petrosavia sakuraii*	百合科	无叶莲属		无危（LC）		
2081	多花黄精	*Polygonatum cyrtonema*	百合科	黄精属		近危（NT）	是	
2082	长梗黄精	*Polygonatum filipes*	百合科	黄精属		无危（LC）	是	
2083	吉祥草	*Reineckea carnea*	百合科	吉祥草属		无危（LC）		
2084	万年青	*Rohdea japonica*	百合科	万年青属		无危（LC）		
2085	尖叶菝葜	*Smilax arisanensis*	百合科	菝葜属		无危（LC）		
2086	浙南菝葜	*Smilax austrozhejiangensis*	百合科	菝葜属		无危（LC）	是	
2087	菝葜	*Smilax china*	百合科	菝葜属				
2088	小果菝葜	*Smilax davidiana*	百合科	菝葜属		无危（LC）		
2089	托柄菝葜	*Smilax discotis*	百合科	菝葜属		无危（LC）	是	
2090	土伏苓	*Smilax glabra*	百合科	菝葜属		无危（LC）		
2091	黑果菝葜	*Smilax glaucochina*	百合科	菝葜属		无危（LC）	是	
2092	暗色菝葜	*Smilax lanceifolia* var. *opaca*	百合科	菝葜属				
2093	缘脉菝葜	*Smilax nervomarginata*	百合科	菝葜属		无危（LC）		
2094	白背牛尾菜	*Smilax nipponica*	百合科	菝葜属		无危（LC）		
2095	牛尾菜	*Smilax riparia*	百合科	菝葜属				
2096	华东菝葜	*Smilax sieboldii*	百合科	菝葜属		无危（LC）		
2097	鞘柄菝葜	*Smilax stans*	百合科	菝葜属		无危（LC）		
2098	油点草	*Tricyrtis macropoda*	百合科	油点草属		无危（LC）		
2099	绿花油点草	*Tricyrtis viridula*	百合科	油点草属		易危（VU）	是	
2100	藜芦	*Veratrum nigrum*	百合科	藜芦属		无危（LC）		
2101	牯岭藜芦	*Veratrum schindleri*	百合科	藜芦属		无危（LC）	是	
2102	狭叶藜芦	*Veratrum stenophyllum*	百合科	藜芦属		无危（LC）	是	

序号	中文名	学名	科名	属名	保护等级	濒危等级	中国特有种	外来入侵种
2103	仙茅	*Curculigo orchioides*	石蒜科	仙茅属		无危（LC）		
2104	小金梅草	*Hypoxis aurea*	石蒜科	小金梅草属				
2105	石蒜	*Lycoris radiata*	石蒜科	石蒜属				
2106	黄独	*Dioscorea bulbifera*	薯蓣科	薯蓣属		无危（LC）		
2107	薯莨	*Dioscorea cirrhosa*	薯蓣科	薯蓣属		无危（LC）		
2108	粉背薯蓣	*Dioscorea collettii* var. *hypoglauca*	薯蓣科	薯蓣属		无危（LC）	是	
2109	福州薯蓣	*Dioscorea futschauensis*	薯蓣科	薯蓣属		近危（NT）	是	
2110	纤细薯蓣	*Dioscorea gracillima*	薯蓣科	薯蓣属		近危（NT）		
2111	日本薯蓣	*Dioscorea japonica*	薯蓣科	薯蓣属		无危（LC）		
2112	毛芋头薯蓣	*Dioscorea kamoonensis*	薯蓣科	薯蓣属		无危（LC）		
2113	五叶薯蓣	*Dioscorea pentaphylla*	薯蓣科	薯蓣属		无危（LC）		
2114	薯蓣	*Dioscorea polystachya*	薯蓣科	薯蓣属		无危（LC）		
2115	细柄薯蓣	*Dioscorea tenuipes*	薯蓣科	薯蓣属		易危（VU）		
2116	山萆薢	*Dioscorea tokoro*	薯蓣科	薯蓣属		无危（LC）		
2117	射干	*Belamcanda chinensis*	鸢尾科	射干属		无危（LC）		
2118	蝴蝶花	*Iris japonica*	鸢尾科	鸢尾属		无危（LC）		
2119	小花鸢尾	*Iris speculatrix*	鸢尾科	鸢尾属		无危（LC）	是	
2120	芭蕉	*Musa basjoo*	芭蕉科	芭蕉属				
2121	山姜	*Alpinia japonica*	姜科	山姜属		无危（LC）		
2122	蘘荷	*Zingiber mioga*	姜科	姜属				
2123	美人蕉	*Canna indica*	美人蕉科	美人蕉属				
2124	三品一枝花	*Burmannia coelestis*	水玉簪科	水玉簪属		无危（LC）		
2125	宽翅水玉簪	*Burmannia nepalensis*	水玉簪科	水玉簪属		无危（LC）		
2126	无柱兰	*Amitostigma gracile*	兰科	无柱兰属		无危（LC）		
2127	大花无柱兰	*Amitostigma pinguicula*	兰科	无柱兰属		极危（CR）		
2128	金线兰	*Anoectochilus roxburghii*	兰科	开唇兰属	二级	濒危（EN）		
2129	竹叶兰	*Arundina graminifolia*	兰科	竹叶兰属		无危（LC）		
2130	白及	*Bletilla striata*	兰科	白及属	二级	濒危（EN）		
2131	广东石豆兰	*Bulbophyllum kwangtungense*	兰科	石豆兰属		无危（LC）	是	
2132	齿瓣石豆兰	*Bulbophyllum levinei*	兰科	石豆兰属		无危（LC）		
2133	斑唇卷瓣兰	*Bulbophyllum pecten-veneris*	兰科	石豆兰属		无危（LC）		
2134	虾脊兰	*Calanthe discolor*	兰科	虾脊兰属		无危（LC）		
2135	钩距虾脊兰	*Calanthe graciliflora*	兰科	虾脊兰属		近危（NT）	是	
2136	反瓣虾脊兰	*Calanthe reflexa*	兰科	虾脊兰属		无危（LC）		
2137	大序隔距兰	*Cleisostoma paniculatum*	兰科	隔距兰属		无危（LC）		
2138	建兰	*Cymbidium ensifolium*	兰科	兰属	二级	易危（VU）		

序号	中文名	学名	科名	属名	保护等级	濒危等级	中国特有种	外来入侵种
2139	蕙兰	*Cymbidium faberi*	兰科	兰属	二级	无危（LC）		
2140	多花兰	*Cymbidium floribundum*	兰科	兰属	二级	易危（VU）		
2141	春兰	*Cymbidium goeringii*	兰科	兰属	二级	易危（VU）		
2142	寒兰	*Cymbidium kanran*	兰科	兰属	二级	易危（VU）		
2143	兔耳兰	*Cymbidium lancifolium*	兰科	兰属		无危（LC）		
2144	细茎石斛	*Dendrobium moniliforme*	兰科	石斛属	二级			
2145	无耳沼兰	*Dienia ophrydis*	兰科	无耳沼兰属		无危（LC）		
2146	单叶厚唇兰	*Epigeneium fargesii*	兰科	厚唇兰属		无危（LC）		
2147	天麻	*Gastrodia elata*	兰科	天麻属	二级	数据缺乏（DD）		
2148	大花斑叶兰	*Goodyera biflora*	兰科	斑叶兰属		近危（NT）		
2149	斑叶兰	*Goodyera schlechtendaliana*	兰科	斑叶兰属		近危（NT）		
2150	绒叶斑叶兰	*Goodyera velutina*	兰科	斑叶兰属		无危（LC）		
2151	鹅毛玉凤花	*Habenaria dentata*	兰科	玉凤花属		无危（LC）		
2152	线叶十字兰	*Habenaria linearifolia*	兰科	玉凤花属		近危（NT）		
2153	叉唇角盘兰	*Herminium lanceum*	兰科	角盘兰属		无危（LC）		
2154	短距槽舌兰	*Holcoglossum flavescens*	兰科	槽舌兰属		易危（VU）	是	
2155	见血青	*Liparis nervosa*	兰科	羊耳蒜属		无危（LC）		
2156	香花羊耳蒜	*Liparis odorata*	兰科	羊耳蒜属		无危（LC）		
2157	长唇羊耳蒜	*Liparis pauliana*	兰科	羊耳蒜属		无危（LC）	是	
2158	纤叶钗子股	*Luisia hancockii*	兰科	钗子股属		无危（LC）	是	
2159	二叶兜被兰	*Neottianthe cucullata*	兰科	兜被兰属		易危（VU）		
2160	小沼兰	*Oberonioides microtatantha*	兰科	小沼兰属		近危（NT）	是	
2161	长叶山兰	*Oreorchis fargesii*	兰科	山兰属		近危（NT）	是	
2162	蜈蚣兰	*Pelatantheria scolopendrifolia*	兰科	钻柱兰属		无危（LC）		
2163	长须阔蕊兰	*Peristylus calcaratus*	兰科	阔蕊兰属		无危（LC）		
2164	狭穗阔蕊兰	*Peristylus densus*	兰科	阔蕊兰属		无危（LC）		
2165	阔蕊兰	*Peristylus goodyeroides*	兰科	阔蕊兰属		无危（LC）		
2166	黄花鹤顶兰	*Phaius flavus*	兰科	鹤顶兰属		无危（LC）		
2167	细叶石仙桃	*Pholidota cantonensis*	兰科	石仙桃属		无危（LC）	是	
2168	密花舌唇兰	*Platanthera hologlottis*	兰科	舌唇兰属		无危（LC）		
2169	舌唇兰	*Platanthera japonica*	兰科	舌唇兰属		无危（LC）		
2170	尾瓣舌唇兰	*Platanthera mandarinorum*	兰科	舌唇兰属		无危（LC）		
2171	小舌唇兰	*Platanthera minor*	兰科	舌唇兰属		无危（LC）		
2172	东亚舌唇兰	*Platanthera ussuriensis*	兰科	舌唇兰属		近危（NT）		
2173	独蒜兰*	*Pleione bulbocodioides*	兰科	独蒜兰属	二级	无危（LC）	是	
2174	台湾独蒜兰	*Pleione formosana*	兰科	独蒜兰属	二级	易危（VU）	是	

序号	中文名	学名	科名	属名	保护等级	濒危等级	中国特有种	外来入侵种
2175	朱兰	*Pogonia japonica*	兰科	朱兰属		近危（NT）		
2176	短茎萼脊兰	*Sedirea subparishii*	兰科	萼脊兰属		濒危（EN）	是	
2177	香港绶草	*Spiranthes hongkongensis*	兰科	绶草属				
2178	绶草	*Spiranthes sinensis*	兰科	绶草属		无危（LC）		
2179	带唇兰	*Tainia dunnii*	兰科	带唇兰属		近危（NT）	是	
2180	宽距兰	*Yoania japonica*	兰科	宽距兰属		濒危（EN）		

注：*为栽培种。

3 哺乳动物名录

序号	中文名	学名	目名	科名	保护等级	濒危等级	中国特有种
1	猕猴	*Macaca mulatta*	灵长目	猴科	二级	无危（LC）	
2	鼬獾	*Melogale moschata*	食肉目	鼬科		近危（NT）	
3	猪獾	*Arctonyx collaris*	食肉目	鼬科		近危（NT）	
4	黄鼬	*Mustela sibirica*	食肉目	鼬科		无危（LC）	
5	食蟹獴	*Herpestes urva*	食肉目	獴科		近危（NT）	
6	果子狸	*Paguma larvata*	食肉目	灵猫科		近危（NT）	
7	豹猫	*Prionailurus bengalensis*	食肉目	猫科	二级	易危（VU）	
8	野猪	*Sus scrofa*	偶蹄目	猪科		无危（LC）	
9	小麂	*Muntiacus reevesi*	偶蹄目	鹿科		易危（VU）	是
10	黑麂	*Muntiacus crinifrons*	偶蹄目	鹿科	一级	濒危（EN）	是
11	中华鬣羚	*Capricornis milneedwardsii*	偶蹄目	牛科	二级	易危（VU）	
12	倭花鼠	*Tamiops maritimus*	啮齿目	松鼠科		无危（LC）	
13	赤腹松鼠	*Callosciurus erythraeus*	啮齿目	松鼠科		无危（LC）	
14	白腹巨鼠	*Leopoldamys edwardsi*	啮齿目	鼠科		无危（LC）	
15	青毛巨鼠	*Berylmys bowersi*	啮齿目	鼠科		无危（LC）	
16	黑线姬鼠	*Apodemus agrarius*	啮齿目	鼠科		无危（LC）	
17	黑腹绒鼠	*Eothenomys melanogaster*	啮齿目	仓鼠科		无危（LC）	
18	山东小麝鼩	*Crocidura shantungensis*	劳亚食虫目	鼩鼱科		无危（LC）	
19	灰麝鼩	*Crocidura attenuata*	劳亚食虫目	鼩鼱科		无危（LC）	
20	华南兔	*Lepus sinensis*	兔形目	兔科		无危（LC）	
21	大耳蝠	*Plecotus auritus*	翼手目	蝙蝠科		无危（LC）	
22	华南水鼠耳蝠	*Myotis laniger*	翼手目	蝙蝠科		无危（LC）	
23	中华菊头蝠	*Rhinolophus sinicus*	翼手目	菊头蝠科		无危（LC）	
24	中菊头蝠	*Rhinolophus affinis*	翼手目	菊头蝠科		无危（LC）	

4 鸟类名录

序号	中文名	学名	目名	科名	保护等级	濒危等级	中国特有种
1	白眉山鹧鸪	*Arborophila gingica*	鸡形目	雉科	二级	易危（VU）	是
2	灰胸竹鸡	*Bambusicola thoracicus*	鸡形目	雉科		无危（LC）	是
3	白颈长尾雉	*Syrmaticus ellioti*	鸡形目	雉科	一级	易危（VU）	是
4	黄腹角雉	*Tragopan caboti*	鸡形目	雉科	一级	濒危（EN）	是
5	勺鸡	*Pucrasia macrolopha*	鸡形目	雉科	二级	无危（LC）	
6	白鹇	*Lophura nycthemera*	鸡形目	雉科	二级	无危（LC）	
7	环颈雉	*Phasianus colchicus*	鸡形目	雉科		无危（LC）	
8	鸳鸯	*Aix galericulata*	雁形目	鸭科	二级	近危（NT）	
9	斑嘴鸭	*Anas zonorhyncha*	雁形目	鸭科		无危（LC）	
10	绿翅鸭	*Anas crecca*	雁形目	鸭科		无危（LC）	
11	小䴙䴘	*Tachybaptus ruficollis*	䴙䴘目	䴙䴘科		无危（LC）	
12	山斑鸠	*Streptopelia orientalis*	鸽形目	鸠鸽科		无危（LC）	
13	珠颈斑鸠	*Streptopelia chinensis*	鸽形目	鸠鸽科		无危（LC）	
14	火斑鸠	*Streptopelia tranquebarica*	鸽形目	鸠鸽科		无危（LC）	
15	斑尾鹃鸠	*Macropygia unchall*	鸽形目	鸠鸽科	二级	近危（NT）	
16	普通夜鹰	*Caprimulgus indicus*	夜鹰目	夜鹰科		无危（LC）	
17	白腰雨燕	*Apus pacificus*	夜鹰目	雨燕科		无危（LC）	
18	大鹰鹃	*Hierococcyx sparverioides*	鹃形目	杜鹃科		无危（LC）	
19	小杜鹃	*Cuculus poliocephalus*	鹃形目	杜鹃科		无危（LC）	
20	四声杜鹃	*Cuculus micropterus*	鹃形目	杜鹃科		无危（LC）	
21	中杜鹃	*Cuculus saturatus*	鹃形目	杜鹃科		无危（LC）	
22	大杜鹃	*Cuculus canorus*	鹃形目	杜鹃科		无危（LC）	
23	白胸苦恶鸟	*Amaurornis phoenicurus*	鹤形目	秧鸡科		无危（LC）	
24	白腰草鹬	*Tringa ochropus*	鸻形目	鹬科		无危（LC）	
25	矶鹬	*Actitis hypoleucos*	鸻形目	鹬科		无危（LC）	
26	夜鹭	*Nycticorax nycticorax*	鹈形目	鹭科		无危（LC）	
27	绿鹭	*Butorides striata*	鹈形目	鹭科		无危（LC）	
28	池鹭	*Ardeola bacchus*	鹈形目	鹭科		无危（LC）	
29	牛背鹭	*Bubulcus ibis*	鹈形目	鹭科		无危（LC）	
30	中白鹭	*Ardea intermedia*	鹈形目	鹭科		无危（LC）	
31	白鹭	*Egretta garzetta*	鹈形目	鹭科		无危（LC）	
32	黑翅鸢	*Elanus caeruleus*	鹰形目	鹰科	二级	近危（NT）	

序号	中文名	学名	目名	科名	保护等级	濒危等级	中国特有种
33	蛇雕	*Spilornis cheela*	鹰形目	鹰科	二级	近危（NT）	
34	鹰雕	*Nisaetus nipalensis*	鹰形目	鹰科	二级	无危（LC）	
35	林雕	*Ictinaetus malaiensis*	鹰形目	鹰科	二级	易危（VU）	
36	凤头鹰	*Accipiter trivirgatus*	鹰形目	鹰科	二级	无危（LC）	
37	赤腹鹰	*Accipiter soloensis*	鹰形目	鹰科	二级	无危（LC）	
38	日本松雀鹰	*Accipiter gularis*	鹰形目	鹰科	二级	无危（LC）	
39	松雀鹰	*Accipiter virgatus*	鹰形目	鹰科	二级	无危（LC）	
40	苍鹰	*Accipiter gentilis*	鹰形目	鹰科	二级	近危（NT）	
41	普通鵟	*Buteo japonicus*	鹰形目	鹰科	二级	无危（LC）	
42	黑冠鹃隼	*Aviceda leuphotes*	鹰形目	鹰科	二级	无危（LC）	
43	乌雕	*Clanga clanga*	鹰形目	鹰科	二级	濒危（EN）	
44	雀鹰	*Accipiter nisus*	鹰形目	鹰科	二级	无危（LC）	
45	黑鸢	*Milvus migrans*	鹰形目	鹰科	二级	无危（LC）	
46	黄嘴角鸮	*Otus spilocephalus*	鹰形目	鹰科	二级	近危（NT）	
47	红角鸮	*Otus sunia*	鹰形目	鹰科	二级	无危（LC）	
48	雕鸮	*Bubo bubo*	鹰形目	鹰科	二级	近危（NT）	
49	草鸮	*Tyto longimembris*	鹰形目	鹰科	二级	数据缺乏（DD）	
50	领角鸮	*Otus lettia*	鸮形目	鸱鸮科	二级	无危（LC）	
51	褐林鸮	*Strix leptogrammica*	鸮形目	鸱鸮科	二级	近危（NT）	
52	领鸺鹠	*Glaucidium brodiei*	鸮形目	鸱鸮科	二级	无危（LC）	
53	斑头鸺鹠	*Glaucidium cuculoides*	鸮形目	鸱鸮科	二级	无危（LC）	
54	红头咬鹃	*Harpactes erythrocephalus*	咬鹃目	咬鹃科	二级	近危（NT）	
55	三宝鸟	*Eurystomus orientalis*	佛法僧目	佛法僧科		无危（LC）	
56	普通翠鸟	*Alcedo atthis*	佛法僧目	翠鸟科		无危（LC）	
57	白胸翡翠	*Halcyon smyrnensis*	佛法僧目	翠鸟科	二级	无危（LC）	
58	冠鱼狗	*Megaceryle lugubris*	佛法僧目	翠鸟科		无危（LC）	
59	大拟啄木鸟	*Psilopogon virens*	啄木鸟目	拟啄木鸟科		无危（LC）	
60	黑眉拟啄木鸟	*Psilopogon faber*	啄木鸟目	拟啄木鸟科		无危（LC）	
61	斑姬啄木鸟	*Picumnus innominatus*	啄木鸟目	啄木鸟科		无危（LC）	
62	星头啄木鸟	*Dendrocopos canicapillus*	啄木鸟目	啄木鸟科		无危（LC）	
63	大斑啄木鸟	*Dendrocopos major*	啄木鸟目	啄木鸟科		无危（LC）	
64	灰头绿啄木鸟	*Picus canus*	啄木鸟目	啄木鸟科		无危（LC）	
65	黄嘴栗啄木鸟	*Blythipicus pyrrhotis*	啄木鸟目	啄木鸟科		无危（LC）	
66	红隼	*Falco tinnunculus*	隼形目	隼科	二级	无危（LC）	
67	燕隼	*Falco subbuteo*	隼形目	隼科	二级	无危（LC）	
68	白腿小隼	*Microhierax melanoleucos*	隼形目	隼科	二级	易危（VU）	

序号	中文名	学名	目名	科名	保护等级	濒危等级	中国特有种
69	游隼	*Falco peregrinus*	隼形目	隼科	二级	近危（NT）	
70	白腹凤鹛	*Erpornis zantholeuca*	雀形目	莺雀科		无危（LC）	
71	淡绿鵙鹛	*Pteruthius xanthochlorus*	雀形目	莺雀科		近危（NT）	
72	暗灰鹃鵙	*Lalage melaschistos*	雀形目	山椒鸟科		无危（LC）	
73	小灰山椒鸟	*Pericrocotus cantonensis*	雀形目	山椒鸟科		无危（LC）	
74	赤红山椒鸟	*Pericrocotus flammeus*	雀形目	山椒鸟科		无危（LC）	
75	灰山椒鸟	*Pericrocotus divaricatus*	雀形目	山椒鸟科		无危（LC）	
76	灰喉山椒鸟	*Pericrocotus solaris*	雀形目	山椒鸟科		无危（LC）	
77	发冠卷尾	*Dicrurus hottentottus*	雀形目	卷尾科		无危（LC）	
78	牛头伯劳	*Lanius bucephalus*	雀形目	伯劳科		无危（LC）	
79	红尾伯劳	*Lanius cristatus*	雀形目	伯劳科		无危（LC）	
80	棕背伯劳	*Lanius schach*	雀形目	伯劳科		无危（LC）	
81	大嘴乌鸦	*Corvus macrorhynchos*	雀形目	鸦科		无危（LC）	
82	松鸦	*Garrulus glandarius*	雀形目	鸦科		无危（LC）	
83	红嘴蓝鹊	*Urocissa erythroryncha*	雀形目	鸦科		无危（LC）	
84	灰树鹊	*Dendrocitta formosae*	雀形目	鸦科		无危（LC）	
85	白颈鸦	*Corvus pectoralis*	雀形目	鸦科		近危（NT）	
86	冕雀	*Melanochlora sultanea*	雀形目	山雀科		数据缺乏（DD）	
87	黄腹山雀	*Pardaliparus venustulus*	雀形目	山雀科		无危（LC）	是
88	大山雀	*Parus cinereus*	雀形目	山雀科		无危（LC）	
89	煤山雀	*Periparus ater*	雀形目	山雀科		无危（LC）	
90	黄颊山雀	*Machlolophus spilonotus*	雀形目	山雀科		无危（LC）	
91	棕扇尾莺	*Cisticola juncidis*	雀形目	扇尾莺科		无危（LC）	
92	黄腹山鹪莺	*Prinia flaviventris*	雀形目	扇尾莺科		无危（LC）	
93	纯色山鹪莺	*Prinia inornata*	雀形目	扇尾莺科		无危（LC）	
94	小鳞胸鹪鹛	*Pnoepyga pusilla*	雀形目	鳞胸鹪鹛科		无危（LC）	
95	高山短翅蝗莺	*Locustella mandelli*	雀形目	蝗莺科		无危（LC）	
96	棕褐短翅蝗莺	*Locustella luteoventris*	雀形目	蝗莺科		无危（LC）	
97	家燕	*Hirundo rustica*	雀形目	燕科		无危（LC）	
98	烟腹毛脚燕	*Delichon dasypus*	雀形目	燕科		无危（LC）	
99	金腰燕	*Cecropis daurica*	雀形目	燕科		无危（LC）	
100	领雀嘴鹎	*Spizixos semitorques*	雀形目	鹎科		无危（LC）	
101	黄臀鹎	*Pycnonotus xanthorrhous*	雀形目	鹎科		无危（LC）	
102	白头鹎	*Pycnonotus sinensis*	雀形目	鹎科		无危（LC）	
103	绿翅短脚鹎	*Ixos mcclellandii*	雀形目	鹎科		无危（LC）	
104	黑短脚鹎	*Hypsipetes leucocephalus*	雀形目	鹎科		无危（LC）	

序号	中文名	学名	目名	科名	保护等级	濒危等级	中国特有种
105	栗背短脚鹎	*Hemixos castanonotus*	雀形目	鹎科		无危（LC）	
106	褐柳莺	*Phylloscopus fuscatus*	雀形目	柳莺科		无危（LC）	
107	棕腹柳莺	*Phylloscopus subaffinis*	雀形目	柳莺科		无危（LC）	
108	黄腰柳莺	*Phylloscopus proregulus*	雀形目	柳莺科		无危（LC）	
109	黄眉柳莺	*Phylloscopus inornatus*	雀形目	柳莺科		无危（LC）	
110	华南冠纹柳莺	*Phylloscopus goodsoni*	雀形目	柳莺科		无危（LC）	
111	黑眉柳莺	*Phylloscopus ricketti*	雀形目	柳莺科		无危（LC）	
112	冕柳莺	*Phylloscopus coronatus*	雀形目	柳莺科		无危（LC）	
113	白眶鹟莺	*Seicercus affinis*	雀形目	柳莺科		无危（LC）	
114	韦氏鹟莺	*Seicercus whistleri*	雀形目	柳莺科		无危（LC）	
115	栗头鹟莺	*Seicercus castaniceps*	雀形目	柳莺科		无危（LC）	
116	棕脸鹟莺	*Abroscopus albogularis*	雀形目	树莺科		无危（LC）	
117	短翅树莺	*Horornis diphone*	雀形目	树莺科		无危（LC）	
118	强脚树莺	*Horornis fortipes*	雀形目	树莺科		无危（LC）	
119	红头长尾山雀	*Aegithalos concinnus*	雀形目	长尾山雀科		无危（LC）	
120	银喉长尾山雀	*Aegithalos glaucogularis*	雀形目	长尾山雀科		无危（LC）	
121	棕头鸦雀	*Sinosuthora webbiana*	雀形目	莺鹛科		无危（LC）	
122	短尾鸦雀	*Neosuthora davidiana*	雀形目	莺鹛科	二级	近危（NT）	
123	灰头鸦雀	*Psittiparus gularis*	雀形目	莺鹛科		无危（LC）	
124	栗耳凤鹛	*Yuhina castaniceps*	雀形目	绣眼鸟科		无危（LC）	
125	黑颏凤鹛	*Yuhina nigrimenta*	雀形目	绣眼鸟科		无危（LC）	
126	暗绿绣眼鸟	*Zosterops japonicus*	雀形目	绣眼鸟科		无危（LC）	
127	华南斑胸钩嘴鹛	*Erythrogenys swinhoei*	雀形目	林鹛科		无危（LC）	是
128	棕颈钩嘴鹛	*Pomatorhinus ruficollis*	雀形目	林鹛科		无危（LC）	
129	红头穗鹛	*Cyanoderma ruficeps*	雀形目	林鹛科		无危（LC）	
130	褐顶雀鹛	*Schoeniparus brunneus*	雀形目	幽鹛科		无危（LC）	
131	灰眶雀鹛	*Alcippe morrisonia*	雀形目	幽鹛科		无危（LC）	
132	画眉	*Garrulax canorus*	雀形目	噪鹛科	二级	近危（NT）	
133	黑脸噪鹛	*Garrulax perspicillatus*	雀形目	噪鹛科		无危（LC）	
134	小黑领噪鹛	*Garrulax monileger*	雀形目	噪鹛科		无危（LC）	
135	黑领噪鹛	*Garrulax pectoralis*	雀形目	噪鹛科		无危（LC）	
136	红嘴相思鸟	*Leiothrix lutea*	雀形目	噪鹛科	二级	无危（LC）	
137	褐河乌	*Cinclus pallasii*	雀形目	河乌科		无危（LC）	
138	八哥	*Acridotheres cristatellus*	雀形目	椋鸟科		无危（LC）	
139	丝光椋鸟	*Spodiopsar sericeus*	雀形目	椋鸟科		无危（LC）	
140	黑领椋鸟	*Gracupica nigricollis*	雀形目	椋鸟科		无危（LC）	

序号	中文名	学名	目名	科名	保护等级	濒危等级	中国特有种
141	白眉地鸫	*Geokichla sibirica*	雀形目	鸫科		无危（LC）	
142	乌鸫	*Turdus mandarinus*	雀形目	鸫科		无危（LC）	是
143	白腹鸫	*Turdus pallidus*	雀形目	鸫科		无危（LC）	
144	红喉歌鸲	*Calliope calliope*	雀形目	鹟科	二级	无危（LC）	
145	红胁蓝尾鸲	*Tarsiger cyanurus*	雀形目	鹟科		无危（LC）	
146	鹊鸲	*Copsychus saularis*	雀形目	鹟科		无危（LC）	
147	北红尾鸲	*Phoenicurus auroreus*	雀形目	鹟科		无危（LC）	
148	红尾水鸲	*Rhyacornis fuliginosa*	雀形目	鹟科		无危（LC）	
149	紫啸鸫	*Myophonus caeruleus*	雀形目	鹟科		无危（LC）	
150	小燕尾	*Enicurus scouleri*	雀形目	鹟科		无危（LC）	
151	灰背燕尾	*Enicurus schistaceus*	雀形目	鹟科		无危（LC）	
152	白额燕尾	*Enicurus leschenaulti*	雀形目	鹟科		无危（LC）	
153	斑背燕尾	*Enicurus maculatus*	雀形目	鹟科		无危（LC）	
154	黑喉石䳭	*Saxicola maurus*	雀形目	鹟科		无危（LC）	
155	灰林䳭	*Saxicola ferreus*	雀形目	鹟科		无危（LC）	
156	栗腹矶鸫	*Monticola rufiventris*	雀形目	鹟科		无危（LC）	
157	北灰鹟	*Muscicapa dauurica*	雀形目	鹟科		无危（LC）	
158	白眉姬鹟	*Ficedula zanthopygia*	雀形目	鹟科		无危（LC）	
159	黄眉姬鹟	*Ficedula narcissina*	雀形目	鹟科		无危（LC）	
160	白腹蓝鹟	*Cyanoptila cyanomelana*	雀形目	鹟科		无危（LC）	
161	小仙鹟	*Niltava macgrigoriae*	雀形目	鹟科		无危（LC）	
162	灰纹鹟	*Muscicapa griseisticta*	雀形目	鹟科		无危（LC）	
163	乌鹟	*Muscicapa sibirica*	雀形目	鹟科		无危（LC）	
164	白喉林鹟	*Cyornis brunneatus*	雀形目	鹟科	二级	易危（VU）	
165	橙腹叶鹎	*Chloropsis hardwickii*	雀形目	叶鹎科		无危（LC）	
166	红胸啄花鸟	*Dicaeum ignipectus*	雀形目	啄花鸟科		无危（LC）	
167	叉尾太阳鸟	*Aethopyga christinae*	雀形目	花蜜鸟科		无危（LC）	
168	白腰文鸟	*Lonchura striata*	雀形目	梅花雀科		无危（LC）	
169	斑文鸟	*Lonchura punctulata*	雀形目	梅花雀科		无危（LC）	
170	山麻雀	*Passer cinnamomeus*	雀形目	雀科		无危（LC）	
171	麻雀	*Passer montanus*	雀形目	雀科		无危（LC）	
172	山鹡鸰	*Dendronanthus indicus*	雀形目	鹡鸰科		无危（LC）	
173	灰鹡鸰	*Motacilla cinerea*	雀形目	鹡鸰科		无危（LC）	
174	白鹡鸰	*Motacilla alba*	雀形目	鹡鸰科		无危（LC）	
175	黄鹡鸰	*Motacilla tschutschensis*	雀形目	鹡鸰科		无危（LC）	
176	树鹨	*Anthus hodgsoni*	雀形目	鹡鸰科		无危（LC）	

序号	中文名	学名	目名	科名	保护等级	濒危等级	中国特有种
177	红喉鹨	*Anthus cervinus*	雀形目	鹡鸰科		无危（LC）	
178	黄腹鹨	*Anthus rubescens*	雀形目	鹡鸰科		无危（LC）	
179	燕雀	*Fringilla montifringilla*	雀形目	燕雀科		无危（LC）	
180	黄雀	*Spinus spinus*	雀形目	燕雀科		无危（LC）	
181	褐灰雀	*Pyrrhula nipalensis*	雀形目	燕雀科		无危（LC）	
182	金翅雀	*Chloris sinica*	雀形目	燕雀科		无危（LC）	
183	三道眉草鹀	*Emberiza cioides*	雀形目	鹀科		无危（LC）	
184	白眉鹀	*Emberiza tristrami*	雀形目	鹀科		近危（NT）	
185	栗耳鹀	*Emberiza fucata*	雀形目	鹀科		无危（LC）	
186	小鹀	*Emberiza pusilla*	雀形目	鹀科		无危（LC）	
187	黄眉鹀	*Emberiza chrysophrys*	雀形目	鹀科		无危（LC）	
188	田鹀	*Emberiza rustica*	雀形目	鹀科		无危（LC）	
189	黄喉鹀	*Emberiza elegans*	雀形目	鹀科		无危（LC）	
190	栗鹀	*Emberiza rutila*	雀形目	鹀科		无危（LC）	
191	灰头鹀	*Emberiza spodocephala*	雀形目	鹀科		无危（LC）	

5 两栖动物名录

序号	中文名	学名	目名	科名	保护等级	濒危等级	中国特有种
1	秉志肥螈	*Pachytriton granulosus*	有尾目	蝾螈科		数据缺乏（DD）	是
2	中国瘰螈	*Paramesotriton chinensis*	有尾目	蝾螈科	二级	近危（NT）	是
3	中国大鲵	*Andrias davidianus*	有尾目	隐鳃鲵科	二级	极危（CR）	是
4	福建掌突蟾	*Leptolalax liui*	无尾目	角蟾科		无危（LC）	是
5	淡肩角蟾	*Megophrys boettgeri*	无尾目	角蟾科		无危（LC）	是
6	百山祖角蟾	*Megophrys kuatunensis*	无尾目	角蟾科		暂未评估（NE）	是
7	中华蟾蜍	*Bufo gargarizans*	无尾目	蟾蜍科		无危（LC）	
8	中国雨蛙	*Hyla chinensis*	无尾目	雨蛙科		无危（LC）	
9	三港雨蛙	*Hyla sanchiangensis*	无尾目	雨蛙科		无危（LC）	是
10	镇海林蛙	*Rana zhenhaiensis*	无尾目	蛙科		无危（LC）	是
11	福建侧褶蛙	*Pelophylax fukienensis*	无尾目	蛙科		近危（NT）	是
12	黑斑侧褶蛙	*Pelophylax nigromaculatus*	无尾目	蛙科		近危（NT）	
13	弹琴蛙	*Nidirana adenopleura*	无尾目	蛙科		无危（LC）	
14	沼水蛙	*Hylarana guentheri*	无尾目	蛙科		无危（LC）	

序号	中文名	学名	目名	科名	保护等级	濒危等级	中国特有种
15	阔褶水蛙	*Hylarana latouchii*	无尾目	蛙科		无危（LC）	是
16	小竹叶蛙	*Odorrana exiliversabilis*	无尾目	蛙科		近危（NT）	是
17	大绿臭蛙	*Odorrana graminea*	无尾目	蛙科		无危（LC）	
18	黄岗臭蛙	*Odorrana tianmuii*	无尾目	蛙科		无危（LC）	是
19	华南湍蛙	*Amolops ricketti*	无尾目	蛙科		无危（LC）	
20	武夷湍蛙	*Amolops wuyiensis*	无尾目	蛙科		无危（LC）	是
21	川村陆蛙	*Fejervarya kawamurai*	无尾目	叉舌蛙科		无危（LC）	
22	福建大头蛙	*Limnonectes fujianensis*	无尾目	叉舌蛙科		近危（NT）	是
23	虎纹蛙	*Hoplobatrachus chinensis*	无尾目	叉舌蛙科	二级	濒危（EN）	
24	小棘蛙	*Quasipaa exilispinosa*	无尾目	叉舌蛙科		易危（VU）	是
25	九龙棘蛙	*Quasipaa jiulongensis*	无尾目	叉舌蛙科		易危（VU）	是
26	棘胸蛙	*Quasipaa spinosa*	无尾目	叉舌蛙科		易危（VU）	
27	大树蛙	*Zhangixalus dennysi*	无尾目	树蛙科		无危（LC）	
28	布氏泛树蛙	*Polypedates braueri*	无尾目	树蛙科		无危（LC）	
29	小弧斑姬蛙	*Microhyla heymonsi*	无尾目	姬蛙科		无危（LC）	
30	饰纹姬蛙	*Microhyla fissipes*	无尾目	姬蛙科		无危（LC）	
31	北仑姬蛙	*Microhyla beilunensis*	无尾目	姬蛙科		数据缺乏（DD）	是

6 爬行动物名录

序号	中文名	学名	目名	科名	濒危等级	中国特有种
1	蹼趾壁虎	*Gekko subpalmatus*	有鳞目	壁虎科	无危（LC）	是
2	多疣壁虎	*Gekko japonicus*	有鳞目	壁虎科	无危（LC）	
3	铅山壁虎	*Gekko hokouensis*	有鳞目	壁虎科	无危（LC）	
4	蓝尾石龙子	*Plestiodon elegans*	有鳞目	石龙子科	无危（LC）	
5	中国石龙子	*Plestiodon chinensis*	有鳞目	石龙子科	无危（LC）	
6	铜蜓蜥	*Sphenomorphus indicus*	有鳞目	石龙子科	无危（LC）	
7	北草蜥	*Takydromus septentrionalis*	有鳞目	蜥蜴科	无危（LC）	是
8	崇安草蜥	*Takydromus sylvaticus*	有鳞目	蜥蜴科	无危（LC）	是
9	福建钝头蛇	*Pareas stanleyi*	有鳞目	游蛇科	易危（VU）	是
10	广东钝头蛇	*Pareas kuangtungensis*	有鳞目	游蛇科	近危（NT）	是
11	赤链蛇	*Lycodon rufozonatus*	有鳞目	游蛇科	无危（LC）	
12	黄链蛇	*Lycodon flavozonatus*	有鳞目	游蛇科	无危（LC）	
13	王锦蛇	*Elaphe carinata*	有鳞目	游蛇科	濒危（EN）	

序号	中文名	学名	目名	科名	濒危等级	中国特有种
14	黑眉锦蛇	*Elaphe taeniura*	有鳞目	游蛇科	濒危（EN）	
15	紫灰锦蛇	*Oreocryptophis porphyraceus*	有鳞目	游蛇科	无危（LC）	
16	灰腹绿锦蛇	*Gonyosoma frenatum*	有鳞目	游蛇科	无危（LC）	
17	玉斑锦蛇	*Euprepiophis mandarinus*	有鳞目	游蛇科	易危（VU）	
18	翠青蛇	*Cyclophiops major*	有鳞目	游蛇科	无危（LC）	
19	中国小头蛇	*Oligodon chinensis*	有鳞目	游蛇科	无危（LC）	
20	颈棱蛇	*Pseudoagkistrodon rudis*	有鳞目	游蛇科	无危（LC）	是
21	挂墩后棱蛇	*Opisthotropis kuatunensis*	有鳞目	游蛇科	无危（LC）	是
22	山溪后棱蛇	*Opisthotropis latouchii*	有鳞目	游蛇科	无危（LC）	是
23	乌梢蛇	*Ptyas dhumnades*	有鳞目	游蛇科	易危（VU）	
24	灰鼠蛇	*Ptyas korros*	有鳞目	游蛇科	易危（VU）	
25	绞花林蛇	*Boiga kraepelini*	有鳞目	游蛇科	无危（LC）	
26	繁花林蛇	*Boiga multomaculata*	有鳞目	游蛇科	无危（LC）	
27	大眼斜鳞蛇	*Pseudoxenodon macrops*	有鳞目	游蛇科	无危（LC）	
28	乌华游蛇	*Trimerodytes percarinatus*	有鳞目	游蛇科	易危（VU）	
29	虎斑颈槽蛇	*Rhabdophis tigrinus*	有鳞目	游蛇科	无危（LC）	
30	中国沼蛇	*Myrrophis chinensis*	有鳞目	水蛇科	易危（VU）	
31	尖吻蝮	*Deinagkistrodon acutus*	有鳞目	蝰科	濒危（EN）	
32	原矛头蝮	*Protobothrops mucrosquamatus*	有鳞目	蝰科	无危（LC）	
33	福建竹叶青蛇	*Viridovipera stejnegeri*	有鳞目	蝰科	无危（LC）	
34	中华珊瑚蛇	*Sinomicrurus macclellandi*	有鳞目	眼镜蛇科	无危（LC）	
35	银环蛇	*Bungarus multicinctus*	有鳞目	眼镜蛇科	濒危（EN）	

7 陆生昆虫名录

序号	中文名	学名	目名	科名	保护等级	濒危等级
1	车根似动蜉	*Cinymina chegengensis*	蜉蝣目	扁蜉科	否	未评估
2	葛氏扁蚴蜉	*Ecdyonurus galileae*	蜉蝣目	扁蜉科	否	未评估
3	海南似动蜉	*Cinymina hainanensis*	蜉蝣目	扁蜉科	否	未评估
4	拟高翔蜉	*Epeorus assimilis*	蜉蝣目	扁蜉科	否	未评估
5	斜纹似动蜉	*Cinymina obliquistrita*	蜉蝣目	扁蜉科	否	未评估
6	浙江扁蜉	*Heptagenia zhejiangensis*	蜉蝣目	扁蜉科	否	未评估
7	天目山小蜉	*Phemerlla tianmushanensis*	蜉蝣目	小蜉科	否	未评估
8	皮刺四节蜉	*Baetis aculeatus*	蜉蝣目	四节蜉科	否	未评估
9	五岭坑指四节蜉	*Dactylobaetis wulingkengensis*	蜉蝣目	四节蜉科	否	未评估

序号	中文名	学名	目名	科名	保护等级	濒危等级
10	安徽宽基蜉	*Choroterpes anhuiensis*	蜉蝣目	细裳蜉科	否	未评估
11	百山祖拟细裳蜉	*Paraleptophlebia baishanzuensis*	蜉蝣目	细裳蜉科	否	未评估
12	百山祖柔裳蜉	*Habrophebiodes baishanzuensis*	蜉蝣目	细裳蜉科	否	未评估
13	弯铗宽基蜉	*Choroterpes curvitorceps*	蜉蝣目	细裳蜉科	否	未评估
14	大眼似河花蜉	*Potamanthodes macrophtkalmus*	蜉蝣目	河花蜉科	否	未评估
15	灿绿色蟌	*Mnais auripennis*	蜻蜓目	色蟌科	否	未评估
16	赤基色蟌	*Archineura incarnata*	蜻蜓目	色蟌科	否	未评估
17	褐翅细色蟌	*Vestalis xnrens*	蜻蜓目	色蟌科	否	未评估
18	黑暗色蟌	*Atrocalopteryx atrata*	蜻蜓目	色蟌科	否	未评估
19	黑角细色蟌	*Vestalis smaragdina*	蜻蜓目	色蟌科	否	未评估
20	黑色蟌	*Calopteryx atrata*	蜻蜓目	色蟌科	否	未评估
21	宽翅色蟌	*Calopteryx melli*	蜻蜓目	色蟌科	否	未评估
22	绿闪色蟌	*Caliphaea onfiise*	蜻蜓目	色蟌科	否	未评估
23	透顶单脉色蟌	*Matrona basilaris*	蜻蜓目	色蟌科	否	未评估
24	短尾溪蟌	*Bayadera brevicauda*	蜻蜓目	溪蟌科	否	未评估
25	褐翅黑溪蟌	*Euphaea opaca*	蜻蜓目	溪蟌科	否	未评估
26	巨齿尾溪蟌	*Bayadera melanopteryx*	蜻蜓目	溪蟌科	否	未评估
27	庆元异翅溪蟌	*Anisopleura qingyuanensis*	蜻蜓目	溪蟌科	否	未评估
28	东亚异痣蟌	*Ischnura asiatica*	蜻蜓目	蟌科	否	未评估
29	短尾黄蟌	*Ceriagrion melanurum*	蜻蜓目	蟌科	否	未评估
30	奇数蟌	*Coenagrion impar*	蜻蜓目	蟌科	否	未评估
31	细纹鼻蟌	*Rkiocypha drusilla*	蜻蜓目	鼻蟌科	否	未评估
32	线纹鼻蟌	*Rhinocypha drusilla*	蜻蜓目	鼻蟌科	否	未评估
33	粗壮恒河蟌	*Philoganga robusta*	蜻蜓目	大溪蟌科	否	未评估
34	古老恒河蟌	*Philoganga vetusta*	蜻蜓目	大溪蟌科	否	未评估
35	红面大丝蟌	*Rhipidolestes jucunda*	蜻蜓目	丝蟌科	否	未评估
36	奇异赭丝蟌	*Indolestes extranea*	蜻蜓目	丝蟌科	否	未评估
37	水鬼扇山蟌	*Rhipidolestes nectans*	蜻蜓目	山蟌科	否	未评估
38	白条缘山蟌	*Sinolestes ornata*	蜻蜓目	综蟌科	否	未评估
39	褐腹缘综蟌	*Megalestes chengi*	蜻蜓目	综蟌科	否	未评估
40	黄腹绿综蟌	*Megalestes heros*	蜻蜓目	综蟌科	否	未评估
41	碧伟蜓	*Anax parthenope*	蜻蜓目	蜓科	否	未评估
42	安氏异春蜓	*Anisogomphus anderi*	蜻蜓目	春蜓科	否	未评估
43	凹缘亚春蜓	*Asiagomphus septimus*	蜻蜓目	春蜓科	否	未评估
44	连纹小叶春蜓	*Gomphidia confluens*	蜻蜓目	春蜓科	否	未评估
45	领纹缅春蜓	*Burmagomphus collaris*	蜻蜓目	春蜓科	否	未评估
46	尖板曦箭蜓	*Heliogomphus retroflexus*	蜻蜓目	春蜓科	二级	未评估
47	扭尾曦春蜓	*Heliogomphus scorpio*	蜻蜓目	春蜓科		未评估

序号	中文名	学名	目名	科名	保护等级	濒危等级
48	亲棘尾春蜓	*Trigomphus carus*	蜻蜓目	春蜓科		未评估
49	深山闽春蜓	*Fukienogomphus prometheus*	蜻蜓目	春蜓科		未评估
50	双峰弯尾春蜓	*Melligomphus ardens*	蜻蜓目	春蜓科		未评估
51	台湾环尾春蜓	*Lamelligomphus formosanus*	蜻蜓目	春蜓科		未评估
52	无峰弯尾春蜓	*Melligomphus ludens*	蜻蜓目	春蜓科		未评估
53	溪居缅春蜓	*Burmagomphus intinctus*	蜻蜓目	春蜓科		未评估
54	小团扇春蜓	*Ictinogomphus rapax*	蜻蜓目	春蜓科		未评估
55	小兴尾春蜓	*Stylogomphug tantulus*	蜻蜓目	春蜓科		未评估
56	长钩日春蜓	*Nihonogomphus semanticus*	蜻蜓目	春蜓科		未评估
57	长角亚春蜓	*Asiagomphus cuneatus*	蜻蜓目	春蜓科		未评估
58	浙江日春蜓	*Nihonogomphus zhejiangensis*	蜻蜓目	春蜓科		未评估
59	中华长钩春蜓	*Ophiogomphus sinicus*	蜻蜓目	春蜓科		未评估
60	光额缘大蜓	*Chlorogomphus nasutus*	蜻蜓目	大蜓科		未评估
61	巨圆臀大蜓	*Anotogaster sieboldii*	蜻蜓目	大蜓科		未评估
62	清六圆臀大蜓	*Anotogaster sakaii*	蜻蜓目	大蜓科		未评估
63	斯氏缘大蜓	*Chlorogomphus suzukii*	蜻蜓目	大蜓科		未评估
64	白尾灰蜻	*Orthetrum albistylum*	蜻蜓目	蜻科		未评估
65	斑丽翅蜻	*Rhyothemts variegata*	蜻蜓目	蜻科		未评估
66	齿背灰蜻	*Orthetrum devium*	蜻蜓目	蜻科		未评估
67	赤褐灰蜻	*Orthetrum pruinosum*	蜻蜓目	蜻科		未评估
68	褐肩灰蜻	*Orthetrum internum*	蜻蜓目	蜻科		未评估
69	红蜻	*Crocothemis servilia*	蜻蜓目	蜻科		未评估
70	黄翅灰蜻	*Orthetrum testaceum*	蜻蜓目	蜻科		未评估
71	黄蜻	*Pantala flavescens*	蜻蜓目	蜻科		未评估
72	截斑脉蜻	*Neurothemis tullia*	蜻蜓目	蜻科		未评估
73	六斑曲缘蜻	*Palpopleura sexmaculata*	蜻蜓目	蜻科		未评估
74	竖眉赤蜻	*Sympetrum eroticum*	蜻蜓目	蜻科		未评估
75	双纹赤蜻	*Sympetrum ruptum*	蜻蜓目	蜻科		未评估
76	网脉蜻	*Newrothems fulvia*	蜻蜓目	蜻科		未评估
77	纹蓝小蜻	*Diplacodes trivialis*	蜻蜓目	蜻科		未评估
78	狭腹灰蜻	*Orthetrum sabina*	蜻蜓目	蜻科		未评估
79	夏赤蜻	*Sympetrum darwinianum*	蜻蜓目	蜻科		未评估
80	小黄赤靖	*Sympetrum kunckeli*	蜻蜓目	蜻科		未评估
81	异色灰蜻	*Orthetrum melania*	蜻蜓目	蜻科		未评估
82	玉带蜻	*Pseudothemis zonata*	蜻蜓目	蜻科		未评估
83	锤弓蜻	*Macromia mallifera*	蜻蜓目	伪蜻科		未评估
84	杭州异伪蜻	*Macronidia hangzhouensis*	蜻蜓目	伪蜻科		未评估
85	莱氏异伪蜻	*Jdionyx lieftincki*	蜻蜓目	伪蜻科		未评估

序号	中文名	学名	目名	科名	保护等级	濒危等级
86	大鼻象白蚁	*Nasutitermes grandinasus*	蜚蠊目	白蚁科		未评估
87	黑翅土白蚁	*Odontotermes formosanus*	蜚蠊目	白蚁科		未评估
88	黄翅大白蚁	*Macrotermes baneyi*	蜚蠊目	白蚁科		未评估
89	小象白蚁	*Nasutitermes parvonasutus*	蜚蠊目	白蚁科		未评估
90	黑胸散白蚁	*Reticulitermes chinensis*	蜚蠊目	鼻白蚁科		未评估
91	花胸散白蚁	*Reticulitermes fukienensis*	蜚蠊目	鼻白蚁科		未评估
92	黄胸散白蚁	*Reticulitermes flaviceps*	蜚蠊目	鼻白蚁科		未评估
93	台湾乳白蚁	*Coptotermes formosanus*	蜚蠊目	鼻白蚁科		未评估
94	肖若散白蚁	*Reticulitermes affinis*	蜚蠊目	鼻白蚁科		未评估
95	长头散白蚁	*Reticulitermes longicephalus*	蜚蠊目	鼻白蚁科		未评估
96	美洲大蠊	*Periplaneta americana*	蜚蠊目	蜚蠊科		未评估
97	德国小蠊	*Blattella germaniea*	蜚蠊目	姬蠊科		未评估
98	黑褐硬蠊	*Panesthia angustipennis*	蜚蠊目	姬蠊科		未评估
99	庆元新𫋲	*Neoperla qingyuanensi*	𫋲翅目	𫋲科		未评估
100	长形襟𫋲	*Togoperla perpicta*	𫋲翅目	𫋲科		未评估
101	浙江钮𫋲	*Acroneuria zhejiangensis*	𫋲翅目	𫋲科		未评估
102	中华襟𫋲	*Togoperla sinensis*	𫋲翅目	𫋲科		未评估
103	扁突诺𫋲	*Rhopalopsolé flata*	𫋲翅目	卷𫋲科		未评估
104	钩突诺𫋲	*Rhopalopsole hamata*	𫋲翅目	卷𫋲科		未评估
105	基黑诺𫋲	*Rhopalopsole basinigra*	𫋲翅目	卷𫋲科		未评估
106	长刺诺𫋲	*Rhopalopsole longispina*	𫋲翅目	卷𫋲科		未评估
107	浙江诺𫋲	*Rhopalopsole logispina*	𫋲翅目	卷𫋲科		未评估
108	中华拟卷𫋲	*Paraleuctra sinica*	𫋲翅目	卷𫋲科		未评估
109	中华诺𫋲	*Rhopalopsole sinensis*	𫋲翅目	卷𫋲科		未评估
110	日本姬螳	*Acromantis japonica*	螳螂目	花螳科		未评估
111	中华拒斧螳	*Hierodula chinensis*	螳螂目	螳螂科		未评估
112	斑纹肥螋	*Euborellia puncta*	革翅目	肥螋科		未评估
113	普通肥螋	*Euborellia plebeja*	革翅目	肥螋科		未评估
114	缘瘤螋	*Gonolabis marginalis*	革翅目	肥螋科		未评估
115	达球螋	*Forficula davidi*	革翅目	球螋科		未评估
116	黄头迈敬球螋	*Timomenus cuneatus*	革翅目	球螋科		未评估
117	黄头拟荣球螋	*Paratimomenus flavocapitatus*	革翅目	球螋科		未评估
118	脊角乔球螋	*Timomenus paradoxa*	革翅目	球螋科		未评估
119	客桥球螋	*Timomenus komarvi*	革翅目	球螋科		未评估
120	披毛球螋	*Forficula pilifera*	革翅目	球螋科		未评估
121	日本张球螋	*Anechura japonica*	革翅目	球螋科		未评估
122	三角臀张球螋	*Anechura sakaii*	革翅目	球螋科		未评估
123	双斑球螋	*Foificula bimaculata*	革翅目	球螋科		未评估

序号	中文名	学名	目名	科名	保护等级	濒危等级
124	长管翅球螋	*Pterygida longituba*	革翅目	球螋科		未评估
125	质球螋	*Forficula ambigua*	革翅目	球螋科		未评估
126	中华球螋	*Foificula sinica*	革翅目	球螋科		未评估
127	棒形钳螋	*Forcipula clavata*	革翅目	蠼螋科		未评估
128	纳蠼螋	*Nala lividipes*	革翅目	蠼螋科		未评估
129	尼纳蠼螋	*Nala nepalensis*	革翅目	蠼螋科		未评估
130	蠼螋	*Labidura riparia*	革翅目	蠼螋科		未评估
131	小蠼螋	*Labia minor*	革翅目	蠼螋科		未评估
132	凤阳丝尾螋	*Haplodiplatys fengyangensis*	革翅目	丝尾螋科		未评估
133	隐居丝尾螋	*Diplatys reconditus*	革翅目	丝尾螋科		未评估
134	福氏大尾螋	*Challia flecheri*	革翅目	筒螋科		未评估
135	短角外斑腿蝗	*Xenocatantops brachycerus*	直翅目	斑腿蝗科		未评估
136	日本黄誉蝗	*Palanga japonica*	直翅目	斑腿蝗科		未评估
137	长翅素木蝗	*Shirakiacris shiraki*	直翅目	斑腿蝗科		未评估
138	长角直斑腿蝗	*Stenocatantops splendens*	直翅目	斑腿蝗科		未评估
139	中华稻蝗	*Oxya chinensis*	直翅目	斑腿蝗科		未评估
140	赤胫异距蝗	*Heteropternis rufipes*	直翅目	斑翅蝗科		未评估
141	红胫小车蝗	*Oedaleus manjius*	直翅目	斑翅蝗科		未评估
142	亚洲小车蝗	*Oedaleus asiaticus*	直翅目	斑翅蝗科		未评估
143	疣蝗	*Trilophidia annulata*	直翅目	斑翅蝗科		未评估
144	短翅佛蝗	*Phlaeoba angustidorsis*	直翅目	剑角蝗科		未评估
145	僧帽佛蝗	*Phlaeoba infumata*	直翅目	剑角蝗科		未评估
146	异翅鸣蝗	*Mongolotettix anomopterus*	直翅目	剑角蝗科		未评估
147	鹤立雏蝗	*Chorthippus fuscipennis*	直翅目	网翅蝗科		未评估
148	青脊竹蝗	*Ceracris nigricornis*	直翅目	网翅蝗科		未评估
149	大优角蚱	*Eucriotettix grandis*	直翅目	刺翼蚱科		未评估
150	梅氏刺翼蚱	*Scelimena meili*	直翅目	刺翼蚱科		未评估
151	贵州尖顶蚱	*Teredorus guizhouensis*	直翅目	蚱科		未评估
152	肩波蚱	*Bolivaritettix humeralis*	直翅目	蚱科		未评估
153	日本蚱	*Tetrix japonica*	直翅目	蚱科		未评估
154	突眼蚱	*Ergatettix dorsifera*	直翅目	蚱科		未评估
155	弯刺佯鳄蚱	*Paragavialidium curvispinum*	直翅目	蚱科		未评估
156	凶猛蚱	*Tetrix trux*	直翅目	蚱科		未评估
157	浙江拟台蚱	*Formosatettoides zhejiangensis*	直翅目	蚱科		未评估
158	格尼优剑螽	*Euxiphidiopsis gurneyi*	直翅目	螽斯科		未评估
159	广东寰螽	*Atlanticus kwangtungensis*	直翅目	螽斯科		未评估
160	黑胫钩额螽	*Ruspolia lineosa*	直翅目	螽斯科		未评估
161	双突副栖螽	*Xizicus biprocera*	直翅目	螽斯科		未评估

序号	中文名	学名	目名	科名	保护等级	濒危等级
162	凸翅糙颈螽	*Ruidocollaris convexipennis*	直翅目	螽斯科		未评估
163	犀尾优剑螽	*Euxiphidiopsis capricercus*	直翅目	螽斯科		未评估
164	中华糙颈螽	*Ruidocollaris sinensis*	直翅目	螽斯科		未评估
165	侧反华绿螽	*Sinochlora retrolateralis*	直翅目	露螽科		未评估
166	赤褐环螽	*Letana rubescens*	直翅目	露螽科		未评估
167	端尖斜缘螽	*Deflorita apicalis*	直翅目	露螽科		未评估
168	纺织娘	*Mecopoda elongata*	直翅目	露螽科		未评估
169	截叶并脉螽	*Sympaestria truncato-lobata*	直翅目	露螽科		未评估
170	宽肛掩耳螽	*Elimaea megalopygmaea*	直翅目	露螽科		未评估
171	歧尾鼓鸣螽	*Bulbistridulous furcatus*	直翅目	露螽科		未评估
172	日本纺织娘	*Mecopoda niponensis*	直翅目	露螽科		未评估
173	日本条螽	*Ducetia japonica*	直翅目	露螽科		未评估
174	山陵丽叶螽	*Orophyllus montanus*	直翅目	露螽科		未评估
175	四川华绿螽	*Sinochlora szechwanensis*	直翅目	露螽科		未评估
176	细齿平背螽	*Isopsera denticulata*	直翅目	露螽科		未评估
177	显沟平背螽	*Isopsera sulcata*	直翅目	露螽科		未评估
178	小掩耳螽	*Elimaea parva*	直翅目	露螽科		未评估
179	叶肛掩耳螽	*Elimaea foliata*	直翅目	露螽科		未评估
180	异带掩耳螽	*Elimaea albovittata*	直翅目	露螽科		未评估
181	长裂华绿螽	*Sinochlora longifissa*	直翅目	露螽科		未评估
182	中华半掩螽	*Hemielimaea chinensis*	直翅目	露螽科		未评估
183	中华翡螽	*Phyllomimus sinicus*	直翅目	露螽科		未评估
184	中华华绿螽	*Sinochlora sinensis*	直翅目	露螽科		未评估
185	贺氏剑螽	*Xiphidiopsis howardi*	直翅目	蛩螽科		未评估
186	四川剑螽	*Xiphidiopsis szechwanensis*	直翅目	蛩螽科		未评估
187	德齐棺头蟋	*Loxoblemmus doenitzi*	直翅目	蟋蟀科		未评估
188	短翅灶蟋	*Gryllodes sigiUatus*	直翅目	蟋蟀科		未评估
189	多毛奥蟋	*Ornebius polycomus*	直翅目	蟋蟀科		未评估
190	花生大蟋	*Tarbinskiellus portentosus*	直翅目	蟋蟀科		未评估
191	黄脸油葫芦	*Teleogryllus emma*	直翅目	蟋蟀科		未评估
192	金蛣蛉	*Xenogryllus marmoratus*	直翅目	蟋蟀科		未评估
193	刻点铁蟋	*Sclerogryllus punctatus*	直翅目	蟋蟀科		未评估
194	梨片蟋	*Truljalia hibinonis*	直翅目	蟋蟀科		未评估
195	瘤突片蟋	*Truljalia tylacantha*	直翅目	蟋蟀科		未评估
196	拟斗蟋	*Velarifictorus khasiensis*	直翅目	蟋蟀科		未评估
197	拟长蟋	*Parapentacentrus formosanus*	直翅目	蟋蟀科		未评估
198	石首棺头蟋	*Loxoblemmus equestris*	直翅目	蟋蟀科		未评估
199	台湾奥蟋	*Ornebius formosanus*	直翅目	蟋蟀科		未评估

序号	中文名	学名	目名	科名	保护等级	濒危等级
200	香港优兰蟋	*Duolandrevus dendrophilus*	直翅目	蟋蟀科		未评估
201	油葫芦	*Cryllus testaceus*	直翅目	蟋蟀科		未评估
202	长瓣树蟋	*Oecanthus longicauda*	直翅目	蟋蟀科		未评估
203	中华蟋	*Gryllus chinensis*	直翅目	蟋蟀科		未评估
204	姊妹维蟋	*Valiatrella sororia*	直翅目	蟋蟀科		未评估
205	暗黑异针蟋	*Pteronemobius nigriscens*	直翅目	蛉蟋科		未评估
206	福建副突蛉	*Amusurgus fujianensis*	直翅目	蛉蟋科		未评估
207	虎甲蛉蟋	*Trigonidium cicindeloides*	直翅目	蛉蟋科		未评估
208	亮异针蟋	*Pteronemobius nitidus*	直翅目	蛉蟋科		未评估
209	东方蝼蛄	*Gryllotalpa orientalis*	直翅目	蝼蛄科		未评估
210	蚤蝼	*Tridactylus japonicus*	直翅目	蚤蝼科		未评估
211	百山祖长肛	*Entoria baishanzuensis*	竹节虫目	科		未评估
212	疏齿短肛	*Baculum sparsidentatum*	竹节虫目	科		未评估
213	双线皮	*Phraortes bileneatus*	竹节虫目	叶 科		未评估
214	肿尾华枝	*Sinophasma crassum*	竹节虫目	叶 科		未评估
215	浙江异	*Micadina zhejiangensis*	竹节虫目	异 科		未评估
216	突翅细颈枝	*Sipyloidea obvius*	竹节虫目	枝 科		未评估
217	江崎烁划蝽	*Sigara esakii*	半翅目	划蝽科		未评估
218	八节黑猎蝽	*Ectrychotes andreae*	半翅目	猎蝽科		未评估
219	福建赤猎蝽	*Haematoloecha fokiensis*	半翅目	猎蝽科		未评估
220	红彩真猎蝽	*Harpactor fuscipes*	半翅目	猎蝽科		未评估
221	环斑猛猎蝽	*Sphedanolestes impressicollis*	半翅目	猎蝽科		未评估
222	环塔猎蝽	*Tapirocoris annulatus*	半翅目	猎蝽科		未评估
223	黄足猎蝽	*Sirthenea flavipes*	半翅目	猎蝽科		未评估
224	霜斑素猎蝽	*Epidaus famulus*	半翅目	猎蝽科		未评估
225	云斑真猎蝽	*Harpactor incertus*	半翅目	猎蝽科		未评估
226	大长盲蝽	*Dolichomiris antennatis*	半翅目	盲蝽科		未评估
227	淡色泰盲蝽	*Taylorilygus pallidulus*	半翅目	盲蝽科		未评估
228	淡足蕨盲蝽	*Bryocoris pallidipes*	半翅目	盲蝽科		未评估
229	东亚丽盲蝽	*Lygocoris nigritulus*	半翅目	盲蝽科		未评估
230	多毛刻盾盲蝽	*Exopantilius pilosus*	半翅目	盲蝽科		未评估
231	甘薯跃盲蝽	*Ectmetopterus micantulus*	半翅目	盲蝽科		未评估
232	黑肩绿盔盲蝽	*Cyrtorhinus lividipennis*	半翅目	盲蝽科		未评估
233	红颊丽盲蝽	*Lygocoris rufilori*	半翅目	盲蝽科		未评估
234	花肢淡盲蝽	*Creontiades coloripes*	半翅目	盲蝽科		未评估
235	灰黄厚盲蝽	*Eurystylus luteus*	半翅目	盲蝽科		未评估
236	蕨微盲蝽	*Monalocoris filicis*	半翅目	盲蝽科		未评估
237	马来喙盲蝽	*Proboscidocoris malayus*	半翅目	盲蝽科		未评估

序号	中文名	学名	目名	科名	保护等级	濒危等级
238	明翅盲蝽	*Isabel ravana*	半翅目	盲蝽科		未评估
239	山地狭盲蝽	*Stenodema alpestris*	半翅目	盲蝽科		未评估
240	斯氏丽盲蝽	*Lygocoris spinolae*	半翅目	盲蝽科		未评估
241	乌毛盲蝽	*Cheilocapsus thibetanus*	半翅目	盲蝽科		未评估
242	武夷丽盲蝽	*Lygocoris wuyiensis*	半翅目	盲蝽科		未评估
243	狭领纹唇盲蝽	*Charagochilus angusticollis*	半翅目	盲蝽科		未评估
244	烟草盲蝽	*Cyrtopeltis tenuis*	半翅目	盲蝽科		未评估
245	原丽盲蝽	*Lygocoris pabulinus*	半翅目	盲蝽科		未评估
246	中华沟顶盲蝽	*Megacoelum chinensis*	半翅目	盲蝽科		未评估
247	邹氏苜蓿盲蝽	*Adelphocoris zoui*	半翅目	盲蝽科		未评估
248	膜肩网蝽	*Hegesidemus habrus*	半翅目	网蝽科		未评估
249	硕裸菊网蝽	*Tingis veteris*	半翅目	网蝽科		未评估
250	福建狭姬蝽	*Stenonabis fujianus*	半翅目	姬蝽科		未评估
251	简足棒姬蝽	*Arbela simplicipes*	半翅目	姬蝽科		未评估
252	小翅姬蝽	*Nabis apicalis*	半翅目	姬蝽科		未评估
253	窄姬蝽	*Nabis capsiformis*	半翅目	姬蝽科		未评估
254	黑头叉胸花蝽	*Amphiareus obscuriceps*	半翅目	花蝽科		未评估
255	黄褐刺花蝽	*Physopleurella armata*	半翅目	花蝽科		未评估
256	白边刺胫长蝽	*Horridipamera lateralis*	半翅目	长蝽科		未评估
257	白边球胸长蝽	*Caridops albomarginatus*	半翅目	长蝽科		未评估
258	斑翅细长蝽	*Paromius excelsus*	半翅目	长蝽科		未评估
259	东亚毛肩长蝽	*Neolethaeus dallasi*	半翅目	长蝽科		未评估
260	短须梭长蝽	*Pachygrontha antennata nigriventris*	半翅目	长蝽科		未评估
261	高粱狭长蝽	*Dimorphopterus Japonicus*	半翅目	长蝽科		未评估
262	褐纹隆胸长蝽	*Eucosmetus pulchrus*	半翅目	长蝽科		未评估
263	黑褐微长蝽	*Botocudo flavicornis*	半翅目	长蝽科		未评估
264	红脊长蝽	*Tropidothorax elegans*	半翅目	长蝽科		未评估
265	黄足蔺长蝽	*Ninombnus flavipes*	半翅目	长蝽科		未评估
266	嘉氏叶颊长蝽	*Iphicrates gressitti*	半翅目	长蝽科		未评估
267	宽莎长蝽	*Cymus aurescens*	半翅目	长蝽科		未评估
268	拟黄纹梭长蝽	*Pachygrontha similis*	半翅目	长蝽科		未评估
269	平伸突眼长蝽	*Chauliops horizontalis*	半翅目	长蝽科		未评估
270	山地浅缢长蝽	*Stigmatonotum rufipes*	半翅目	长蝽科		未评估
271	杉木扁长蝽	*Sinorsillus piliferus*	半翅目	长蝽科		未评估
272	狭长束长蝽	*Malcus elongatus*	半翅目	长蝽科		未评估
273	小浅缢长蝽	*Stigmatonotum geniculatum*	半翅目	长蝽科		未评估
274	长头脊盾长蝽	*Entisberus esaki*	半翅目	长蝽科		未评估
275	长须梭长蝽	*Pachygrontha antennata*	半翅目	长蝽科		未评估

序号	中文名	学名	目名	科名	保护等级	濒危等级
276	中国斑长蝽	*Scolopstethus chinensis*	半翅目	长蝽科		未评估
277	锥股棘胸长蝽	*Primierus tuberculatus*	半翅目	长蝽科		未评估
278	光肩跷蝽	*Metatropis brevirostris*	半翅目	跷蝽科		未评估
279	地红蝽	*Pyrrhocoris tibialis*	半翅目	红蝽科		未评估
280	直红蝽	*Pyrrhopeplus carduelis*	半翅目	红蝽科		未评估
281	暗黑缘蝽	*Hygia opaca*	半翅目	缘蝽科		未评估
282	稻棘缘蝽	*Cletus puncitiger*	半翅目	缘蝽科		未评估
283	钝缘蝽	*Anacestra hirticornis*	半翅目	缘蝽科		未评估
284	广腹同缘蝽	*Homoeocerus dilatatus*	半翅目	缘蝽科		未评估
285	褐伊缘蝽	*Rhopalus sapporensis*	半翅目	缘蝽科		未评估
286	黑须棘缘蝽	*Cletus punctulatus*	半翅目	缘蝽科		未评估
287	黄胫侏缘蝽	*Mictis serina*	半翅目	缘蝽科		未评估
288	开环缘蝽	*Stictopleurus minutus*	半翅目	缘蝽科		未评估
289	闽曼缘蝽	*Manocoreus vulgaris*	半翅目	缘蝽科		未评估
290	纹须同缘蝽	*Homoeocerus striicornis*	半翅目	缘蝽科		未评估
291	小点同缘蝽	*Homoeocerus marginellus*	半翅目	缘蝽科		未评估
292	一点同缘蝽	*Homoeocerus unipunctatus*	半翅目	缘蝽科		未评估
293	月肩奇缘蝽	*Derepteryx lunata*	半翅目	缘蝽科		未评估
294	中稻缘蝽	*Leptocorisa chinensis*	半翅目	缘蝽科		未评估
295	钝肩直同蝽	*Elasmostethus nubilus*	半翅目	同蝽科		未评估
296	铗同蝽	*Acanthosoma forcipatum*	半翅目	同蝽科		未评估
297	锡金匙同蝽	*Elasmucha tauricornis*	半翅目	同蝽科		未评估
298	伊锥同蝽	*Stragala esakii*	半翅目	同蝽科		未评估
299	大皱蝽	*Cyclopelta obscura*	半翅目	兜蝽科		未评估
300	九香虫	*Coridius chinensis*	半翅目	兜蝽科		未评估
301	小皱蝽	*Cyclopelta parva*	半翅目	兜蝽科		未评估
302	高山圆龟蝽	*Coptosoma montana*	半翅目	龟蝽科		未评估
303	和豆龟蝽	*Megacopta horvathi*	半翅目	龟蝽科		未评估
304	双峰豆龟蝽	*Megacopta bituminata*	半翅目	龟蝽科		未评估
305	双峰圆龟蝽	*Coptosoma bicuspis*	半翅目	龟蝽科		未评估
306	小黑圆龟蝽	*Coptosoma nigrellum*	半翅目	龟蝽科		未评估
307	环足突束蝽	*Phaenacantha trilineata*	半翅目	束蝽科		未评估
308	斑缘巨蝽	*Eusthenes femoralis*	半翅目	荔蝽科		未评估
309	斑须蝽	*Dolycoris baccarum*	半翅目	蝽科		未评估
310	斑真蝽	*Pentatoma mosaica*	半翅目	蝽科		未评估
311	薄蝽	*Brachymna tenuis*	半翅目	蝽科		未评估
312	茶翅蝽	*Halyomorpha halys*	半翅目	蝽科		未评估
313	稻绿蝽	*Nezara viridula*	半翅目	蝽科		未评估

序号	中文名	学名	目名	科名	保护等级	濒危等级
314	谷蝽	*Gonopsis affinis*	半翅目	蝽科		未评估
315	广蝽	*Laprius varicomis*	半翅目	蝽科		未评估
316	广二星蝽	*Eysarcoris ventralis*	半翅目	蝽科		未评估
317	横带点蝽	*Tolumnia basalis*	半翅目	蝽科		未评估
318	横纹菜蝽	*Eurydema gebleri*	半翅目	蝽科		未评估
319	辉蝽	*Carbula humerigera*	半翅目	蝽科		未评估
320	蓝蝽	*Zicrona caerula*	半翅目	蝽科		未评估
321	鲁牙蝽	*Axiagastus rosmarus*	半翅目	蝽科		未评估
322	绿点益蝽	*Picromerus viridipunctatus*	半翅目	蝽科		未评估
323	麻皮蝽	*Erthesina fullo*	半翅目	蝽科		未评估
324	平尾梭蝽	*Megarrhamphus truncatus*	半翅目	蝽科		未评估
325	硕蝽	*Eurostus validus*	半翅目	蝽科		未评估
326	丸蝽	*Spermatodes variolosus*	半翅目	蝽科		未评估
327	益蝽	*Picromerus lewisi*	半翅目	蝽科		未评估
328	长硕蝽	*Eurostus ochraceas*	半翅目	蝽科		未评估
329	中华岱蝽	*Dalpada cinetipes*	半翅目	蝽科		未评估
330	紫蓝曼蝽	*Menida violacea*	半翅目	蝽科		未评估
331	亮壮异蝽	*Urochela distincta*	半翅目	异蝽科		未评估
332	暗褐增脉叶蝉	*Kutara fusca*	半翅目	叶蝉科		未评估
333	凹片叶蝉	*Thagria fossa*	半翅目	叶蝉科		未评估
334	白边大叶蝉	*Kolla paulula*	半翅目	叶蝉科		未评估
335	白边宽额叶蝉	*Usuiranus limbifer*	半翅目	叶蝉科		未评估
336	叉茎肖点叶蝉	*Midoria bifurcata*	半翅目	叶蝉科		未评估
337	叉片叶蝉	*Thagria bifida*	半翅目	叶蝉科		未评估
338	橙带铲头叶蝉	*Hecalus porrecta*	半翅目	叶蝉科		未评估
339	橙色条大叶蝉	*Atkinsoniella aurantiaca*	半翅目	叶蝉科		未评估
340	大青叶蝉	*Cicadella viridis*	半翅目	叶蝉科		未评估
341	大锥顶叶蝉	*Acdnura grandis*	半翅目	叶蝉科		未评估
342	带耳叶蝉	*Ledra serrulata*	半翅目	叶蝉科		未评估
343	等突宽冠叶蝉	*Laticorona aequata*	半翅目	叶蝉科		未评估
344	点翅斑大叶蝉	*Anatkina illustris*	半翅目	叶蝉科		未评估
345	古田山耳蝉	*Ledra gutianshana*	半翅目	叶蝉科		未评估
346	褐脊铲头叶蝉	*Hecalus prasinus*	半翅目	叶蝉科		未评估
347	褐脉肖点叶蝉	*Midoria brunne*	半翅目	叶蝉科		未评估
348	黑横带叶蝉	*Scaphoideus nitobei*	半翅目	叶蝉科		未评估
349	黑环角顶叶蝉	*Recilia schmidtgeni*	半翅目	叶蝉科		未评估
350	黑色斑大叶蝉	*Anatkina candidipes*	半翅目	叶蝉科		未评估
351	黑尾叶蝉	*Nephotettix bipunctatus*	半翅目	叶蝉科		未评估

序号	中文名	学名	目名	科名	保护等级	濒危等级
352	黑缘条大叶蝉	*Atkinsoniella limba*	半翅目	叶蝉科		未评估
353	横带角突叶蝉	*Taperus fasciatus*	半翅目	叶蝉科		未评估
354	横带叶蝉	*Scaphoideus festivus*	半翅目	叶蝉科		未评估
355	华凹大叶蝉	*Bothrogonia sinica*	半翅目	叶蝉科		未评估
356	黄斑锥头叶蝉	*Onukia flavopunctata*	半翅目	叶蝉科		未评估
357	黄褐增脉叶蝉	*Kutara testacea*	半翅目	叶蝉科		未评估
358	黄色条大叶蝉	*Atkinsoniella sulphurata*	半翅目	叶蝉科		未评估
359	洁光叶蝉	*Futasujinus candidus*	半翅目	叶蝉科		未评估
360	三叉片叶蝉	*Thagria trifida*	半翅目	叶蝉科		未评估
361	三角辜小叶蝉	*Aguriahana triangularis*	半翅目	叶蝉科		未评估
362	陕西沙小叶蝉	*Shaddai shaanxiensis*	半翅目	叶蝉科		未评估
363	双禽雅小叶蝉	*Eurhadina biavis*	半翅目	叶蝉科		未评估
364	条翅斜脊叶蝉	*Bundera taeniata*	半翅目	叶蝉科		未评估
365	无纹雅小叶蝉	*Eurhadina unicolar*	半翅目	叶蝉科		未评估
366	斜纹沙小叶蝉	*Shaddai typicus*	半翅目	叶蝉科		未评估
367	锈褐肖点叶蝉	*Midoria ferruginea*	半翅目	叶蝉科		未评估
368	一点木叶蝉	*Phlogotettix cyclops*	半翅目	叶蝉科		未评估
369	隐纹条大叶蝉	*Atkinsoniella thalia*	半翅目	叶蝉科		未评估
370	枝单突叶蝉	*Lodiana cladopenis*	半翅目	叶蝉科		未评估
371	纵带尖头叶蝉	*Yanocephalus yanonis*	半翅目	叶蝉科		未评估
372	白纹象沫蝉	*Philagra albinotata*	半翅目	沫蝉科		未评估
373	斑带丽沫蝉	*Cosmoscarta bispecularis*	半翅目	沫蝉科		未评估
374	北部湾曙沫蝉	*Eoscarta tonkinensis*	半翅目	沫蝉科		未评估
375	淡白三脊沫蝉	*Jembra pallida*	半翅目	沫蝉科		未评估
376	东方丽沫蝉	*Cosmoscarta heros*	半翅目	沫蝉科		未评估
377	二点尖胸沫蝉	*Aphrophora bipunctata*	半翅目	沫蝉科		未评估
378	岗田圆沫蝉	*Lepyronia okadae*	半翅目	沫蝉科		未评估
379	海滨尖胸沫蝉	*Aphrophora maritima*	半翅目	沫蝉科		未评估
380	黑斑丽沫蝉	*Cosmoscarta dorsimacula*	半翅目	沫蝉科		未评估
381	黑点尖胸沫蝉	*Aphrophora tsuratua*	半翅目	沫蝉科		未评估
382	红翅拟沫蝉	*Paraccrcopis fuscipennis*	半翅目	沫蝉科		未评估
383	黄山疣胸沫蝉	*Phymatostetha huangshanensis*	半翅目	沫蝉科		未评估
384	卵沫蝉	*Peuceptyelus lacteisparsus*	半翅目	沫蝉科		未评估
385	施氏风沫蝉	*Paphnutius schmidti*	半翅目	沫蝉科		未评估
386	四斑长头沫蝉	*Abidama contigua*	半翅目	沫蝉科		未评估
387	毋忘尖胸沫蝉	*Aphrophora memorabilis*	半翅目	沫蝉科		未评估
388	小白带尖胸沫蝉	*Aphrophora obliqua*	半翅目	沫蝉科		未评估
389	雅氏象沫蝉	*Philagra subrecta*	半翅目	沫蝉科		未评估

序号	中文名	学名	目名	科名	保护等级	濒危等级
390	尤氏曙沫蝉	*Eoscarta assimilis*	半翅目	沫蝉科		未评估
391	紫胸丽沫蝉	*Cosmoscarta exultans*	半翅目	沫蝉科		未评估
392	碧蝉	*Hea fasciola*	半翅目	蝉科		未评估
393	草春蝉	*Mogannia hebes*	半翅目	蝉科		未评估
394	高山唐蝉	*Tanna obliqua*	半翅目	蝉科		未评估
395	黑蚱蝉	*Cryptotytmpana atrata*	半翅目	蝉科		未评估
396	兰卓春蝉	*Mogannia cyanea*	半翅目	蝉科		未评估
397	雷鸣蝉	*Oncotympana maculaticollis*	半翅目	蝉科		未评估
398	蒙古寒蝉	*Meimuna mongolica*	半翅目	蝉科		未评估
399	南方蛄蝉	*Platypleura kaempferi*	半翅目	蝉科		未评估
400	松寒蝉	*Meimuna opalifera*	半翅目	蝉科		未评估
401	阿氏蜡蝉	*Padanda atkinsoni*	半翅目	扁蜡蝉科		未评估
402	条扁蜡蝉	*Catullia vittata*	半翅目	扁蜡蝉科		未评估
403	碧蛾蜡蝉	*Geisha distinctissima*	半翅目	蛾蜡蝉科		未评估
404	眼斑宽广蜡蝉	*Pochazia discreta*	半翅目	广翅蜡蝉科		未评估
405	丽象蜡蝉	*Orthopagus splendens*	半翅目	象蜡蝉科		未评估
406	中华象蜡蝉	*Dictyophara sinica*	半翅目	象蜡蝉科		未评估
407	黑圆角蝉	*Gargara genistae*	半翅目	角蝉科		未评估
408	油桐三刺角蝉	*Tricentrus aleuritis*	半翅目	角蝉科		未评估
409	百山祖喀木虱	*Cacopsylla baishanzuana*	半翅目	木虱科		未评估
410	浙半翅木虱	*Hemipteripsylla zheana*	半翅目	木虱科		未评估
411	带斑木虱	*Aphalara fasciata*	半翅目	斑木虱科		未评估
412	柏大蚜	*Cinara tujafilina*	半翅目	大蚜科		未评估
413	板栗大蚜	*Lachnus tropicalis*	半翅目	大蚜科		未评估
414	柳瘤大蚜	*Tuberolachnus salignus*	半翅目	大蚜科		未评估
415	栎真毛管蚜	*Eutrichosiphum pasaniae*	半翅目	毛管蚜科		未评估
416	瘦浓毛管蚜	*Moilitrichosiphum teuuicorpus*	半翅目	毛管蚜科		未评估
417	枫杨刻蚜	*Kurisakia onigurumi*	半翅目	群蚜科		未评估
418	化香刻蚜	*Kurisakia sinoplatycaryae*	半翅目	群蚜科		未评估
419	短斑狭个木虱	*Stenopsylla brevimaculae*	半翅目	个木虱科		未评估
420	黑头红个木虱	*Trioza erythrina*	半翅目	个木虱科		未评估
421	浙缨个木虱	*Petalilyma zhejiangana*	半翅目	个木虱科		未评估
422	大豆蚜	*Aphis glycines*	半翅目	蚜科		未评估
423	豆蚜	*Aphis craccivora*	半翅目	蚜科		未评估
424	禾谷缢管蚜	*Rhopalosiphum padi*	半翅目	蚜科		未评估
425	胡萝卜微管蚜	*Semiaphis heraclei*	半翅目	蚜科		未评估
426	菊小长管蚜	*Macrosiphoniella sanborni*	半翅目	蚜科		未评估
427	橘二叉蚜	*Toxoptera aurautii*	半翅目	蚜科		未评估

序号	中文名	学名	目名	科名	保护等级	濒危等级
428	橘蚜	*Toxoptera citricidus*	半翅目	蚜科		未评估
429	苦麦菜长管蚜	*Macrosiphum lactacicolo*	半翅目	蚜科		未评估
430	梨二叉蚜	*Toxoptera piricola*	半翅目	蚜科		未评估
431	莲缢管蚜	*Rhopalosiphum nymphaeae*	半翅目	蚜科		未评估
432	柳蚜	*Aphis farinosa*	半翅目	蚜科		未评估
433	萝卜蚜	*Lipaphis erysimi*	半翅目	蚜科		未评估
434	麦长管蚜	*Macrosiphum avenue*	半翅目	蚜科		未评估
435	芒果蚜	*Toxoptera odinae*	半翅目	蚜科		未评估
436	玫瑰蚜	*Macrosiphum rosae*	半翅目	蚜科		未评估
437	棉蚜	*Aphis gossypii*	半翅目	蚜科		未评估
438	苜蓿蚜	*Aphis medicaginis*	半翅目	蚜科		未评估
439	忍冬新缢管蚜	*Neorhopalomyzus lonicericola*	半翅目	蚜科		未评估
440	桃粉大尾蚜	*Hyalopterus amygdali*	半翅目	蚜科		未评估
441	桃蚜	*Myzus persicae*	半翅目	蚜科		未评估
442	莴苣指管蚜	*Uroleucon formosanum*	半翅目	蚜科		未评估
443	玉米蚜	*Rhopalosiphum maidis*	半翅目	蚜科		未评估
444	黑片盾蚧	*Parlatoria zizyphua*	半翅目	盾蚧科		未评估
445	糠片盾蚧	*Parlatoria pergandii*	半翅目	盾蚧科		未评估
446	考氏白盾蚧	*Phenacaspis cockerelli*	半翅目	盾蚧科		未评估
447	桑盾蚧	*Pseudaulacaspis pentagona*	半翅目	盾蚧科		未评估
448	蛇眼臀网盾蚧	*Pseudaonidia duplex*	半翅目	盾蚧科		未评估
449	矢尖蚧	*Unaspis yanonensis*	半翅目	盾蚧科		未评估
450	椰圆盾蚧	*Aspidiotus destructor*	半翅目	盾蚧科		未评估
451	长砺盾蚧	*Lepidosaphes gloverii*	半翅目	盾蚧科		未评估
452	白蜡蚧	*Ericerus pela*	半翅目	蜡蚧科		未评估
453	龟蜡蚧	*Ceroplastes floridensis*	半翅目	蜡蚧科		未评估
454	角蜡蚧	*Ceroplastes ceriferus*	半翅目	蜡蚧科		未评估
455	日本卷毛毡蜡蚧	*Metaceronema japonica*	半翅目	蜡蚧科		未评估
456	日本蜡蚧	*Ceroplastes japonicus*	半翅目	蜡蚧科		未评估
457	吹绵蚧	*Icerya purchasi*	半翅目	硕蚧科		未评估
458	圆翅色重啮	*Seopsis cyclopterus*	啮虫目	重啮科		未评估
459	暗淡单啮	*Caecilius hebetatus*	啮虫目	单啮科		未评估
460	百山祖单啮	*Caecilius baishanzuicus*	啮虫目	单啮科		未评估
461	匕形单啮	*Caecilius pugioniformis*	啮虫目	单啮科		未评估
462	波曲单啮	*Caecilius subundulatus*	啮虫目	单啮科		未评估
463	粗茎单啮	*Caecilius fortis*	啮虫目	单啮科		未评估
464	等叉单啮	*Caecilius isochasialis*	啮虫目	单啮科		未评估
465	多孔单啮	*Caecilius foramilulosus*	啮虫目	单啮科		未评估

序号	中文名	学名	目名	科名	保护等级	濒危等级
466	方茎单啮	*Caecilius cuboideus*	啮虫目	单啮科		未评估
467	钩茎单啮	*Caecilius incurviusculus*	啮虫目	单啮科		未评估
468	横红斑单啮	*Caecilius spUoerythrinus*	啮虫目	单啮科		未评估
469	红窄纵带单啮	*Caecilius rubicundus*	啮虫目	单啮科		未评估
470	金黄单啮	*Caecilius citrinus*	啮虫目	单啮科		未评估
471	阔带单啮	*Caecilius platytaenius*	啮虫目	单啮科		未评估
472	双毛安啮	*Enderleinella biaristata*	啮虫目	单啮科		未评估
473	梯唇安啮	*Enderleinella trapezia*	啮虫目	单啮科		未评估
474	条唇单啮	*Caecilius chilozonus*	啮虫目	单啮科		未评估
475	五斑单啮	*Caecilius quinanius*	啮虫目	单啮科		未评估
476	细带单啮	*Caecilius striolatus*	啮虫目	单啮科		未评估
477	狭痣二条单啮	*Caecilius stenostigmus*	啮虫目	单啮科		未评估
478	相似单啮	*Caecilius persimilaris*	啮虫目	单啮科		未评估
479	小囊单啮	*Caecilius microcystus*	啮虫目	单啮科		未评估
480	斜红斑单啮	*Caecilius plagioerthrinus*	啮虫目	单啮科		未评估
481	窄翅单啮	*Caecilius angustiplumalus*	啮虫目	单啮科		未评估
482	浙江单啮	*Caecilius zhejiangicus*	啮虫目	单啮科		未评估
483	痣角单啮	*Caecilius fusicangularis*	啮虫目	单啮科		未评估
484	中带单啮	*Caecilius medivithatus*	啮虫目	单啮科		未评估
485	棕头单啮	*Caecilius phaeocephalus*	啮虫目	单啮科		未评估
486	百山祖肘狭啮	*Cubipilis baishanzuensis*	啮虫目	狭啮科		未评估
487	斑肘狭啮	*Cubipilis macrostigmis*	啮虫目	狭啮科		未评估
488	带斑毛狭啮	*Malostenopsocus plurifasdatus*	啮虫目	狭啮科		未评估
489	褐痣肘狭啮	*Cubipilis phaeostigmis*	啮虫目	狭啮科		未评估
490	宽痣狭啮	*Stenopsocus platynotus*	啮虫目	狭啮科		未评估
491	锐尖狭啮	*Stenopsocus percussus*	啮虫目	狭啮科		未评估
492	小囊狭啮	*Stenopsocus gibbulosus*	啮虫目	狭啮科		未评估
493	圆顶肘狭啮	*Cubipilis orbiculatus*	啮虫目	狭啮科		未评估
494	褐斑双啮	*Amphipsocus glandaceus*	啮虫目	双啮科		未评估
495	凹缘后半啮	*Metahemipsocus interaus*	啮虫目	半啮科		未评估
496	百山祖无眼外啮	*Ectianoculus baishanzuicus*	啮虫目	外啮科		未评估
497	十一斑叉啮	*Pseudocaecilius undecimimaculatus*	啮虫目	叉啮科		未评估
498	斜带叉啮	*Pseudocaecilius plagiozonalis*	啮虫目	叉啮科		未评估
499	异形异啮	*Heterocaecilius anomalus*	啮虫目	叉啮科		未评估
500	圆室异啮	*Heterocaecilius circulicellus*	啮虫目	叉啮科		未评估
501	长室配啮	*Allocaecilius tenuilongus*	啮虫目	叉啮科		未评估
502	百山祖围啮	*Peripsocus baishanzuicus*	啮虫目	围啮科		未评估
503	大突围啮	*Peripsocus megalophus*	啮虫目	围啮科		未评估

序号	中文名	学名	目名	科名	保护等级	濒危等级
504	多角围啮	*Peripsocus polygonalis*	啮虫目	围啮科		未评估
505	宽茎围啮	*Peripsocus plstylpus*	啮虫目	围啮科		未评估
506	奇异围啮	*Peripsocus mirabilis*	啮虫目	围啮科		未评估
507	曲突围啮	*Peripsocus decurvatus*	啮虫目	围啮科		未评估
508	十四齿围啮	*Peripsocus quattuordecimus*	啮虫目	围啮科		未评估
509	细齿原围啮	*Properipsocus gracilis*	啮虫目	围啮科		未评估
510	小室围啮	*Peripsocus parvus*	啮虫目	围啮科		未评估
511	异茎双突围啮	*Diplopsocus irregularis*	啮虫目	围啮科		未评估
512	壮突围啮	*Peripsocus viriosus*	啮虫目	围啮科		未评估
513	无纹离啮	*Casydemella estrita*	啮虫目	离啮科		未评估
514	多斑阿啮	*Aaroniella multipunctata*	啮虫目	美啮科		未评估
515	中国亮啮	*Haplophallus chinensi*	啮虫目	美啮科		未评估
516	小角苔鼠啮	*Lichenomina comiculata*	啮虫目	鼠啮科		未评估
517	脊伪啮	*Pseudopsocus carinatus*	啮虫目	沼啮科		未评估
518	白斑触啮	*Psococerastis albimaculstus*	啮虫目	啮科		未评估
519	百山祖触啮	*Psococerastis baishanzuicus*	啮虫目	啮科		未评估
520	百山祖带麻啮	*Trichadenotecnum baishanzuicum*	啮虫目	啮科		未评估
521	刺肛带麻啮	*Trichadenotecnum tenuispinum*	啮虫目	啮科		未评估
522	二出斑麻啮	*Trichadenopsocus bitenatus*	啮虫目	啮科		未评估
523	二星丽斑啮	*Psocomesires bimaculatum*	啮虫目	啮科		未评估
524	黑脉触啮	*Psococerastis venigrus*	啮虫目	啮科		未评估
525	黄色新蓓啮	*Neoblaste flavae*	啮虫目	啮科		未评估
526	梨形触啮	*Psococerastis pyriformis*	啮虫目	啮科		未评估
527	密斑点麻啮	*Loensia spissa*	啮虫目	啮科		未评估
528	普通昧啮	*Meytalophorus plebius*	啮虫目	啮科		未评估
529	扇瓣啮	*Psocus vannivalvulus*	啮虫目	啮科		未评估
530	蛇头仲啮	*Mecampsis ophiocephais*	啮虫目	啮科		未评估
531	深色新蓓啮	*Neoblaste profunda*	啮虫目	啮科		未评估
532	一角斑麻啮	*Trichadenopsocus uncornis*	啮虫目	啮科		未评估
533	帚状斑麻啮	*Trichadenopsocus scoparius*	啮虫目	啮科		未评估
534	百山祖长角管蓟马	*Meiothrips baishanzuensis*	缨翅目	管蓟马科		未评估
535	华简管蓟马	*Haplothrips chinensis*	缨翅目	管蓟马科		未评估
536	芒眼管蓟马	*Ophthalmothrips miscanthicola*	缨翅目	管蓟马科		未评估
537	花边星齿蛉	*Protohermes costalis*	广翅目	齿蛉科		未评估
538	普通齿蛉	*Neoneuromus ignobilis*	广翅目	齿蛉科		未评估
539	污翅斑鱼蛉	*Neochauliodes bowringi*	广翅目	齿蛉科		未评估
540	越中巨齿蛉	*Acanthacorydalis fruhstorferi*	广翅目	齿蛉科		未评估
541	中华盲蛇蛉	*Inocellia sinensis*	蛇蛉目	盲蛇蛉科		未评估

序号	中文名	学名	目名	科名	保护等级	濒危等级
542	娜网蛉	*Naanira matsumurae*	脉翅目	草蛉科		未评估
543	松通草蛉	*Chrysopela savioi*	脉翅目	草蛉科		未评估
544	锯角蝶角蛉	*Acheron trux*	脉翅目	蝶角蛉科		未评估
545	三丫窗溪蛉	*Thyridosmylus triypsiloneurus*	脉翅目	粉蛉科		未评估
546	突额粉蛉	*Coniopteryx protrufrons*	脉翅目	粉蛉科		未评估
547	多支脉褐蛉	*Micromus ramosus*	脉翅目	褐蛉科		未评估
548	黑点脉褐蛉	*Neuronema unipuncta*	脉翅目	褐蛉科		未评估
549	角纹脉褐蛉	*Micromus angulatus*	脉翅目	褐蛉科		未评估
550	密斑脉褐蛉	*Micromus densimaculosus*	脉翅目	褐蛉科		未评估
551	平湖褐蛉	*Hemerobius lacunaris*	脉翅目	褐蛉科		未评估
552	颇丽脉褐蛉	*Micromus perelegans*	脉翅目	褐蛉科		未评估
553	奇斑脉褐蛉	*Micromus mirimaculatus*	脉翅目	褐蛉科		未评估
554	全北褐蛉	*Hemerobius humuli*	脉翅目	褐蛉科		未评估
555	喜网等鳞蛉	*Isoscelipteron dictyophilum*	脉翅目	鳞蛉科		未评估
556	浙江鳞蛉	*Berotha zhejiangana*	脉翅目	鳞蛉科		未评估
557	庆元离溪蛉	*Lysmus qingyuanus*	脉翅目	溪蛉科		未评估
558	白云蚁蛉	*Paraglenurus japonicus*	脉翅目	蚁蛉科		未评估
559	褐纹树蚁蛉	*Dendroleon pantherinus*	脉翅目	蚁蛉科		未评估
560	云痣哈蚁蛉	*Hagenomyia brunneipennis*	脉翅目	蚁蛉科		未评估
561	长裳树蚁蛉	*Dendroleon Javanus*	脉翅目	蚁蛉科		未评估
562	扁节侧枝纹石蛾	*Hydropsyche compressa*	毛翅目	纹石蛾科		未评估
563	多斑短脉纹石蛾	*Hydropsyche dubitans*	毛翅目	纹石蛾科		未评估
564	多型纹石蛾	*Polymorphanisus astictus*	毛翅目	纹石蛾科		未评估
565	格氏高原纹石蛾	*Hydropsyche grahami*	毛翅目	纹石蛾科		未评估
566	鳍茎纹石蛾	*Hydropsyche pellucidula*	毛翅目	纹石蛾科		未评估
567	三带短脉纹石蛾	*Hydropsyche trifascia*	毛翅目	纹石蛾科		未评估
568	三突侧枝纹石蛾	*Hydropsyche serpentina*	毛翅目	纹石蛾科		未评估
569	蛇尾短脉纹石蛾	*Hydropsyche spinosa*	毛翅目	纹石蛾科		未评估
570	双叉高原纹石蛾	*Hydropsyche furcula*	毛翅目	纹石蛾科		未评估
571	幼鹿侧枝纹石蛾	*Hydropsyche cerva*	毛翅目	纹石蛾科		未评估
572	长角纹石蛾	*Macrostemum fastosum*	毛翅目	纹石蛾科		未评估
573	中庸离脉石蛾	*Hydromanicus intermedius*	毛翅目	纹石蛾科		未评估
574	具刺等翅石蛾	*Doloclanes spinosa*	毛翅目	等翅石蛾科		未评估
575	印度等翅石蛾	*Dolophilodes indicus*	毛翅目	等翅石蛾科		未评估
576	长梳等翅石蛾	*Dolophilodes pectinata*	毛翅目	等翅石蛾科		未评估
577	中华等翅石蛾	*Wormadalia chinensis*	毛翅目	等翅石蛾科		未评估
578	贝氏角石蛾	*Stenopsyche banksi*	毛翅目	角石蛾科		未评估
579	天目山角石蛾	*Stenopsyche tienmushanensis*	毛翅目	角石蛾科		未评估

序号	中文名	学名	目名	科名	保护等级	濒危等级
580	黑斑栖长角石蛾	*Oecetis nigropunctata*	毛翅目	长角石蛾科		未评估
581	红棕叉长角石蛾	*Triaenodes rufescens*	毛翅目	长角石蛾科		未评估
582	长须长角石蛾	*Mystacides elongata*	毛翅目	长角石蛾科		未评估
583	福建茎突鳞石蛾	*Dinarthrum fui*	毛翅目	鳞石蛾科		未评估
584	合须鳞石蛾	*Lepidostoma propriopalpa*	毛翅目	鳞石蛾科		未评估
585	黄鳞石蛾	*Lepidostoma flavus*	毛翅目	鳞石蛾科		未评估
586	角茎突鳞石蛾	*Dinarthrum bucerum*	毛翅目	鳞石蛾科		未评估
587	巨枝鳞石蛾	*Lepidostoma inops*	毛翅目	鳞石蛾科		未评估
588	弱茎突鳞石蛾	*Dinarthrum subtile*	毛翅目	鳞石蛾科		未评估
589	双茎突鳞石蛾	*Dinarthrum bisetum*	毛翅目	鳞石蛾科		未评估
590	长翅鳞石蛾	*Lepidostoma arcuata*	毛翅目	鳞石蛾科		未评估
591	中华舌石蛾	*Agapetus chinensis*	毛翅目	舌石蛾科		未评估
592	百山祖瘤石蛾	*Goera baishanzuensis*	毛翅目	瘤石蛾科		未评估
593	短叉瘤石蛾	*Goera ahofissura*	毛翅目	瘤石蛾科		未评估
594	齿角石蛾	*Paramartyria baishanzuna*	毛翅目	小翅蛾科		未评估
595	端齿背突原石蛾	*Rhyacophila acraliodonta*	毛翅目	原石蛾科		未评估
596	钩肢原石蛾	*Rhyacophila hamosa*	毛翅目	原石蛾科		未评估
597	裂臀原石蛾	*Rhyacophila rima*	毛翅目	原石蛾科		未评估
598	弯镰原石蛾	*Rhyacophila falcifera*	毛翅目	原石蛾科		未评估
599	长刺原石蛾	*Rhyacophila longicuspis*	毛翅目	原石蛾科		未评估
600	三指沼石蛾	*Apatania tridigitulus*	毛翅目	沼石蛾科		未评估
601	沼石蛾	*Limnephilus distinctus*	毛翅目	沼石蛾科		未评估
602	中华蚊蝎蛉	*Bittacus sinensis*	长翅目	蚊蝎蛉科		未评估
603	暗新蝎蛉	*Neopanorpa huangshana*	长翅目	蝎蛉科		未评估
604	黄翅蝎蛉	*Panorpa lutea*	长翅目	蝎蛉科		未评估
605	金身蝎蛉	*Panorpa aurea*	长翅目	蝎蛉科		未评估
606	卵形翅新褐蛉	*Neopanorpa ovata*	长翅目	蝎蛉科		未评估
607	莫干山新蝎蛉	*Neopanorpa moganshanensis*	长翅目	蝎蛉科		未评估
608	四带蝎蛉	*Panorpa tetrazonia*	长翅目	蝎蛉科		未评估
609	天目新蝎蛉	*Neopanorpa tienmushana*	长翅目	蝎蛉科		未评估
610	网翅新蝎蛉	*Neopanorpa caveata*	长翅目	蝎蛉科		未评估
611	周氏蝎蛉	*Panorpa choui*	长翅目	蝎蛉科		未评估
612	东方豉甲	*Dineutus orientalis*	鞘翅目	豉甲科		未评估
613	黄条龙虱	*Hydaticus bowringi*	鞘翅目	龙虱科		未评估
614	灰龙虱	*Eretes sticticus*	鞘翅目	龙虱科		未评估
615	布氏细胫步甲	*Agonum buckanani*	鞘翅目	步甲科		未评估
616	广屁步甲	*Pheropsophus occipitalis*	鞘翅目	步甲科		未评估
617	拉步甲	*Carabus lafossei*	鞘翅目	步甲科	二级	近危（NT）

序号	中文名	学名	目名	科名	保护等级	濒危等级
618	麻头步甲	*Planetes punticeps*	鞘翅目	步甲科		未评估
619	三齿婪步甲	*Harpalus tridens*	鞘翅目	步甲科		未评估
620	金斑虎甲	*Cicindela aurulenla*	鞘翅目	虎甲科		未评估
621	离斑虎甲	*Cicindela separata*	鞘翅目	虎甲科		未评估
622	中华虎甲	*Cicindela chinensis*	鞘翅目	虎甲科		未评估
623	大牙甲	*Hydrous acuminatus*	鞘翅目	牙甲科		未评估
624	戟牙甲	*Hydrous hastatus*	鞘翅目	牙甲科		未评估
625	黑覆葬甲	*Nicrophorus concolor*	鞘翅目	埋葬甲科		未评估
626	尼覆葬甲	*Nicrophorus nepalensis*	鞘翅目	埋葬甲科		未评估
627	亚洲尸葬甲	*Necrodes littoralis*	鞘翅目	埋葬甲科		未评估
628	暗黑鳃金龟	*Holotrichia parallela*	鞘翅目	金龟科		未评估
629	白星花金龟	*Protaetia brevitarsis*	鞘翅目	金龟科		未评估
630	斑翅异丽金龟	*Anomala spiloptera*	鞘翅目	金龟科		未评估
631	斑黑异丽金龟	*Anomala ebenina*	鞘翅目	金龟科		未评估
632	斑青花金龟	*Oxycetonia bealiae*	鞘翅目	金龟科		未评估
633	大云鳃金龟	*Polyphylla laticollis*	鞘翅目	金龟科		未评估
634	端斑蜉金龟	*Aphodius sorex*	鞘翅目	金龟科		未评估
635	福建蜣螂	*Copris fukiensis*	鞘翅目	金龟科		未评估
636	海霉鳃金龟	*Sophtops heydeni*	鞘翅目	金龟科		未评估
637	黑嗡蜣螂	*Onthophagus ater*	鞘翅目	金龟科		未评估
638	横纹罗花金龟	*Rhomborrhina fortunei*	鞘翅目	金龟科		未评估
639	红褐大黑鳃金龟	*Holotrichia rubida*	鞘翅目	金龟科		未评估
640	华长丽金龟	*Adoretosoma chinense*	鞘翅目	金龟科		未评估
641	近方弧丽金龟	*Popillia subquadrata*	鞘翅目	金龟科		未评估
642	阔背七鳃金龟	*Heptophylla laticollis*	鞘翅目	金龟科		未评估
643	蓝边矛丽金龟	*Callistethus plagiicollis*	鞘翅目	金龟科		未评估
644	绿丽金龟	*Anomala expansa*	鞘翅目	金龟科		未评估
645	绿罗花金龟	*Rhomborrhina unicolor*	鞘翅目	金龟科		未评估
646	绿奇花金龟	*Agestrata orichalca*	鞘翅目	金龟科		未评估
647	毛斑喙丽金龟	*Adoretus tenuimaculatus*	鞘翅目	金龟科		未评估
648	毛褐异丽金龟	*Anomala hirsutula*	鞘翅目	金龟科		未评估
649	霉云鳃金龟	*Polyphylla nubecula*	鞘翅目	金龟科		未评估
650	蒙瘤犀金龟	*Trichogomphus mongol*	鞘翅目	金龟科		未评估
651	棉花弧丽金龟	*Popillia mutans*	鞘翅目	金龟科		未评估
652	闽褐弧丽金龟	*Popillia fukiensis*	鞘翅目	金龟科		未评估
653	墨绿彩丽金龟	*Mimela splendens*	鞘翅目	金龟科		未评估
654	牛角利蜣螂	*Liatongus bucerus*	鞘翅目	金龟科		未评估
655	铅灰齿爪鳃金龟	*Holotrichia plumbea*	鞘翅目	金龟科		未评估

序号	中文名	学名	目名	科名	保护等级	濒危等级
656	日玛绢金龟	*Maladera japonica*	鞘翅目	金龟科		未评估
657	筛阿鳃金龟	*Apogonia cribricolli*	鞘翅目	金龟科		未评估
658	深绿异丽金龟	*Anomala heydeni*	鞘翅目	金龟科		未评估
659	神农洁蜣螂	*Catharsius molossus*	鞘翅目	金龟科		未评估
660	双叉犀金龟	*Trypoxylus dichotomus*	鞘翅目	金龟科		未评估
661	四川蜣螂	*Copris szechouanicus*	鞘翅目	金龟科		未评估
662	铜绿异丽金龟	*Anomala corpulenta*	鞘翅目	金龟科		未评估
663	弯股彩丽金龟	*Mimela excisipes*	鞘翅目	金龟科		未评估
664	西双唇花金龟	*Trigonophorus xisana*	鞘翅目	金龟科		未评估
665	小黄鳃金龟	*Metabolus flavescens*	鞘翅目	金龟科		未评估
666	疣侧裸蜣螂	*Gymnopleurus brahminus*	鞘翅目	金龟科		未评估
667	赭翅臀花金龟	*Campsiura mirabilis*	鞘翅目	金龟科		未评估
668	中华彩丽金龟	*Mimela chinensis*	鞘翅目	金龟科		未评估
669	中华弧丽金龟	*Popillia quadriuttata*	鞘翅目	金龟科		未评估
670	中华喙丽金龟	*Adoretus sinicus*	鞘翅目	金龟科		未评估
671	阳彩臂金龟	*Cheirotonus jansoni*	鞘翅目	臂金龟科	二级	易危（VU）
672	东南溪泥甲	*Stenelmis euronotana*	鞘翅目	溪泥甲科		未评估
673	沟脊溪泥甲	*Stenelmis sulcaticarinata*	鞘翅目	溪泥甲科		未评估
674	厚缘溪泥甲	*Stenelmis grossimarginata*	鞘翅目	溪泥甲科		未评估
675	俗溪泥甲	*Stenelmis sulmo*	鞘翅目	溪泥甲科		未评估
676	狭沟溪泥甲	*Stenelmis angustisulcata*	鞘翅目	溪泥甲科		未评估
677	中华溪泥甲	*Stenelmis sinica*	鞘翅目	溪泥甲科		未评估
678	吴鸿肖扁泥甲	*Psephenoides wuhongi*	鞘翅目	扁泥甲科		未评估
679	阿里山尖额叩甲	*Glyphonyx arisanus*	鞘翅目	叩甲科		未评估
680	斑鞘灿叩甲	*Actenicerus maculipennis*	鞘翅目	叩甲科		未评估
681	变色平尾叩甲	*Gamepenthes versipellis*	鞘翅目	叩甲科		未评估
682	粗体土叩甲	*Xanthopenthes rohustus*	鞘翅目	叩甲科		未评估
683	格氏绵叩甲	*Adelophorina grettitti*	鞘翅目	叩甲科		未评估
684	黄肩心跗叩甲	*Cardiotarsus humeralis*	鞘翅目	叩甲科		未评估
685	巨四叶叩甲	*Tetralobus perroti*	鞘翅目	叩甲科		未评估
686	拉氏梳爪叩甲	*Melanotus lameyi*	鞘翅目	叩甲科		未评估
687	脉鞘梳爪叩甲	*Melanotus venalis*	鞘翅目	叩甲科		未评估
688	坡氏短角叩甲	*Vuilletus potanini*	鞘翅目	叩甲科		未评估
689	沙县微叩甲	*Quasimus shaxianensis*	鞘翅目	叩甲科		未评估
690	筛头梳爪叩甲	*Melanotus legatus*	鞘翅目	叩甲科		未评估
691	山槽缝叩甲	*Agrypnus montanus*	鞘翅目	叩甲科		未评估
692	双疣槽缝叩甲	*Agrypnus bipapulatus*	鞘翅目	叩甲科		未评估
693	眼纹斑叩甲	*Crytalaus larvatus*	鞘翅目	叩甲科		未评估

序号	中文名	学名	目名	科名	保护等级	濒危等级
694	越南锥尾叩甲	*Agriotes tonkinensis*	鞘翅目	叩甲科		未评估
695	朱鞘丽叩甲	*Campsostemus gemma*	鞘翅目	叩甲科		未评估
696	八斑和瓢虫	*Harmonia octomaculata*	鞘翅目	瓢虫科		未评估
697	大红瓢虫	*Rodolia rufopilosa*	鞘翅目	瓢虫科		未评估
698	稻红瓢虫	*Micraspis discolor*	鞘翅目	瓢虫科		未评估
699	梵文菌瓢虫	*Halyzia sanscrita*	鞘翅目	瓢虫科		未评估
700	方斑瓢虫	*Propylaea quatuordecimpanctata*	鞘翅目	瓢虫科		未评估
701	瓜茄瓢虫	*Afissa admirabilis*	鞘翅目	瓢虫科		未评估
702	龟纹瓢虫	*Propylaea japonica*	鞘翅目	瓢虫科		未评估
703	黑方突毛瓢虫	*Pseudoscymnus kurohime*	鞘翅目	瓢虫科		未评估
704	黑腹刻眼瓢虫	*Ortalia nigropectoralis*	鞘翅目	瓢虫科		未评估
705	红星盘瓢虫	*Phrynocaria congerer*	鞘翅目	瓢虫科		未评估
706	黄褐刻眼瓢虫	*Ortalia pectordlis*	鞘翅目	瓢虫科		未评估
707	黄褐盘瓢虫	*Lemnia saucia*	鞘翅目	瓢虫科		未评估
708	九斑食植瓢虫	*Epilachna freyana*	鞘翅目	瓢虫科		未评估
709	七星瓢虫	*Coccinella septempunctata*	鞘翅目	瓢虫科		未评估
710	浅缘瓢虫	*Rodolia rufocincta*	鞘翅目	瓢虫科		未评估
711	十五星裸瓢虫	*Calvia quindecimguttata*	鞘翅目	瓢虫科		未评估
712	双带盘瓢虫	*Lemnia biplagiata*	鞘翅目	瓢虫科		未评估
713	四斑广盾瓢虫	*Platynaspis maculosa*	鞘翅目	瓢虫科		未评估
714	四斑隐胫瓢虫	*Aspidimerus esakii*	鞘翅目	瓢虫科		未评估
715	四斑月瓢虫	*Chilomenes quadriplagiata*	鞘翅目	瓢虫科		未评估
716	四川食植瓢虫	*Epilachna szechuana*	鞘翅目	瓢虫科		未评估
717	酸浆瓢虫	*Epilachna sparsa*	鞘翅目	瓢虫科		未评估
718	弯斑唇瓢虫	*Chilocorus geminus*	鞘翅目	瓢虫科		未评估
719	弯突毛瓢虫	*Scymnus yamato*	鞘翅目	瓢虫科		未评估
720	细纹裸瓢虫	*Calvia albolineata*	鞘翅目	瓢虫科		未评估
721	小红瓢虫	*Rodolia pumila*	鞘翅目	瓢虫科		未评估
722	亚澳食植瓢虫	*Epilachna galerucinoides*	鞘翅目	瓢虫科		未评估
723	异点唇瓢虫	*Chilocorus esakii*	鞘翅目	瓢虫科		未评估
724	异色瓢虫	*Harmonia axyridis*	鞘翅目	瓢虫科		未评估
725	百山祖肖姬花蚤	*Falsomordellistena baishanzuna*	鞘翅目	花蚤科		未评估
726	福建狭姬花蚤	*Mordellistenoda fukiensis*	鞘翅目	花蚤科		未评估
727	吴氏肖姬花蚤	*Falsomordellistena wui*	鞘翅目	花蚤科		未评估
728	黄肖小花蚤	*Falsomordellistena luteoloides*	鞘翅目	花蚤科		未评估
729	皮氏带花蚤	*Glipa pici*	鞘翅目	花蚤科		未评估
730	吴氏土甲	*Gonocephalum wui*	鞘翅目	拟步甲科		未评估
731	红带近烁甲	*Plesiophthalmus rubrofasciatus*	鞘翅目	拟步甲科		未评估

序号	中文名	学名	目名	科名	保护等级	濒危等级
732	中国豆芫菁	*Epicauta chinensis*	鞘翅目	芫菁科		未评估
733	糙额驴天牛	*Pothyne mgifrons*	鞘翅目	天牛科		未评估
734	赤缘花天牛	*Anoplodera rubra*	鞘翅目	天牛科		未评估
735	大麻多节天牛	*Agaparthia danrica*	鞘翅目	天牛科		未评估
736	短足筒天牛	*Oberea uninotaticollis*	鞘翅目	天牛科		未评估
737	光肩星天牛	*Anoplophora glabripennis*	鞘翅目	天牛科		未评估
738	褐梗天牛	*Arhopalus rusticus*	鞘翅目	天牛科		未评估
739	黑头筒天牛	*Oberea nigricep*	鞘翅目	天牛科		未评估
740	黑星天牛	*Anoplophora leechi*	鞘翅目	天牛科		未评估
741	黑缘花天牛	*Anoplodera sequeusi*	鞘翅目	天牛科		未评估
742	红天牛	*Erythrus chanpioni*	鞘翅目	天牛科		未评估
743	红缘亚天牛	*Asias halodendri*	鞘翅目	天牛科		未评估
744	弧斑红天牛	*Erythrus forunei*	鞘翅目	天牛科		未评估
745	黄带刺楔天牛	*Thermistis croceocincta*	鞘翅目	天牛科		未评估
746	黄带多带天牛	*Polyzonus fasciatus*	鞘翅目	天牛科		未评估
747	黄星桑天牛	*Psacothea hilaris*	鞘翅目	天牛科		未评估
748	金绒锦天牛	*Acalolepta permutans*	鞘翅目	天牛科		未评估
749	蜡斑齿胫天牛	*Paraleprodera carobna*	鞘翅目	天牛科		未评估
750	梨眼天牛	*Bacchisa fortunes*	鞘翅目	天牛科		未评估
751	栗灰锦天牛	*Acalolepta degener*	鞘翅目	天牛科		未评估
752	瘤胸簇天牛	*Aristobia hispida*	鞘翅目	天牛科		未评估
753	绿绒星天牛	*Anoplophora berynina*	鞘翅目	天牛科		未评估
754	麻斑墨天牛	*Monochamus sparsutus*	鞘翅目	天牛科		未评估
755	苎麻双脊天牛	*Paraglenea fortunei*	鞘翅目	天牛科		未评估
756	毛角薄翅天牛	*Megopis marginalis*	鞘翅目	天牛科		未评估
757	密齿锯天牛	*Macrotoma fisheri*	鞘翅目	天牛科		未评估
758	南方锦天牛	*Acalolepta speciosa*	鞘翅目	天牛科		未评估
759	拟星天牛	*Anoplophora imitatrix*	鞘翅目	天牛科		未评估
760	曲纹花天牛	*Leptura arcuata*	鞘翅目	天牛科		未评估
761	日本筒天牛	*Oberea japonica*	鞘翅目	天牛科		未评估
762	十二斑花天牛	*Leptura duodecimguttata*	鞘翅目	天牛科		未评估
763	双斑锦天牛	*Acalolepta sublusca*	鞘翅目	天牛科		未评估
764	松墨天牛	*Monochamus alternatus*	鞘翅目	天牛科		未评估
765	台湾筒天牛	*Oberea formasana*	鞘翅目	天牛科		未评估
766	桃红颈天牛	*Aromia bungii*	鞘翅目	天牛科		未评估
767	无芒锦天牛	*Acalolepta floculata*	鞘翅目	天牛科		未评估
768	狭胸橘天牛	*Philus autennatus*	鞘翅目	天牛科		未评估
769	小长角天牛	*Acanthocinus griseus*	鞘翅目	天牛科		未评估

序号	中文名	学名	目名	科名	保护等级	濒危等级
770	星天牛	*Anoplophora chinensis*	鞘翅目	天牛科		未评估
771	眼斑齿胫天牛	*Paraleprodera diophthalma*	鞘翅目	天牛科		未评估
772	杨红颈天牛	*Aromia moschata*	鞘翅目	天牛科		未评估
773	异色花天牛	*Leptura thoracica*	鞘翅目	天牛科		未评估
774	樱红肿角天牛	*Neocerambyx oenochrous*	鞘翅目	天牛科		未评估
775	云斑天牛	*Batocera hosrtieldi*	鞘翅目	天牛科		未评估
776	蚤瘦花天牛	*Strangalia fortunei*	鞘翅目	天牛科		未评估
777	中华薄翅天牛	*Megopis sinica*	鞘翅目	天牛科		未评估
778	椎天牛	*Spondylis buprestoides*	鞘翅目	天牛科		未评估
779	巴新锹甲	*Neolucanus baladera*	鞘翅目	锹甲科		未评估
780	钝齿陶锹甲	*Dorcus nageli*	鞘翅目	锹甲科		未评估
781	盾环锹甲	*Cyclommatus scutellaris*	鞘翅目	锹甲科		未评估
782	福州锹甲	*Lucanus fortunei*	鞘翅目	锹甲科		未评估
783	褐黄前锹甲	*Prosopocoilus astacoides*	鞘翅目	锹甲科		未评估
784	红边鬼艳锹甲	*Odontolabis cuvera*	鞘翅目	锹甲科		未评估
785	红缘新锹甲	*Neolucanus pallescens*	鞘翅目	锹甲科		未评估
786	简颚锹甲	*Nigldionus parryi*	鞘翅目	锹甲科		未评估
787	巨锯锹甲	*Dorcus titanus*	鞘翅目	锹甲科		未评估
788	孔夫子锯锹	*Prosopocoilus confucius*	鞘翅目	锹甲科		未评估
789	污铜狭锹甲	*Prismognathus dauricus*	鞘翅目	锹甲科		未评估
790	西光胫锹甲	*Odontolabis siva*	鞘翅目	锹甲科		未评估
791	中华奥锹甲	*Odontolabis sinensis*	鞘翅目	锹甲科		易危（VU）
792	四星蜡斑甲	*Helota gemmata*	鞘翅目	蜡斑甲科		未评估
793	独角铠甲	*Micropeplus unicornis*	鞘翅目	铠甲科		未评估
794	黑水龟虫	*Stemolophus rufipes*	鞘翅目	水龟甲科		未评估
795	甘薯肖叶甲	*Colasposoma dauricum*	鞘翅目	肖叶甲科		未评估
796	丽扁角肖叶甲	*Platycorynus parryi*	鞘翅目	肖叶甲科		未评估
797	暗棕长瘤跳甲	*Trachyaphthona obscura*	鞘翅目	叶甲科		未评估
798	凹翅长跗萤叶甲	*Monolepta bicavipennis*	鞘翅目	叶甲科		未评估
799	百山祖额凹萤叶甲	*Sermyloides baishanzuia*	鞘翅目	叶甲科		未评估
800	斑翅粗角跳甲	*Phygasia ornata*	鞘翅目	叶甲科		未评估
801	薄荷金叶甲	*Chrysolina exanthematica*	鞘翅目	叶甲科		未评估
802	波毛丝跳甲	*Hespera lomasa*	鞘翅目	叶甲科		未评估
803	菜无缘叶甲	*Colaphellus bowringii*	鞘翅目	叶甲科		未评估
804	粗长毛萤叶甲	*Pyrrhalta griseovillosa*	鞘翅目	叶甲科		未评估
805	端黄盔萤叶甲	*Cassena terminalis*	鞘翅目	叶甲科		未评估
806	二纹柱萤叶甲	*Sphenoraia micans*	鞘翅目	叶甲科		未评估
807	枫香凹翅萤叶甲	*Paleosepharia liquidambara*	鞘翅目	叶甲科		未评估

序号	中文名	学名	目名	科名	保护等级	濒危等级
808	缝细角跳甲	*Ophrida scaphoides*	鞘翅目	叶甲科		未评估
809	褐翅拟隶萤叶甲	*Siemssenius fulvipennis*	鞘翅目	叶甲科		未评估
810	褐方胸萤叶甲	*Proegmena pallidipennis*	鞘翅目	叶甲科		未评估
811	黑凹胸跳甲	*Ogloblinia affinis*	鞘翅目	叶甲科		未评估
812	黑翅角胫叶甲	*Gonioctena melanoptera*	鞘翅目	叶甲科		未评估
813	黑盾黄守瓜	*Aulacophora semifusca*	鞘翅目	叶甲科		未评估
814	黑盾角胫叶甲	*Gonioctena fulva*	鞘翅目	叶甲科		未评估
815	黑跗瓢萤叶甲	*Mimastra soreli*	鞘翅目	叶甲科		未评估
816	黑腹米萤叶甲	*Gallerucida bifasciata*	鞘翅目	叶甲科		未评估
817	黑头攸萤叶甲	*Euliroetis melanocephala*	鞘翅目	叶甲科		未评估
818	黑窝柱萤叶甲	*Gallerucida nigrofoveolata*	鞘翅目	叶甲科		未评估
819	黑胸攸萤叶甲	*Euliroetis nigrinotum*	鞘翅目	叶甲科		未评估
820	黑足黑守瓜	*Aulacophora nigripennis*	鞘翅目	叶甲科		未评估
821	胡枝子克萤叶甲	*Cneorane violaceipennis*	鞘翅目	叶甲科		未评估
822	黄斑德萤叶甲	*Dercetina flavocincta*	鞘翅目	叶甲科		未评估
823	黄腹埃萤叶甲	*Exosoma flaviventris*	鞘翅目	叶甲科		未评估
824	黄腹丽萤叶甲	*Clitenella fulminans*	鞘翅目	叶甲科		未评估
825	黄腹瘦跳甲	*Stenoluperus flaviventris*	鞘翅目	叶甲科		未评估
826	黄褐阿萤叶甲	*Arthrotus testaceus*	鞘翅目	叶甲科		未评估
827	黄曲条菜跳甲	*Phyllotreta striolata*	鞘翅目	叶甲科		未评估
828	黄尾柱萤叶甲	*Gallerucida flavipennis*	鞘翅目	叶甲科		未评估
829	黄胸寡毛跳甲	*Luperomorpha xanthodera*	鞘翅目	叶甲科		未评估
830	黄缘樟萤叶甲	*Atysa marginata*	鞘翅目	叶甲科		未评估
831	蓟跳甲	*Altica cirsicola*	鞘翅目	叶甲科		未评估
832	尖角圆肩跳甲	*Batophila acutangula*	鞘翅目	叶甲科		未评估
833	金绿沟胫跳甲	*Hemipyxis plagioderoides*	鞘翅目	叶甲科		未评估
834	金绿里叶甲	*Linaeidea aeneipennis*	鞘翅目	叶甲科		未评估
835	菊攸萤叶甲	*Euliroetis ornata*	鞘翅目	叶甲科		未评估
836	考氏凹翅萤叶甲	*Paleosepharia kolthoffi*	鞘翅目	叶甲科		未评估
837	宽突方胸柱萤叶甲	*Laphris apophysata*	鞘翅目	叶甲科		未评估
838	莱氏长跗萤叶甲	*Monolepta leechi*	鞘翅目	叶甲科		未评估
839	蓝翅瓢萤叶甲	*Oides bowringii*	鞘翅目	叶甲科		未评估
840	蓝色九节跳甲	*Sangariola fortunei*	鞘翅目	叶甲科		未评估
841	蓝跳甲	*Altica cyanea*	鞘翅目	叶甲科		未评估
842	柳氏黑守瓜	*Aulacophora lewisii*	鞘翅目	叶甲科		未评估
843	柳圆叶甲	*Plagioderoides versicolora*	鞘翅目	叶甲科		未评估
844	裸顶丝跳甲	*Hespera sericea*	鞘翅目	叶甲科		未评估
845	鸟尾拟守瓜	*Paridea avicauda*	鞘翅目	叶甲科		未评估

序号	中文名	学名	目名	科名	保护等级	濒危等级
846	日本埃萤叶甲	*Exosoma chujoi*	鞘翅目	叶甲科		未评估
847	日本瘦跳甲	*Stenoluperus nipponensis*	鞘翅目	叶甲科		未评估
848	桑黄米萤叶甲	*Mimastra cyanura*	鞘翅目	叶甲科		未评估
849	山沟胫跳甲	*Hemipyxis montivaga*	鞘翅目	叶甲科		未评估
850	深蓝侧刺跳甲	*Aphthona varipes*	鞘翅目	叶甲科		未评估
851	十三斑角胫叶甲	*Gonioctena tredecimmaculata*	鞘翅目	叶甲科		未评估
852	十星瓢萤叶甲	*Oides decempunctatus*	鞘翅目	叶甲科		未评估
853	双斑长跗萤叶甲	*Monolepta hieroglyphica*	鞘翅目	叶甲科		未评估
854	水杉阿萤叶甲	*Arthrotus nigrofasciatus*	鞘翅目	叶甲科		未评估
855	细背侧刺跳甲	*Aphthona strigosa*	鞘翅目	叶甲科		未评估
856	细刻斯萤叶甲	*Chaetocnema discreta*	鞘翅目	叶甲科		未评估
857	小猿叶甲	*Phaedon brassicae*	鞘翅目	叶甲科		未评估
858	炫丽拟守瓜	*Paridea formosana*	鞘翅目	叶甲科		未评估
859	瑶山侧刺跳甲	*Aphthona yaosanica*	鞘翅目	叶甲科		未评估
860	印度黄守瓜	*Aulacophora indica*	鞘翅目	叶甲科		未评估
861	油菜蚤跳甲	*Psylliodes punctifrons*	鞘翅目	叶甲科		未评估
862	榆黄毛萤叶甲	*Pyrrhalta maculicollis*	鞘翅目	叶甲科		未评估
863	中华拟守瓜	*Paridea sinensis*	鞘翅目	叶甲科		未评估
864	竹长附萤叶甲	*Monolepta pallidula*	鞘翅目	叶甲科		未评估
865	棕顶沟胫跳甲	*Hemipyxis moseri*	鞘翅目	叶甲科		未评估
866	北锯龟甲	*Basiprionota bisignata*	鞘翅目	铁甲科		未评估
867	大锯龟甲	*Basiprionota chinensis*	鞘翅目	铁甲科		未评估
868	山植肋龟甲	*Alledoya vespertina*	鞘翅目	铁甲科		未评估
869	枣掌铁甲	*Platypria melli*	鞘翅目	铁甲科		未评估
870	长刺异爪铁甲	*Asamangulia longispina*	鞘翅目	铁甲科		未评估
871	黑尾卷叶象	*Apoderus nigroapicatus*	鞘翅目	卷象科		未评估
872	脊切卷象	*Euops championi*	鞘翅目	卷象科		未评估
873	漆黑瘤卷象	*Phymatapoderus latipennis*	鞘翅目	卷象科		未评估
874	扁翅筒喙象	*Lixus depressipennis*	鞘翅目	象甲科		未评估
875	淡灰瘤象	*Dermatoxenus caesicollis*	鞘翅目	象甲科		未评估
876	稻象甲	*Echinocnemus squomeus*	鞘翅目	象甲科		未评估
877	金光根瘤象	*Sitona tibialis*	鞘翅目	象甲科		未评估
878	梨虎	*Rhynchites foveipennis*	鞘翅目	象甲科		未评估
879	栗实象	*Curculio dacidi*	鞘翅目	象甲科		未评估
880	马尾松角胫象	*Shirahvshizo patruelis*	鞘翅目	象甲科		未评估
881	台湾伪长喙锥象	*Pseudorychodes insignis*	鞘翅目	象甲科		未评估
882	乌桕长足象	*Alcidodes erro*	鞘翅目	象甲科		未评估
883	中国癞象	*Episomus chinensis*	鞘翅目	象甲科		未评估

序号	中文名	学名	目名	科名	保护等级	濒危等级
884	竹大象	*Cyrtotrachelus longimanus*	鞘翅目	象甲科		未评估
885	竹横锯大象	*Cyrtotrachelus bugueti*	鞘翅目	象甲科		未评估
886	百山祖如钩蚕蛾	*Mustilizans baishanzuna*	鳞翅目	蚕蛾科		未评估
887	黄斑蚕蛾	*Andraca flavamaculata*	鳞翅目	蚕蛾科		未评估
888	灰素蚕蛾	*Pseudandraca ravida*	鳞翅目	蚕蛾科		未评估
889	如钩蚕蛾	*Mustilizans drepaniformis*	鳞翅目	蚕蛾科		未评估
890	直缘钩蚕蛾	*Mustilia orthocosta*	鳞翅目	蚕蛾科		未评估
891	中华窗蚕蛾	*Prismosticta sinica*	鳞翅目	蚕蛾科		未评估
892	樗蚕蛾	*Philosamia cynthia*	鳞翅目	大蚕蛾科		未评估
893	红尾大蚕蛾	*Actias rhodopheuma*	鳞翅目	大蚕蛾科		未评估
894	华尾大蚕蛾	*Actias sinensis*	鳞翅目	大蚕蛾科		未评估
895	黄豹大蚕蛾	*Loepa katinka*	鳞翅目	大蚕蛾科		未评估
896	绿尾大蚕蛾	*Actias selene*	鳞翅目	大蚕蛾科		未评估
897	目豹大蚕蛾	*Loepa damartis*	鳞翅目	大蚕蛾科		未评估
898	藤豹大蚕蛾	*Loepa anthera*	鳞翅目	大蚕蛾科		未评估
899	长尾大蚕蛾	*Actias dubernardi*	鳞翅目	大蚕蛾科		未评估
900	钩翅天蚕蛾	*Antheraea assanensis*	鳞翅目	天蚕蛾科		未评估
901	明目天蚕蛾	*Antheraea frithii*	鳞翅目	天蚕蛾科		未评估
902	柞蚕	*Antheraea pernyi*	鳞翅目	天蚕蛾科		未评估
903	白肩天蛾	*Rhagastis mongoliana*	鳞翅目	天蛾科		未评估
904	白薯天蛾	*Herse convolvuli*	鳞翅目	天蛾科		未评估
905	大背天蛾	*Meganoton analis*	鳞翅目	天蛾科		未评估
906	大星天蛾	*Dolbina inexacta*	鳞翅目	天蛾科		未评估
907	杜果天蛾	*Compsogene panopus*	鳞翅目	天蛾科		未评估
908	椴六点天蛾	*Marumba dyras*	鳞翅目	天蛾科		未评估
909	甘蔗天蛾	*Leucophlebia lineata*	鳞翅目	天蛾科		未评估
910	构月天蛾	*Parum colligata*	鳞翅目	天蛾科		未评估
911	鬼脸天蛾	*Acherontia lachesis*	鳞翅目	天蛾科		未评估
912	红天蛾	*Pergesa elpenor*	鳞翅目	天蛾科		未评估
913	灰天蛾	*Acosmerycoides leucocraspis*	鳞翅目	天蛾科		未评估
914	梨六点天蛾	*Marumba gaschkewitschi*	鳞翅目	天蛾科		未评估
915	栎鹰翅天蛾	*Oxyambulyx liturata*	鳞翅目	天蛾科		未评估
916	栗六点天蛾	*Marumba sperchius*	鳞翅目	天蛾科		未评估
917	南方豆天蛾	*Clanis bilineata*	鳞翅目	天蛾科		未评估
918	枇杷六点天蛾	*Marumba spectabilis*	鳞翅目	天蛾科		未评估
919	平背天蛾	*Cechenena minor*	鳞翅目	天蛾科		未评估
920	葡萄缺角天蛾	*Acosmeryx naga*	鳞翅目	天蛾科		未评估
921	葡萄天蛾	*Ampelophaga rubiginosa*	鳞翅目	天蛾科		未评估

序号	中文名	学名	目名	科名	保护等级	濒危等级
922	青背斜纹天蛾	*Theretra nessus*	鳞翅目	天蛾科		未评估
923	青背长喙天蛾	*Macroglossum bombylans*	鳞翅目	天蛾科		未评估
924	雀纹天蛾	*Theretra japonica*	鳞翅目	天蛾科		未评估
925	斜纹天蛾	*Theretra clotho*	鳞翅目	天蛾科		未评估
926	洋槐天蛾	*Clanis deucalion*	鳞翅目	天蛾科		未评估
927	芋双线天蛾	*Theretra oldenlandiae*	鳞翅目	天蛾科		未评估
928	芝麻鬼脸天蛾	*Acherontia styx*	鳞翅目	天蛾科		未评估
929	枯球箩纹蛾	*Brahmaea wallichi*	鳞翅目	箩纹蛾科		未评估
930	平直箩纹蛾	*Brahmaea recta*	鳞翅目	箩纹蛾科		未评估
931	柏松毛虫	*Dendrolimus suffuscus*	鳞翅目	枯叶蛾科		未评估
932	黄枯叶蛾	*Philudoria laeta*	鳞翅目	枯叶蛾科		未评估
933	黄山松毛虫	*Dendrolimus marmoratus*	鳞翅目	枯叶蛾科		未评估
934	吉松毛虫	*Dendrolimus kikuchii*	鳞翅目	枯叶蛾科		未评估
935	刻缘枯叶蛾	*Takanea miyaker*	鳞翅目	枯叶蛾科		未评估
936	冷杉枯叶蛾	*Selenephora lunigera*	鳞翅目	枯叶蛾科		未评估
937	李褐枯叶蛾	*Gastropacha quercifolia*	鳞翅目	枯叶蛾科		未评估
938	柳杉云毛虫	*Hoenimnema roesleri*	鳞翅目	枯叶蛾科		未评估
939	六点枯叶蛾	*Alompra ferruginea*	鳞翅目	枯叶蛾科		未评估
940	落叶松毛虫	*Dendrolimus superans*	鳞翅目	枯叶蛾科		未评估
941	绿黄毛虫	*Trabala vishnou*	鳞翅目	枯叶蛾科		未评估
942	马尾松毛虫	*Dendrolimus punctatus*	鳞翅目	枯叶蛾科		未评估
943	苹枯叶蛾	*Odonestis pruni*	鳞翅目	枯叶蛾科		未评估
944	石梓毛虫	*Gastropacha philippinensts*	鳞翅目	枯叶蛾科		未评估
945	松栎枯叶蛾	*Paralebeda plagifera*	鳞翅目	枯叶蛾科		未评估
946	小斑痣枯叶蛾	*Odontocraspis hasora*	鳞翅目	枯叶蛾科		未评估
947	油松毛虫	*Dendrolimus tabulaeformis*	鳞翅目	枯叶蛾科		未评估
948	缘斑枯叶蛾	*Gastropacha xenapates*	鳞翅目	枯叶蛾科		未评估
949	云南松毛虫	*Dendrolimus grisea*	鳞翅目	枯叶蛾科		未评估
950	锚纹蛾	*Pterodecta felderi*	鳞翅目	锚纹蛾科		未评估
951	隐锚纹蛾	*Cleis fasciata*	鳞翅目	锚纹蛾科		未评估
952	半豆斑钩蛾	*Auzata semipavonaria*	鳞翅目	钩蛾科		未评估
953	窗翅钩蛾	*Macrauzata ferestraria*	鳞翅目	钩蛾科		未评估
954	点带山钩蛾	*Oreta purpurea*	鳞翅目	钩蛾科		未评估
955	古钩蛾	*Palaeodrepana harpagula*	鳞翅目	钩蛾科		未评估
956	褐斑丽钩蛾	*Callidrepana argenteola*	鳞翅目	钩蛾科		未评估
957	花距钩蛾	*Agnidra specularia*	鳞翅目	钩蛾科		未评估
958	华夏山钩蛾	*Oreta pavacn*	鳞翅目	钩蛾科		未评估
959	黄带山钩蛾	*Oreta pulchripes*	鳞翅目	钩蛾科		未评估

序号	中文名	学名	目名	科名	保护等级	濒危等级
960	黄线卑钩蛾	*Betalbara safra*	鳞翅目	钩蛾科		未评估
961	交让木山钩蛾	*Oreta insignis*	鳞翅目	钩蛾科		未评估
962	角缘山钩蛾	*Oreta angularia*	鳞翅目	钩蛾科		未评估
963	接骨木山钩蛾	*Oreta loochooana*	鳞翅目	钩蛾科		未评估
964	离钩蛾	*Sewa orbiferata*	鳞翅目	钩蛾科		未评估
965	青冈树钩蛾	*Zanclalbara scabiosa*	鳞翅目	钩蛾科		未评估
966	日本线钩蛾	*Nordstroemia japonica*	鳞翅目	钩蛾科		未评估
967	三角白钩蛾	*Ditrigona triangularia*	鳞翅目	钩蛾科		未评估
968	三线钩蛾	*Pseudalbara parvula*	鳞翅目	钩蛾科		未评估
969	珊瑚树山钩蛾	*Oreta turpis*	鳞翅目	钩蛾科		未评估
970	网线山钩蛾	*Oreta obtusa*	鳞翅目	钩蛾科		未评估
971	洋麻圆钩蛾	*Cyclidia substigmaria*	鳞翅目	钩蛾科		未评估
972	一点镰钩蛾	*Drepana pallida*	鳞翅目	钩蛾科		未评估
973	银距钩蛾	*Agnidra argypha*	鳞翅目	钩蛾科		未评估
974	直缘卑钩蛾	*Betalbara violacea*	鳞翅目	钩蛾科		未评估
975	仲黑缘黄钩蛾	*Tridrepana crocea*	鳞翅目	钩蛾科		未评估
976	清秀燕蛾	*Paradecetia luculenta*	鳞翅目	燕蛾科		未评估
977	阿里夕尺蛾	*Sibatania arizana*	鳞翅目	尺蛾科		未评估
978	白眉尺蛾	*Odezia atrata*	鳞翅目	尺蛾科		未评估
979	半豹尺蛾	*Euryobeidia largeteaui*	鳞翅目	尺蛾科		未评估
980	豹纹枝尺蛾	*Arichanna gaschkevitchii*	鳞翅目	尺蛾科		未评估
981	波尺蛾	*Triphosa rotundata*	鳞翅目	尺蛾科		未评估
982	玻璃尺蛾	*Krananda semihyalina*	鳞翅目	尺蛾科		未评估
983	草绿尺蛾	*Hipparchus fragilis*	鳞翅目	尺蛾科		未评估
984	叉线青尺蛾	*Campaea dehaliaria*	鳞翅目	尺蛾科		未评估
985	茶贡尺蛾	*Odontopera bilinearia*	鳞翅目	尺蛾科		未评估
986	茶银尺蛾	*Eupithecia praenubilata*	鳞翅目	尺蛾科		未评估
987	茶用克尺蛾	*Jankowskia athleta*	鳞翅目	尺蛾科		未评估
988	赤链白尖尺蛾	*Pseudomiza cruentaria*	鳞翅目	尺蛾科		未评估
989	春目尺蛾	*Ophthalmodes prasinospila*	鳞翅目	尺蛾科		未评估
990	枞灰尺蛾	*Deileptenia ribeata*	鳞翅目	尺蛾科		未评估
991	醋栗尺蛾	*Abraxas grossulariata*	鳞翅目	尺蛾科		未评估
992	达尺蛾	*Dalima apicataeoa*	鳞翅目	尺蛾科		未评估
993	呆奇尺蛾	*Chiasmia defixaria*	鳞翅目	尺蛾科		未评估
994	顶斑尺蛾	*Chogada yakusnimana*	鳞翅目	尺蛾科		未评估
995	豆纹尺蛾	*Metallolophia arenaria*	鳞翅目	尺蛾科		未评估
996	椴尺蛾	*Comostola subtiliaria*	鳞翅目	尺蛾科		未评估
997	方折线尺蛾	*Ecliptopera benigna*	鳞翅目	尺蛾科		未评估

序号	中文名	学名	目名	科名	保护等级	濒危等级
998	粉垂耳尺蛾	*Pachyodes haemataria*	鳞翅目	尺蛾科		未评估
999	柑橘尺蛾	*Menophra subplagiata*	鳞翅目	尺蛾科		未评估
1000	格庶尺蛾	*Semiothisa hebesata*	鳞翅目	尺蛾科		未评估
1001	贡尺蛾	*Odontopera aurata*	鳞翅目	尺蛾科		未评估
1002	钩镰翅绿尺蛾	*Tanaorhinus rafflesii*	鳞翅目	尺蛾科		未评估
1003	光边锦尺蛾	*Heterostegune hyriaria*	鳞翅目	尺蛾科		未评估
1004	光穿孔尺蛾	*Corymica specularia*	鳞翅目	尺蛾科		未评估
1005	合欢庶尺蛾	*Semiothisa defixaria*	鳞翅目	尺蛾科		未评估
1006	核桃四星尺蛾	*Ophthalmodes albosignaria*	鳞翅目	尺蛾科		未评估
1007	褐边小尺蛾	*Idaea impexa*	鳞翅目	尺蛾科		未评估
1008	褐点尺蛾	*Achrosis rufescens*	鳞翅目	尺蛾科		未评估
1009	黑条眼尺蛾	*Problepsis diazoma*	鳞翅目	尺蛾科		未评估
1010	黑玉臂尺蛾	*Xandrames dholaria*	鳞翅目	尺蛾科		未评估
1011	红带粉尺蛾	*Pingasa rufofasciata*	鳞翅目	尺蛾科		未评估
1012	洪达尺蛾	*Dalima honei*	鳞翅目	尺蛾科		未评估
1013	槐尺蛾	*Semiothisa cinerearia*	鳞翅目	尺蛾科		未评估
1014	黄尺蛾	*Sirinopteryx parauela*	鳞翅目	尺蛾科		未评估
1015	辉尺蛾	*Luxiaria mitorrhaphes*	鳞翅目	尺蛾科		未评估
1016	尖翅绢尺蛾	*Doratoptera nicevillei*	鳞翅目	尺蛾科		未评估
1017	焦边尺蛾	*Bizia aexaria*	鳞翅目	尺蛾科		未评估
1018	洁尺蛾	*Tyloptera bella*	鳞翅目	尺蛾科		未评估
1019	金带波尺蛾	*Electrophaes corylata*	鳞翅目	尺蛾科		未评估
1020	金沙尺蛾	*Sarcinodes mongaku*	鳞翅目	尺蛾科		未评估
1021	金星垂耳尺蛾	*Pachyodes amplificata*	鳞翅目	尺蛾科		未评估
1022	晶尺蛾	*Myrteta sericea*	鳞翅目	尺蛾科		未评估
1023	巨长翅尺蛾	*Obeidia gigantearia*	鳞翅目	尺蛾科		未评估
1024	锯线尺蛾	*Phthonosema serratilinearia*	鳞翅目	尺蛾科		未评估
1025	枯斑翠尺蛾	*Ochrognesia difficta*	鳞翅目	尺蛾科		未评估
1026	栎绿尺蛾	*Comibaena delicatior*	鳞翅目	尺蛾科		未评估
1027	亮翅褶尺蛾	*Lomographa daripennis*	鳞翅目	尺蛾科		未评估
1028	萝摩艳青尺蛾	*Agathia carissima*	鳞翅目	尺蛾科		未评估
1029	绿斑蚀尺蛾	*Hypochrasis festivaria*	鳞翅目	尺蛾科		未评估
1030	绿尖尾尺蛾	*Gelasma hemitheoides*	鳞翅目	尺蛾科		未评估
1031	猫眼尺蛾	*Problepsis superans*	鳞翅目	尺蛾科		未评估
1032	棉大造桥虫	*Ascotis selenaria*	鳞翅目	尺蛾科		未评估
1033	木橑尺蛾	*Culcula panterinaria*	鳞翅目	尺蛾科		未评估
1034	彷尘尺蛾	*Hypomecis punctinalis*	鳞翅目	尺蛾科		未评估
1035	片隐尺蛾	*Heterolocha laminaria*	鳞翅目	尺蛾科		未评估

序号	中文名	学名	目名	科名	保护等级	濒危等级
1036	青突尾尺蛾	*Jodis lactearia*	鳞翅目	尺蛾科		未评估
1037	蜻蜓尺蛾	*Cystidia stratonice*	鳞翅目	尺蛾科		未评估
1038	缺口青尺蛾	*Timandromorpha discolor*	鳞翅目	尺蛾科		未评估
1039	仁隐尺蛾	*Heterolocha coccinea*	鳞翅目	尺蛾科		未评估
1040	日本紫云尺蛾	*Hypephyra terrosa*	鳞翅目	尺蛾科		未评估
1041	三岔绿尺蛾	*Mixochlora vittata*	鳞翅目	尺蛾科		未评估
1042	三角尺蛾	*Trigonoptila latimarginaria*	鳞翅目	尺蛾科		未评估
1043	三线银尺蛾	*Scopula pudicaria*	鳞翅目	尺蛾科		未评估
1044	杉霜尺蛾	*Alcis angulifera*	鳞翅目	尺蛾科		未评估
1045	肾纹绿尺蛾	*Comibaena procumbaria*	鳞翅目	尺蛾科		未评估
1046	饰岩尺蛾	*Scopula emissaria*	鳞翅目	尺蛾科		未评估
1047	柿星尺蛾	*Percnia giraffata*	鳞翅目	尺蛾科		未评估
1048	束白尖尺蛾	*Pseudomiza argentilinea*	鳞翅目	尺蛾科		未评估
1049	树形尺蛾	*Erebomorpha consors*	鳞翅目	尺蛾科		未评估
1050	庶尺蛾	*Semiothisa pluviata*	鳞翅目	尺蛾科		未评估
1051	双山枝尺蛾	*Alcis grisea*	鳞翅目	尺蛾科		未评估
1052	双线褶尺蛾	*Lomographa subspersoda*	鳞翅目	尺蛾科		未评估
1053	双云尺蛾	*Biston comitata*	鳞翅目	尺蛾科		未评估
1054	水蜡魑尺蛾	*Garaeus parva distans*	鳞翅目	尺蛾科		未评估
1055	丝棉木金星尺蛾	*Abraxas suspecta*	鳞翅目	尺蛾科		未评估
1056	四点波青尺蛾	*Thalera laceratria*	鳞翅目	尺蛾科		未评估
1057	四星尺蛾	*Ophthalmodes irrorataria*	鳞翅目	尺蛾科		未评估
1058	四眼绿尺蛾	*Chlorodontopera discospilata*	鳞翅目	尺蛾科		未评估
1059	秃贡尺蛾	*Odontopera insulata*	鳞翅目	尺蛾科		未评估
1060	土灰尺蛾	*Ectephrina semilutea*	鳞翅目	尺蛾科		未评估
1061	污纹绿尺蛾	*Comibaena integranota*	鳞翅目	尺蛾科		未评估
1062	蜥波尺蛾	*Sauris nanaria*	鳞翅目	尺蛾科		未评估
1063	娴尺蛾	*Auaxa cesadaria*	鳞翅目	尺蛾科		未评估
1064	线尖尾尺蛾	*Maxates protrusa*	鳞翅目	尺蛾科		未评估
1065	小波带枝尺蛾	*Ninodes splendens*	鳞翅目	尺蛾科		未评估
1066	小尺蛾	*Microcalicha sordida*	鳞翅目	尺蛾科		未评估
1067	小灰粉尺蛾	*Pingasa pseudoterpnaria*	鳞翅目	尺蛾科		未评估
1068	小蜻蜓尺蛾	*Cystidia couaggaria*	鳞翅目	尺蛾科		未评估
1069	小用克尺蛾	*Jankowskia fuscaria*	鳞翅目	尺蛾科		未评估
1070	斜线仄尺蛾	*Auzea obliquaria*	鳞翅目	尺蛾科		未评估
1071	星尺蛾	*Arichanna jaguararia*	鳞翅目	尺蛾科		未评估
1072	绣纹尺蛾	*Ecliptopera umbrosaria*	鳞翅目	尺蛾科		未评估
1073	雪尾尺蛾	*Ourapteryx nivea*	鳞翅目	尺蛾科		未评估

序号	中文名	学名	目名	科名	保护等级	濒危等级
1074	耶尾尺蛾	*Ourapteryx yerburii*	鳞翅目	尺蛾科		未评估
1075	易达尺蛾	*Dalima variaria*	鳞翅目	尺蛾科		未评估
1076	隐纹杜尺蛾	*Duliophyle obsoleta*	鳞翅目	尺蛾科		未评估
1077	油桐尺蛾	*Buzura suppressaria*	鳞翅目	尺蛾科		未评估
1078	云尺蛾	*Buzura thibetaria*	鳞翅目	尺蛾科		未评估
1079	云南粉尺蛾	*Pingasa alba yunnana*	鳞翅目	尺蛾科		未评估
1080	樟翠尺蛾	*Thalassodes quadraria*	鳞翅目	尺蛾科		未评估
1081	长纹绿尺蛾	*Comibaena argentataria*	鳞翅目	尺蛾科		未评估
1082	掌尺蛾	*Amraica superans*	鳞翅目	尺蛾科		未评估
1083	赭点峰尺蛾	*Dindica para*	鳞翅目	尺蛾科		未评估
1084	赭尾尺蛾	*Exurapteryx aristidaria*	鳞翅目	尺蛾科		未评估
1085	浙江垂耳尺蛾	*Pachyodes iterans*	鳞翅目	尺蛾科		未评估
1086	榛金星尺蛾	*Abraxas sylvata*	鳞翅目	尺蛾科		未评估
1087	栉尾尺蛾	*Euctenurapteryx macnlicaudaria*	鳞翅目	尺蛾科		未评估
1088	中国虎尺蛾	*Xanthabraxas hemionata*	鳞翅目	尺蛾科		未评估
1089	中国巨青尺蛾	*Limbatochlamys rosthorni*	鳞翅目	尺蛾科		未评估
1090	中国四眼绿尺蛾	*Chlorodontopera mandarinata*	鳞翅目	尺蛾科		未评估
1091	中华星尺蛾	*Ophthalmodes sinensium*	鳞翅目	尺蛾科		未评估
1092	皱霜尺蛾	*Boarmia displiscens*	鳞翅目	尺蛾科		未评估
1093	紫片尺蛾	*Fascellina chromataria*	鳞翅目	尺蛾科		未评估
1094	紫线尺蛾	*Calothysanis comptaria*	鳞翅目	尺蛾科		未评估
1095	阿胯舟蛾	*Syntypistis aspera*	鳞翅目	舟蛾科		未评估
1096	白斑胯白舟蛾	*Syntypistis fasciata*	鳞翅目	舟蛾科		未评估
1097	豹舟蛾	*Poncetia albistriga*	鳞翅目	舟蛾科		未评估
1098	赤拳舟蛾	*Pugniphalera rufa*	鳞翅目	舟蛾科		未评估
1099	刺槐掌舟蛾	*Phalera grotei*	鳞翅目	舟蛾科		未评估
1100	刺桐掌舟蛾	*Phalera raya*	鳞翅目	舟蛾科		未评估
1101	大新二尾舟蛾	*Neocerura wisei*	鳞翅目	舟蛾科		未评估
1102	点舟蛾	*Stigmatophorina sericea*	鳞翅目	舟蛾科		未评估
1103	窦舟蛾	*Zaranga pannosa*	鳞翅目	舟蛾科		未评估
1104	多齿梭舟蛾	*Netria multispinae*	鳞翅目	舟蛾科		未评估
1105	凤舟蛾	*Suzukiana cinerea*	鳞翅目	舟蛾科		未评估
1106	甘舟蛾	*Gangaridopsis citrina*	鳞翅目	舟蛾科		未评估
1107	高粱舟蛾	*Dinara combusta*	鳞翅目	舟蛾科		未评估
1108	钩翅舟蛾	*Gangarides dharma*	鳞翅目	舟蛾科		未评估
1109	核桃美舟蛾	*Uropyia meticulodiua*	鳞翅目	舟蛾科		未评估
1110	黑蕊舟蛾	*Dudusa sphingiformis*	鳞翅目	舟蛾科		未评估
1111	灰掌舟蛾	*Phalera torpida*	鳞翅目	舟蛾科		未评估

序号	中文名	学名	目名	科名	保护等级	濒危等级
1112	基新林舟蛾	*Neodrymonia basalis*	鳞翅目	舟蛾科		未评估
1113	间掌舟蛾	*Mesophalera sigmata*	鳞翅目	舟蛾科		未评估
1114	锯齿星舟蛾	*Euhampsonia serratifera*	鳞翅目	舟蛾科		未评估
1115	枯叶舟蛾	*Leucolopha undulifera*	鳞翅目	舟蛾科		未评估
1116	梨威舟蛾	*Wilemanus bidentatus*	鳞翅目	舟蛾科		未评估
1117	栎纷舟蛾	*Fentonia ocypete*	鳞翅目	舟蛾科		未评估
1118	鹿舟蛾	*Damatn longipennis*	鳞翅目	舟蛾科		未评估
1119	绿绒胯白舟蛾	*Syntypistis chlorotricha*	鳞翅目	舟蛾科		未评估
1120	茅莓蚁舟蛾	*Stauropus basalis*	鳞翅目	舟蛾科		未评估
1121	皮霭舟蛾	*Hupodonta corticalis*	鳞翅目	舟蛾科		未评估
1122	苹掌舟蛾	*Phalera flavescens*	鳞翅目	舟蛾科		未评估
1123	浅黄箩舟蛾	*Norraca decurren*	鳞翅目	舟蛾科		未评估
1124	梭舟蛾	*Netria viridescens*	鳞翅目	舟蛾科		未评估
1125	铁腕反掌舟蛾	*Antiphalera armata*	鳞翅目	舟蛾科		未评估
1126	外弯冠舟蛾	*Lophocosma recurvata*	鳞翅目	舟蛾科		未评估
1127	细羽齿舟蛾	*Ptilodon kuwayamae*	鳞翅目	舟蛾科		未评估
1128	新二尾舟蛾	*Neocerura liturata*	鳞翅目	舟蛾科		未评估
1129	雪拟纷舟蛾	*Pseudofentonsa nivala*	鳞翅目	舟蛾科		未评估
1130	艳金舟蛾	*Spatalia doerritsi*	鳞翅目	舟蛾科		未评估
1131	银刀奇舟蛾	*Allata argyropeza*	鳞翅目	舟蛾科		未评估
1132	榆掌舟蛾	*Phalera takasagoensis*	鳞翅目	舟蛾科		未评估
1133	云舟蛾	*Neopheosia fasciata*	鳞翅目	舟蛾科		未评估
1134	窄翅舟蛾	*Niganda strigifascia*	鳞翅目	舟蛾科		未评估
1135	直角冠舟蛾	*Lophocosma rectangula*	鳞翅目	舟蛾科		未评估
1136	竹篦舟蛾	*Besaia goddrica*	鳞翅目	舟蛾科		未评估
1137	竹箩舟蛾	*Saliocleta retrofusca*	鳞翅目	舟蛾科		未评估
1138	暗脉艳苔蛾	*Asura nigrivena*	鳞翅目	灯蛾科		未评估
1139	八点灰灯蛾	*Creatonotos transiens*	鳞翅目	灯蛾科		未评估
1140	白雪灯蛾	*Spilosoma niveus*	鳞翅目	灯蛾科		未评估
1141	尘白污灯蛾	*Spilarctia obliqua*	鳞翅目	灯蛾科		未评估
1142	大丽灯蛾	*Aglaomorpha histrio*	鳞翅目	灯蛾科		未评估
1143	滴苔蛾	*Agrisius guttivitta*	鳞翅目	灯蛾科		未评估
1144	点污灯蛾	*Spilarctia stigmata*	鳞翅目	灯蛾科		未评估
1145	端黑美苔蛾	*Miltochrista terminifusca*	鳞翅目	灯蛾科		未评估
1146	粉蝶灯蛾	*Nyctemera adversata*	鳞翅目	灯蛾科		未评估
1147	豪恩丹苔蛾	*Danielithosia hoenei*	鳞翅目	灯蛾科		未评估
1148	黑条灰灯蛾	*Creatonotos gangis*	鳞翅目	灯蛾科		未评估
1149	黑须污灯蛾	*Spilarctia casigneta*	鳞翅目	灯蛾科		未评估

序号	中文名	学名	目名	科名	保护等级	濒危等级
1150	黑缘美苔蛾	*Miltochrista delineata*	鳞翅目	灯蛾科		未评估
1151	红线污灯蛾	*Spilarctia rubilinea*	鳞翅目	灯蛾科		未评估
1152	黄缘狄苔蛾	*Diduga flavicostata*	鳞翅目	灯蛾科		未评估
1153	黄痣苔蛾	*Stigmatophora flava*	鳞翅目	灯蛾科		未评估
1154	灰良苔蛾	*Eugoa grisea*	鳞翅目	灯蛾科		未评估
1155	洁雪灯蛾	*Spilosoma pura*	鳞翅目	灯蛾科		未评估
1156	煤色滴苔蛾	*Agrisius fuliginosus*	鳞翅目	灯蛾科		未评估
1157	美苔蛾	*Miltochrista miniata*	鳞翅目	灯蛾科		未评估
1158	莫干斑苔蛾	*Parasiccia mokanshanensis*	鳞翅目	灯蛾科		未评估
1159	漆黑污灯蛾	*Spilarctia infernalis*	鳞翅目	灯蛾科		未评估
1160	强污灯蛾	*Spilarctia robusta*	鳞翅目	灯蛾科		未评估
1161	人纹污灯蛾	*Spilarctia subcarnea*	鳞翅目	灯蛾科		未评估
1162	条纹艳苔蛾	*Asura strigipennis*	鳞翅目	灯蛾科		未评估
1163	同葩苔蛾	*Barsine conformis*	鳞翅目	灯蛾科		未评估
1164	头橙华苔蛾	*Agylla gigantea*	鳞翅目	灯蛾科		未评估
1165	乌闪网苔蛾	*Macrobrochis staudingeri*	鳞翅目	灯蛾科		未评估
1166	斜带污灯蛾	*Spilarctia rubitincta*	鳞翅目	灯蛾科		未评估
1167	星白雪灯蛾	*Spilosoma menthastri*	鳞翅目	灯蛾科		未评估
1168	绣苔蛾	*Asuvidia cainipicta*	鳞翅目	灯蛾科		未评估
1169	锈斑雪苔蛾	*Cyana effracta*	鳞翅目	灯蛾科		未评估
1170	血红雪苔蛾	*Cyana sanguinea*	鳞翅目	灯蛾科		未评估
1171	优美苔蛾	*Miltochrista striata*	鳞翅目	灯蛾科		未评估
1172	优雪苔蛾	*Cyana hamata*	鳞翅目	灯蛾科		未评估
1173	圆斑苏苔蛾	*Thysanoptyx signata*	鳞翅目	灯蛾科		未评估
1174	圆斑土苔蛾	*Eilema signata*	鳞翅目	灯蛾科		未评估
1175	长斑土苔蛾	*Eilema tetrogona*	鳞翅目	灯蛾科		未评估
1176	之美苔蛾	*Miltochrista zicazac*	鳞翅目	灯蛾科		未评估
1177	硃美苔蛾	*Miltochrista pulchra*	鳞翅目	灯蛾科		未评估
1178	蛛雪苔蛾	*Cyana ariadne*	鳞翅目	灯蛾科		未评估
1179	叉带叉毒蛾	*Artaxa angulata*	鳞翅目	毒蛾科		未评估
1180	叉带黄毒蛾	*Euproctis angulata*	鳞翅目	毒蛾科		未评估
1181	茶白毒蛾	*Arctornis alba*	鳞翅目	毒蛾科		未评估
1182	茶黄毒蛾	*Euproctis pseudoconspersa*	鳞翅目	毒蛾科		未评估
1183	盗毒蛾	*Porthesia similis*	鳞翅目	毒蛾科		未评估
1184	点窗毒蛾	*Leucoma diaphora*	鳞翅目	毒蛾科		未评估
1185	点丽毒蛾	*Calliteara angulata*	鳞翅目	毒蛾科		未评估
1186	豆盗毒蛾	*Porthesia piperita*	鳞翅目	毒蛾科		未评估
1187	鹅点足毒蛾	*Redoa anser*	鳞翅目	毒蛾科		未评估

序号	中文名	学名	目名	科名	保护等级	濒危等级
1188	刚竹毒蛾	*Pantana pyllostachysae*	鳞翅目	毒蛾科		未评估
1189	黑褐盗毒蛾	*Porthesia atereta*	鳞翅目	毒蛾科		未评估
1190	弧星黄毒蛾	*Euproctis decussata*	鳞翅目	毒蛾科		未评估
1191	华竹毒蛾	*Pantana sinica*	鳞翅目	毒蛾科		未评估
1192	幻带黄毒蛾	*Euproctis varians*	鳞翅目	毒蛾科		未评估
1193	黄羽毒蛾	*Pida strigipennis*	鳞翅目	毒蛾科		未评估
1194	辉毒蛾	*Kanchia subritrea*	鳞翅目	毒蛾科		未评估
1195	结茸毒蛾	*Dasychira lunulata*	鳞翅目	毒蛾科		未评估
1196	栎毒蛾	*Lymantria mathura*	鳞翅目	毒蛾科		未评估
1197	栎茸毒蛾	*Dasychira anrifera*	鳞翅目	毒蛾科		未评估
1198	明毒蛾	*Topomesoides jonasi*	鳞翅目	毒蛾科		未评估
1199	模毒蛾	*Lymantria monacha*	鳞翅目	毒蛾科		未评估
1200	铅茸毒蛾	*Dasychira chekiangensis*	鳞翅目	毒蛾科		未评估
1201	沙带黄毒蛾	*Euproctis mesustiba*	鳞翅目	毒蛾科		未评估
1202	肾毒蛾	*Cifuna locuples*	鳞翅目	毒蛾科		未评估
1203	双弓黄毒蛾	*Euproctis diploxutha*	鳞翅目	毒蛾科		未评估
1204	松茸毒蛾	*Dasychira axutha*	鳞翅目	毒蛾科		未评估
1205	素毒蛾	*Laelia coenosa*	鳞翅目	毒蛾科		未评估
1206	条毒蛾	*Lymantria dissoluta*	鳞翅目	毒蛾科		未评估
1207	乌桕黄毒蛾	*Euproctis bipunctapex*	鳞翅目	毒蛾科		未评估
1208	舞毒蛾	*Lymantria dispar*	鳞翅目	毒蛾科		未评估
1209	瑕素毒蛾	*Laelia monoscola*	鳞翅目	毒蛾科		未评估
1210	岩黄毒蛾	*Euproctis flavotriangulata*	鳞翅目	毒蛾科		未评估
1211	夜窗毒蛾	*Leucoma comma*	鳞翅目	毒蛾科		未评估
1212	缨茸毒蛾	*Dasychira hoenei*	鳞翅目	毒蛾科		未评估
1213	莹白毒蛾	*Arctornis xanthochila*	鳞翅目	毒蛾科		未评估
1214	缘点黄毒蛾	*Euproctis fraterna*	鳞翅目	毒蛾科		未评估
1215	折带黄毒蛾	*Euproctis flava*	鳞翅目	毒蛾科		未评估
1216	暗裙粘夜蛾	*Leucania postica*	鳞翅目	夜蛾科		未评估
1217	暗杂夜蛾	*Amphipyra erebina*	鳞翅目	夜蛾科		未评估
1218	八字地老虎	*Xestia c-nigrum*	鳞翅目	夜蛾科		未评估
1219	白点闪夜蛾	*Sypna astrigera*	鳞翅目	夜蛾科		未评估
1220	白脉粘夜蛾	*Leucania venalba*	鳞翅目	夜蛾科		未评估
1221	白肾裙剑夜蛾	*Polyphaenis oberthuri*	鳞翅目	夜蛾科		未评估
1222	白肾夜蛾	*Edessena gentiusalis*	鳞翅目	夜蛾科		未评估
1223	白条夜蛾	*Argyrogramma albostriata*	鳞翅目	夜蛾科		未评估
1224	白线尖须夜蛾	*Bleptina albolinealis*	鳞翅目	夜蛾科		未评估
1225	白痣眉夜蛾	*Pangrapta lunulata*	鳞翅目	夜蛾科		未评估

序号	中文名	学名	目名	科名	保护等级	濒危等级
1226	白痣夜蛾	*Plataplecta albistigma*	鳞翅目	夜蛾科		未评估
1227	薄夜蛾	*Araeognatha lankesteri*	鳞翅目	夜蛾科		未评估
1228	碧夜蛾	*Bena fagana*	鳞翅目	夜蛾科		未评估
1229	缤夜蛾	*Moma alpium*	鳞翅目	夜蛾科		未评估
1230	大斑薄夜蛾	*Araeognatha subcostalis*	鳞翅目	夜蛾科		未评估
1231	大螟	*Sesamia inferens*	鳞翅目	夜蛾科		未评估
1232	丹日明夜蛾	*Chasmina sigillata*	鳞翅目	夜蛾科		未评估
1233	单闪夜蛾	*Sypna sirplex*	鳞翅目	夜蛾科		未评估
1234	淡眉夜蛾	*Pangrapta umbrosa*	鳞翅目	夜蛾科		未评估
1235	稻蝠蛉夜蛾	*Naranga aenescens*	鳞翅目	夜蛾科		未评估
1236	稻条纹夜蛾	*Jaspidia falsa*	鳞翅目	夜蛾科		未评估
1237	狄夜蛾	*Diomea rotandata*	鳞翅目	夜蛾科		未评估
1238	东方粉翠夜蛾	*Hylophilodes orientalis*	鳞翅目	夜蛾科		未评估
1239	东小眼夜蛾	*Panolis exquisita*	鳞翅目	夜蛾科		未评估
1240	二红白虫	*Eublemma dimidialis*	鳞翅目	夜蛾科		未评估
1241	烦夜蛾	*Anophia leucomelas*	鳞翅目	夜蛾科		未评估
1242	分俚夜蛾	*Lithacodia separata*	鳞翅目	夜蛾科		未评估
1243	粉点闪夜蛾	*Sypna punctosa*	鳞翅目	夜蛾科		未评估
1244	粉缘钻夜蛾	*Earias pudicana*	鳞翅目	夜蛾科		未评估
1245	枫杨癣皮夜蛾	*Blenina quinaria*	鳞翅目	夜蛾科		未评估
1246	钩白肾夜蛾	*Edessena hamada*	鳞翅目	夜蛾科		未评估
1247	海兰纹夜蛾	*Stenoloba marina*	鳞翅目	夜蛾科		未评估
1248	黑斑薄夜蛾	*Araeognatha nubiferalis*	鳞翅目	夜蛾科		未评估
1249	红衣夜蛾	*Clethrophora distincta*	鳞翅目	夜蛾科		未评估
1250	红晕散纹夜蛾	*Callopistria repleta*	鳞翅目	夜蛾科		未评估
1251	胡桃豹夜蛾	*Sinna extrema*	鳞翅目	夜蛾科		未评估
1252	壶夜蛾	*Calyptra capucina*	鳞翅目	夜蛾科		未评估
1253	葫芦夜蛾	*Andevidia peponis*	鳞翅目	夜蛾科		未评估
1254	花夜蛾	*Yepcalphis dilectissima*	鳞翅目	夜蛾科		未评估
1255	环夜蛾	*Spirama retorta*	鳞翅目	夜蛾科		未评估
1256	黄斑粘虫	*Leucania flavostigma*	鳞翅目	夜蛾科		未评估
1257	黄后夜蛾	*Trisuloides subflava*	鳞翅目	夜蛾科		未评估
1258	黄颈缤夜蛾	*Moma fulvicollis*	鳞翅目	夜蛾科		未评估
1259	黄镰须夜蛾	*Zanclognatha helva*	鳞翅目	夜蛾科		未评估
1260	黄肾俏夜蛾	*Pseudaglossa pryeri*	鳞翅目	夜蛾科		未评估
1261	畸夜蛾	*Borsippa quadrilineata*	鳞翅目	夜蛾科		未评估
1262	间纹德夜蛾	*Lepidodelta intermedia*	鳞翅目	夜蛾科		未评估
1263	间赭夜蛾	*Carea internifusca*	鳞翅目	夜蛾科		未评估

序号	中文名	学名	目名	科名	保护等级	濒危等级
1264	交兰纹夜蛾	*Stenoloba confusa*	鳞翅目	夜蛾科		未评估
1265	角后夜蛾	*Trisuloides cornelia*	鳞翅目	夜蛾科		未评估
1266	金翅夜蛾	*Plusia orichalcea*	鳞翅目	夜蛾科		未评估
1267	橘安纽夜蛾	*Anua triphaenoides*	鳞翅目	夜蛾科		未评估
1268	橘肖毛翅夜蛾	*Lagoptera dotata*	鳞翅目	夜蛾科		未评估
1269	俊夜蛾	*Westermannia superba*	鳞翅目	夜蛾科		未评估
1270	客来夜蛾	*Chrysorithrum amata*	鳞翅目	夜蛾科		未评估
1271	绔夜蛾	*Cruxoruza decorata*	鳞翅目	夜蛾科		未评估
1272	宽毛胫夜蛾	*Mocis laxa*	鳞翅目	夜蛾科		未评估
1273	癞皮夜蛾	*Iscadia inexacta*	鳞翅目	夜蛾科		未评估
1274	蓝条夜蛾	*Ischyja manlia*	鳞翅目	夜蛾科		未评估
1275	离秘夜蛾	*Mythimna distincta*	鳞翅目	夜蛾科		未评估
1276	梨剑纹夜蛾	*Acronicta rumicis*	鳞翅目	夜蛾科		未评估
1277	两色困夜蛾	*Tarache bicolora*	鳞翅目	夜蛾科		未评估
1278	两色绮夜蛾	*Acontia bicolora*	鳞翅目	夜蛾科		未评估
1279	两色夜蛾	*Dichromia trigonalis*	鳞翅目	夜蛾科		未评估
1280	落叶夜蛾	*Ophideres fullonica*	鳞翅目	夜蛾科		未评估
1281	绿角翅夜蛾	*Tyana falcata*	鳞翅目	夜蛾科		未评估
1282	满卜膜夜蛾	*Bomolocha mandarina*	鳞翅目	夜蛾科		未评估
1283	满丫纹夜蛾	*Autographa mandarina*	鳞翅目	夜蛾科		未评估
1284	毛目夜蛾	*Erebus pilose*	鳞翅目	夜蛾科		未评估
1285	毛首夜蛾	*Craniophora inquieta*	鳞翅目	夜蛾科		未评估
1286	玫斑钻夜蛾	*Earias roseifera*	鳞翅目	夜蛾科		未评估
1287	霉巾夜蛾	*Parallelia maturata*	鳞翅目	夜蛾科		未评估
1288	梦尾夜蛾	*Monima cruda*	鳞翅目	夜蛾科		未评估
1289	秘夜蛾	*Mythimna turca*	鳞翅目	夜蛾科		未评估
1290	棉铃虫	*Heliothis armigera*	鳞翅目	夜蛾科		未评估
1291	模粘夜蛾	*Leucania pollens*	鳞翅目	夜蛾科		未评估
1292	木叶夜蛾	*Xylophylla punctifascia*	鳞翅目	夜蛾科		未评估
1293	鸟嘴壶夜蛾	*Dysgonia maturata*	鳞翅目	夜蛾科		未评估
1294	浓眉夜蛾	*Pangrapta trimantesalis*	鳞翅目	夜蛾科		未评估
1295	胖夜蛾	*Orthogonia sera*	鳞翅目	夜蛾科		未评估
1296	佩夜蛾	*Oxyodes scrobiculata*	鳞翅目	夜蛾科		未评估
1297	匹鲁夜蛾	*Amathes vidua*	鳞翅目	夜蛾科		未评估
1298	苹梢鹰夜蛾	*Hypocala subsatura*	鳞翅目	夜蛾科		未评估
1299	旗析夜蛾	*Sypnoides mandarina*	鳞翅目	夜蛾科		未评估
1300	曲带双衲夜蛾	*Dinumma deponens*	鳞翅目	夜蛾科		未评估
1301	曲纹秘夜蛾	*Mythimna curvata*	鳞翅目	夜蛾科		未评估

序号	中文名	学名	目名	科名	保护等级	濒危等级
1302	全须夜蛾	*Hyblaea puera*	鳞翅目	夜蛾科		未评估
1303	融卡夜蛾	*Cherotis deplana*	鳞翅目	夜蛾科		未评估
1304	三斑蕊夜蛾	*Cymatophoropsis trimaculata*	鳞翅目	夜蛾科		未评估
1305	三角地老虎	*Agrotis triangulum*	鳞翅目	夜蛾科		未评估
1306	砂夜蛾	*Ammogrotis suavis*	鳞翅目	夜蛾科		未评估
1307	肾巾夜蛾	*Parallelia praetermissa*	鳞翅目	夜蛾科		未评估
1308	十日锦夜蛾	*Euplexia gemmifera*	鳞翅目	夜蛾科		未评估
1309	柿梢鹰夜蛾	*Hypocala moorei*	鳞翅目	夜蛾科		未评估
1310	柿癣皮夜蛾	*Blenina senex*	鳞翅目	夜蛾科		未评估
1311	叔灰镰须夜蛾	*Zanclognatha subgriselda*	鳞翅目	夜蛾科		未评估
1312	霜夜蛾	*Gelastocera exusta*	鳞翅目	夜蛾科		未评估
1313	笋秀夜蛾	*Apamea apameoides*	鳞翅目	夜蛾科		未评估
1314	桃剑纹夜蛾	*Acronicta incretata*	鳞翅目	夜蛾科		未评估
1315	透斑策夜蛾	*Zethes sphaeriphora*	鳞翅目	夜蛾科		未评估
1316	显委夜蛾	*Athetis conspicua*	鳞翅目	夜蛾科		未评估
1317	显长角皮夜蛾	*Risoba prominens*	鳞翅目	夜蛾科		未评估
1318	镶缤夜蛾	*Moma champa*	鳞翅目	夜蛾科		未评估
1319	鸮裳夜蛾	*Catocala pataloides*	鳞翅目	夜蛾科		未评估
1320	小地老虎	*Agrotis ipsilon*	鳞翅目	夜蛾科		未评估
1321	小桥夜蛾	*Anomis flava*	鳞翅目	夜蛾科		未评估
1322	小直巾夜蛾	*Parallelia duleis*	鳞翅目	夜蛾科		未评估
1323	肖毛翅夜蛾	*Thyas honesta*	鳞翅目	夜蛾科		未评估
1324	斜纹夜蛾	*Spodoptera litura*	鳞翅目	夜蛾科		未评估
1325	斜线哈夜蛾	*Hamodes butleri*	鳞翅目	夜蛾科		未评估
1326	胸须夜蛾	*Cidariplura gladiata*	鳞翅目	夜蛾科		未评估
1327	朽木夜蛾	*Axylia putris*	鳞翅目	夜蛾科		未评估
1328	虚俚夜蛾	*Lithacodia falsa*	鳞翅目	夜蛾科		未评估
1329	旋夜蛾	*Eligma narcissus*	鳞翅目	夜蛾科		未评估
1330	艳叶夜蛾	*Eudocima salaminia*	鳞翅目	夜蛾科		未评估
1331	一点钻夜蛾	*Earias pupillana*	鳞翅目	夜蛾科		未评估
1332	阴卜夜蛾	*Bomolocha stygiana*	鳞翅目	夜蛾科		未评估
1333	阴俚夜蛾	*Lithacodia stygia*	鳞翅目	夜蛾科		未评估
1334	银纹夜蛾	*Argyrogramma agnata*	鳞翅目	夜蛾科		未评估
1335	印度康夜蛾	*Conservula indica*	鳞翅目	夜蛾科		未评估
1336	犹镰须夜蛾	*Zanclognatha incerta*	鳞翅目	夜蛾科		未评估
1337	玉线目夜蛾	*Erebus gemmans*	鳞翅目	夜蛾科		未评估
1338	月殿尾夜蛾	*Anuga lunulata*	鳞翅目	夜蛾科		未评估
1339	月牙巾夜蛾	*Parallelia analis*	鳞翅目	夜蛾科		未评估

序号	中文名	学名	目名	科名	保护等级	濒危等级
1340	云晕夜蛾	*Perigeodes polimera*	鳞翅目	夜蛾科		未评估
1341	匀杂夜蛾	*Amphipyra tripartita*	鳞翅目	夜蛾科		未评估
1342	粘虫	*Pseudaletia separata*	鳞翅目	夜蛾科		未评估
1343	张卜夜蛾	*Bomolocha rhombalis*	鳞翅目	夜蛾科		未评估
1344	掌夜蛾	*Tiracola plagiata*	鳞翅目	夜蛾科		未评估
1345	昭孔夜蛾	*Corgatha nitens*	鳞翅目	夜蛾科		未评估
1346	赭索夜蛾	*Sophta ruficeps*	鳞翅目	夜蛾科		未评估
1347	直带夜蛾	*Orthozona quadrilineata*	鳞翅目	夜蛾科		未评估
1348	中爱丽夜蛾	*Ariolica chinensis*	鳞翅目	夜蛾科		未评估
1349	中带三角夜蛾	*Chalciope geometrica*	鳞翅目	夜蛾科		未评估
1350	中华康夜蛾	*Conservula sinensis*	鳞翅目	夜蛾科		未评估
1351	中金弧夜蛾	*Diachrysia intermixta*	鳞翅目	夜蛾科		未评估
1352	中桥夜蛾	*Anomis mesogona*	鳞翅目	夜蛾科		未评估
1353	重冬夜蛾	*Cucullia duplicata*	鳞翅目	夜蛾科		未评估
1354	珠纹夜蛾	*Plusia rutilifrons*	鳞翅目	夜蛾科		未评估
1355	苎麻夜蛾	*Arcte coerula*	鳞翅目	夜蛾科		未评估
1356	蛀茎夜蛾	*Sesamia vuteria*	鳞翅目	夜蛾科		未评估
1357	紫黑杂夜蛾	*Amphipyra coruina*	鳞翅目	夜蛾科		未评估
1358	紫金翅夜蛾	*Plusia chryson*	鳞翅目	夜蛾科		未评估
1359	紫棕扇夜蛾	*Sineugraphe exusta*	鳞翅目	夜蛾科		未评估
1360	白斑鸟谷蛾	*Monopis monachella*	鳞翅目	谷蛾科		未评估
1361	大窠蓑蛾	*Clania variegata*	鳞翅目	蓑蛾科		未评估
1362	小窠蓑蛾	*Clania minuscula*	鳞翅目	蓑蛾科		未评估
1363	油茶织蛾	*Casmara patrona*	鳞翅目	织蛾科		未评估
1364	叉棕麦蛾	*Dichomeris bifurca*	鳞翅目	麦蛾科		未评估
1365	白翅黑斑蛀果蛾	*Heterogymna ochrogramma*	鳞翅目	蛀果蛾科		未评估
1366	一点斜线网蛾	*Striglin scitaria*	鳞翅目	网蛾科		未评估
1367	金冠褐巢蛾	*Metanomeuta fulvicrinis*	鳞翅目	巢蛾科		未评估
1368	华南波水螟	*Paracymoriza laminalis*	鳞翅目	草螟科		未评估
1369	金盏拱肩网蛾	*Camptochilus sinuosus*	鳞翅目	窗蛾科		未评估
1370	斜线窗蛾	*Striglina vialis*	鳞翅目	窗蛾科		未评估
1371	一点斜线窗蛾	*Striglina scitaria*	鳞翅目	窗蛾科		未评估
1372	银络窗蛾	*Rhadoneura veticulalis*	鳞翅目	窗蛾科		未评估
1373	扁刺蛾	*Thosea sinensis*	鳞翅目	刺蛾科		未评估
1374	黄刺蛾	*Cnidocampa flavescens*	鳞翅目	刺蛾科		未评估
1375	迹斑绿刺蛾	*Latoia pastoralis*	鳞翅目	刺蛾科		未评估
1376	丽绿刺蛾	*Latoia lepida*	鳞翅目	刺蛾科		未评估
1377	两色绿刺蛾	*Latoia bicolor*	鳞翅目	刺蛾科		未评估

序号	中文名	学名	目名	科名	保护等级	濒危等级
1378	漫绿刺蛾	*Latoia ostia*	鳞翅目	刺蛾科		未评估
1379	媚绿刺蛾	*Latoia repanda*	鳞翅目	刺蛾科		未评估
1380	桑褐刺蛾	*Setora postomata*	鳞翅目	刺蛾科		未评估
1381	素刺蛾	*Susica pallida*	鳞翅目	刺蛾科		未评估
1382	枣奕刺蛾	*Phlossa conjuncta*	鳞翅目	刺蛾科		未评估
1383	褐斑带蛾	*Apha subdives*	鳞翅目	带蛾科		未评估
1384	灰纹带蛾	*Ganisa cyanugrisea*	鳞翅目	带蛾科		未评估
1385	双条丝光带蛾	*Pseudojana bicostata*	鳞翅目	带蛾科		未评估
1386	斜纹带蛾	*Ganisa pandya*	鳞翅目	带蛾科		未评估
1387	长纹带蛾	*Ganisa postica*	鳞翅目	带蛾科		未评估
1388	中华温带蛾	*Thermojana sinica*	鳞翅目	带蛾科		未评估
1389	日龟虎蛾	*Chelonomorpha japona*	鳞翅目	虎蛾科		未评估
1390	茶长卷蛾	*Homona magnanima*	鳞翅目	卷蛾科		未评估
1391	桃白小卷蛾	*Spilonota albicana*	鳞翅目	卷蛾科		未评估
1392	天目山黄卷蛾	*Archips compitalis*	鳞翅目	卷蛾科		未评估
1393	广鹿蛾	*Amata emma*	鳞翅目	鹿蛾科		未评估
1394	明鹿蛾	*Amata lucerna*	鳞翅目	鹿蛾科		未评估
1395	牧鹿蛾	*Amata pascus*	鳞翅目	鹿蛾科		未评估
1396	黄纹旭锦斑蛾	*Campylotes pratti*	鳞翅目	斑蛾科		未评估
1397	波纹蛾	*Thyatira batis*	鳞翅目	波纹蛾科		未评估
1398	浩波纹蛾	*Habrasyne derasa*	鳞翅目	波纹蛾科		未评估
1399	阔浩波纹蛾	*Habrasyne conscripta*	鳞翅目	波纹蛾科		未评估
1400	阔洒波纹蛾	*Saronaga commifera*	鳞翅目	波纹蛾科		未评估
1401	暗锄须丛螟	*Argyria interruptalla*	鳞翅目	螟蛾科		未评估
1402	白斑翅野螟	*Bocchoris inspersalis*	鳞翅目	螟蛾科		未评估
1403	白带网丛螟	*Teliphasa albifusa*	鳞翅目	螟蛾科		未评估
1404	白带野螟	*Hymenia recurvalis*	鳞翅目	螟蛾科		未评估
1405	白腹蛛丛螟	*Ceroprepes ophthalmicella*	鳞翅目	螟蛾科		未评估
1406	白禾螟	*Scirpophaga praelata*	鳞翅目	螟蛾科		未评估
1407	白蜡绢野螟	*Diaphania nigropunctalis*	鳞翅目	螟蛾科		未评估
1408	白条紫斑螟	*Calguia defiguralis*	鳞翅目	螟蛾科		未评估
1409	斑点卷叶野螟	*Sylepta maculalis*	鳞翅目	螟蛾科		未评估
1410	橙黑纹野螟	*Tyspanodes striata*	鳞翅目	螟蛾科		未评估
1411	齿斑翅野螟	*Chabula onychinalis*	鳞翅目	螟蛾科		未评估
1412	赤双纹螟	*Orthopygia pelasgalis*	鳞翅目	螟蛾科		未评估
1413	大白斑野螟	*Polythlipta liquidalis*	鳞翅目	螟蛾科		未评估
1414	大豆卷叶螟	*Maruca testulalis*	鳞翅目	螟蛾科		未评估
1415	大黄缀叶野螟	*Botyodes principalis*	鳞翅目	螟蛾科		未评估

序号	中文名	学名	目名	科名	保护等级	濒危等级
1416	稻巢草螟	*Ancylolomia japonica*	鳞翅目	螟蛾科		未评估
1417	稻切叶野螟	*Herpetogramma licarsisalis*	鳞翅目	螟蛾科		未评估
1418	稻水螟	*Nymphula vittalis*	鳞翅目	螟蛾科		未评估
1419	稻筒水螟	*Parapoynx fluetuosalis*	鳞翅目	螟蛾科		未评估
1420	稻纵卷叶螟	*Cnaphalocrocis medinalis*	鳞翅目	螟蛾科		未评估
1421	豆荚斑螟	*Etiella zinckenella*	鳞翅目	螟蛾科		未评估
1422	豆荚野螟	*Maruca vitrata*	鳞翅目	螟蛾科		未评估
1423	豆蚀叶野螟	*Hedylepta indicata*	鳞翅目	螟蛾科		未评估
1424	豆野螟	*Pyrausta varialis*	鳞翅目	螟蛾科		未评估
1425	二化螟	*Chilo suppressalis*	鳞翅目	螟蛾科		未评估
1426	二色肩螟	*Tegulifera bicoloralis*	鳞翅目	螟蛾科		未评估
1427	甘蓉蛀野螟	*Conogethes diminutiva*	鳞翅目	螟蛾科		未评估
1428	瓜绢螟	*Diaphania indica*	鳞翅目	螟蛾科		未评估
1429	褐边螟	*Catagela adjurella*	鳞翅目	螟蛾科		未评估
1430	褐巢螟	*Hypsopygia regina*	鳞翅目	螟蛾科		未评估
1431	褐萍水螟	*Nymphula turbata*	鳞翅目	螟蛾科		未评估
1432	褐切叶野螟	*Herpetogramma rudis*	鳞翅目	螟蛾科		未评估
1433	褐纹水螟	*Catadysta blandialis*	鳞翅目	螟蛾科		未评估
1434	黑斑草螟	*Chrysoteuchia atrosignatus*	鳞翅目	螟蛾科		未评估
1435	黑点蚀叶野螟	*Lamprosema commixta*	鳞翅目	螟蛾科		未评估
1436	黑褐双纹螟	*Orthopygia japortica*	鳞翅目	螟蛾科		未评估
1437	黑脉厚须螟	*Propachys nigrivena*	鳞翅目	螟蛾科		未评估
1438	黑萍水螟	*Nymphula enixalis*	鳞翅目	螟蛾科		未评估
1439	黑缘梨角野螟	*Goniorhynohus butyrosa*	鳞翅目	螟蛾科		未评估
1440	红云翅斑螟	*Oncocera semirubella*	鳞翅目	螟蛾科		未评估
1441	华斑水螟	*Autocodes sinensis*	鳞翅目	螟蛾科		未评估
1442	环纹丛螟	*Craneophora ficki*	鳞翅目	螟蛾科		未评估
1443	黄斑卷叶野螟	*Sylepta insignia*	鳞翅目	螟蛾科		未评估
1444	黄翅双叉端环野螟	*Eumorphobotys eumorphalis*	鳞翅目	螟蛾科		未评估
1445	黄环绢野螟	*Diaphania annulata*	鳞翅目	螟蛾科		未评估
1446	黄纹银草螟	*Pseudargyria interruptella*	鳞翅目	螟蛾科		未评估
1447	灰首纹螟	*Orthopygia glaucinalis*	鳞翅目	螟蛾科		未评估
1448	接骨木尖须野螟	*Pagyda amphisalis*	鳞翅目	螟蛾科		未评估
1449	金斑展须野螟	*Eurrhyparodes accessalis*	鳞翅目	螟蛾科		未评估
1450	金双点螟	*Orybina flaviplaga*	鳞翅目	螟蛾科		未评估
1451	咖啡浆果蛀野螟	*Thliptoceras octoguttale*	鳞翅目	螟蛾科		未评估
1452	梨云翅斑螟	*Salebria pirivorella*	鳞翅目	螟蛾科		未评估
1453	栎紫叶螟	*Sybrida approximans*	鳞翅目	螟蛾科		未评估

序号	中文名	学名	目名	科名	保护等级	濒危等级
1454	麦牧野螟	*Nomophila noctuella*	鳞翅目	螟蛾科		未评估
1455	苎麻卷叶野螟	*Sylepta pernitescens*	鳞翅目	螟蛾科		未评估
1456	米缟螟	*Aglossa dimidiata*	鳞翅目	螟蛾科		未评估
1457	棉卷叶野螟	*Sylepta derogata*	鳞翅目	螟蛾科		未评估
1458	棉水螟	*Nymphula interruptalis*	鳞翅目	螟蛾科		未评估
1459	宁波卷叶野螟	*Sylepta rtingpoalis*	鳞翅目	螟蛾科		未评估
1460	枇杷卷叶野螟	*Pleurotya balteata*	鳞翅目	螟蛾科		未评估
1461	葡萄卷叶野螟	*Sylepta luctuosalis*	鳞翅目	螟蛾科		未评估
1462	茄白翅野螟	*Leucinodes orbonalis*	鳞翅目	螟蛾科		未评估
1463	楸蠹野螟	*Sinomphisa plagialis*	鳞翅目	螟蛾科		未评估
1464	三点茎草螟	*Pediasia mixtalis*	鳞翅目	螟蛾科		未评估
1465	三化螟	*Tryporyza incertulas*	鳞翅目	螟蛾科		未评估
1466	三环须水螟	*Mabra charoniadis*	鳞翅目	螟蛾科		未评估
1467	三条蛀野螟	*Conogethes chlorophanta*	鳞翅目	螟蛾科		未评估
1468	三纹蚀叶野螟	*Hedylepta tristrialis*	鳞翅目	螟蛾科		未评估
1469	伞锥额野螟	*Loxostege palealis*	鳞翅目	螟蛾科		未评估
1470	桑绢野螟	*Diaphania pyloalis*	鳞翅目	螟蛾科		未评估
1471	山栀子纹野螟	*Archernis tropicalis*	鳞翅目	螟蛾科		未评估
1472	双纹草螟	*Crambus diplogrammus*	鳞翅目	螟蛾科		未评估
1473	水稻多拟斑螟	*Polyocha gensanalis*	鳞翅目	螟蛾科		未评估
1474	水稻刷须野螟	*Marasmia venilialis*	鳞翅目	螟蛾科		未评估
1475	水晶花野螟	*Mecyna tricolor*	鳞翅目	螟蛾科		未评估
1476	四斑绢野螟	*Diaphania quadrimaculalis*	鳞翅目	螟蛾科		未评估
1477	塘水螟	*Nymphula stagnata*	鳞翅目	螟蛾科		未评估
1478	桃蛀野螟	*Dichocrocis punctiferalis*	鳞翅目	螟蛾科		未评估
1479	网拱翅野螟	*Epipagis cancellalis*	鳞翅目	螟蛾科		未评估
1480	伪白纹缟螟	*Stemmatophora valida*	鳞翅目	螟蛾科		未评估
1481	乌苏里褶缘野螟	*Parataianta ussurialis*	鳞翅目	螟蛾科		未评估
1482	细条草螟	*Crambus virgatellus*	鳞翅目	螟蛾科		未评估
1483	锈黄缨突野螟	*Udea ferrugalis*	鳞翅目	螟蛾科		未评估
1484	亚洲玉米螟	*Ostrinia furnacalis*	鳞翅目	螟蛾科		未评估
1485	烟草粉斑螟	*Ephestia elutella*	鳞翅目	螟蛾科		未评估
1486	艳瘦翅野螟	*Ischnurges gratiosalis*	鳞翅目	螟蛾科		未评估
1487	艳双点螟	*Orybina regalis*	鳞翅目	螟蛾科		未评估
1488	一点缀螟	*Paralipsa gularis*	鳞翅目	螟蛾科		未评估
1489	元参棘趾野螟	*Anania verbascalis*	鳞翅目	螟蛾科		未评估
1490	圆斑黄缘禾螟	*Cirrhochrista brizoalis*	鳞翅目	螟蛾科		未评估
1491	珍洁水螟	*Parthenodes prodigalis*	鳞翅目	螟蛾科		未评估

序号	中文名	学名	目名	科名	保护等级	濒危等级
1492	脂斑翅野螟	*Bocchoris adipalis*	鳞翅目	螟蛾科		未评估
1493	竹绒野螟	*Sinibotys evenoralis*	鳞翅目	螟蛾科		未评估
1494	竹云纹野螟	*Termioptycha margarita*	鳞翅目	螟蛾科		未评估
1495	竹织叶野螟	*Coclebotys coclesalis*	鳞翅目	螟蛾科		未评估
1496	缀叶丛螟	*Locastra muscosalis*	鳞翅目	螟蛾科		未评估
1497	紫斑谷螟	*Pyralis farinalis*	鳞翅目	螟蛾科		未评估
1498	灰苇蠹蛾	*Phragmataecia castanea*	鳞翅目	木蠹蛾科		未评估
1499	咖啡豹蠹蛾	*Zeuzera coffeae*	鳞翅目	木蠹蛾科		未评估
1500	梨豹蠹蛾	*Zeuzera pyrina*	鳞翅目	木蠹蛾科		未评估
1501	柳干蠹蛾	*Holcocerus ricarius*	鳞翅目	木蠹蛾科		未评估
1502	枭斑蠹蛾	*Xyleutes strix*	鳞翅目	木蠹蛾科		未评估
1503	苹果透翅蛾	*Conopia hector*	鳞翅目	透翅蛾科		未评估
1504	巴黎翠凤蝶	*Papilio paris*	鳞翅目	凤蝶科		未评估
1505	碧凤蝶	*Papilio bianor*	鳞翅目	凤蝶科		未评估
1506	达摩凤蝶	*Papilio demoleus*	鳞翅目	凤蝶科		未评估
1507	柑橘凤蝶	*Papilio xuthus*	鳞翅目	凤蝶科		未评估
1508	褐斑凤蝶	*Chilasa agestor*	鳞翅目	凤蝶科		未评估
1509	红珠凤蝶	*Pachliopta aristolochiae*	鳞翅目	凤蝶科		未评估
1510	灰绒麝凤蝶	*Byasa mencius*	鳞翅目	凤蝶科		未评估
1511	金斑喙凤蝶	*Teinopalpus aureus*	鳞翅目	凤蝶科	一级	濒危（EN）
1512	金斑剑凤蝶	*Pazala alebion*	鳞翅目	凤蝶科		未评估
1513	金凤蝶	*Papilio machaon*	鳞翅目	凤蝶科		未评估
1514	宽带凤蝶	*Papilio nephelus*	鳞翅目	凤蝶科		未评估
1515	宽带青凤蝶	*Graphium cloanthus*	鳞翅目	凤蝶科		未评估
1516	宽尾凤蝶	*Agehana elwesi*	鳞翅目	凤蝶科		易危（VU）
1517	蓝凤蝶	*Papilio protenor*	鳞翅目	凤蝶科		未评估
1518	黎氏青凤蝶	*Graphium leechi*	鳞翅目	凤蝶科		未评估
1519	绿带翠凤蝶	*Papilio maackii*	鳞翅目	凤蝶科		未评估
1520	美凤蝶	*Papilio memnon*	鳞翅目	凤蝶科		未评估
1521	美姝凤蝶	*Papilio macilentus*	鳞翅目	凤蝶科		未评估
1522	木兰青凤蝶	*Graphium doson*	鳞翅目	凤蝶科		未评估
1523	青凤蝶	*Graphium sarpedon*	鳞翅目	凤蝶科		未评估
1524	穹翠凤蝶	*Papilio dialis*	鳞翅目	凤蝶科		未评估
1525	麝凤蝶	*Byasa alcinous*	鳞翅目	凤蝶科		易危（VU）
1526	丝带凤蝶	*Sericinus montelus*	鳞翅目	凤蝶科		未评估
1527	碎斑青凤蝶	*Graphium chironides*	鳞翅目	凤蝶科		未评估
1528	铁木剑凤蝶	*Pazala timur*	鳞翅目	凤蝶科		未评估
1529	小黑斑凤蝶	*Chilasa epycides*	鳞翅目	凤蝶科		未评估

序号	中文名	学名	目名	科名	保护等级	濒危等级
1530	玉斑凤蝶	*Papilio helenus*	鳞翅目	凤蝶科		未评估
1531	玉带凤蝶	*Papilio polytes*	鳞翅目	凤蝶科		未评估
1532	窄斑翠凤蝶	*Papilio arcturus*	鳞翅目	凤蝶科		近危（NT）
1533	长尾麝凤蝶	*Byasa impediens*	鳞翅目	凤蝶科		未评估
1534	中华麝凤蝶	*Byasa confusa*	鳞翅目	凤蝶科		未评估
1535	暗脉粉蝶	*Pieris napi*	鳞翅目	粉蝶科		未评估
1536	斑缘豆粉蝶	*Colias erate*	鳞翅目	粉蝶科		未评估
1537	檗黄粉蝶	*Eurema blanda*	鳞翅目	粉蝶科		未评估
1538	菜粉蝶	*Pieris rapae*	鳞翅目	粉蝶科		未评估
1539	橙翅方粉蝶	*Dercas nina*	鳞翅目	粉蝶科		未评估
1540	大翅绢粉蝶	*Aporia largeteaui*	鳞翅目	粉蝶科		未评估
1541	东方菜粉蝶	*Pieris canidia*	鳞翅目	粉蝶科		未评估
1542	东亚豆粉蝶	*Colias poliographus*	鳞翅目	粉蝶科		未评估
1543	飞龙粉蝶	*Talbotia naganum*	鳞翅目	粉蝶科		未评估
1544	钩粉蝶	*Gonepteryx rhamni*	鳞翅目	粉蝶科		未评估
1545	黑角方粉蝶	*Dercas lycorias*	鳞翅目	粉蝶科		未评估
1546	黄尖襟粉蝶	*Anthocharis scolymus*	鳞翅目	粉蝶科		未评估
1547	尖角黄粉蝶	*Eurema laeta*	鳞翅目	粉蝶科		未评估
1548	宽边黄粉蝶	*Eurema hecabe*	鳞翅目	粉蝶科		未评估
1549	么妹黄粉蝶	*Eurema ada*	鳞翅目	粉蝶科		近危（NT）
1550	艳妇斑粉蝶	*Delias belladonna*	鳞翅目	粉蝶科		未评估
1551	圆翅钩粉蝶	*Gonepteryx amintha*	鳞翅目	粉蝶科		未评估
1552	傲白蛱蝶	*Helcyra superba*	鳞翅目	蛱蝶科		未评估
1553	奥蛱蝶	*Auzakia danava*	鳞翅目	蛱蝶科		未评估
1554	八目黛眼蝶	*Lethe oculatissima*	鳞翅目	蛱蝶科		近危（NT）
1555	白斑眼蝶	*Penthema adelma*	鳞翅目	蛱蝶科		未评估
1556	白带螯蛱蝶	*Charaxes bernardus*	鳞翅目	蛱蝶科		未评估
1557	白带黛眼蝶	*Lethe confusa*	鳞翅目	蛱蝶科		未评估
1558	白钩蛱蝶	*Polygonia c-album*	鳞翅目	蛱蝶科		未评估
1559	白猫蛱蝶	*Timelaea albescens*	鳞翅目	蛱蝶科		未评估
1560	豹蛱蝶	*Argynnis ornatissima*	鳞翅目	蛱蝶科		未评估
1561	边纹黛眼蝶	*Lethe marginalis*	鳞翅目	蛱蝶科		未评估
1562	波纹黛眼蝶	*Lethe rohria*	鳞翅目	蛱蝶科		未评估
1563	布莱荫眼蝶	*Neope bremeri*	鳞翅目	蛱蝶科		未评估
1564	残锷线蛱蝶	*Limenitis sulpitia*	鳞翅目	蛱蝶科		未评估
1565	灿福蛱蝶	*Fabriciana adippe*	鳞翅目	蛱蝶科		未评估
1566	朝鲜环蛱蝶	*Neptis philyroides*	鳞翅目	蛱蝶科		未评估
1567	翠蓝眼蛱蝶	*Junonia orithya*	鳞翅目	蛱蝶科		未评估

序号	中文名	学名	目名	科名	保护等级	濒危等级
1568	大二尾蛱蝶	*Polyura eudamippus*	鳞翅目	蛱蝶科		未评估
1569	大红蛱蝶	*Vanessa indica*	鳞翅目	蛱蝶科		未评估
1570	大绢斑蝶	*Parantica sita*	鳞翅目	蛱蝶科		未评估
1571	大紫蛱蝶	*Sasakia charonda*	鳞翅目	蛱蝶科		近危（NT）
1572	黛眼蝶	*Lethe dura*	鳞翅目	蛱蝶科		未评估
1573	稻眉眼蝶	*Mycalesis gotama*	鳞翅目	蛱蝶科		未评估
1574	睇暮眼蝶	*Melanitis phedima*	鳞翅目	蛱蝶科		未评估
1575	电蛱蝶	*Dichorragia nesimachus*	鳞翅目	蛱蝶科		未评估
1576	东亚矍眼蝶	*Ypthima motschulskyi*	鳞翅目	蛱蝶科		未评估
1577	断环蛱蝶	*Neptis sankara*	鳞翅目	蛱蝶科		未评估
1578	断眉线蛱蝶	*Limenitis doerriesi*	鳞翅目	蛱蝶科		未评估
1579	多纹云眼蝶	*Hyponephele violiaceopicta*	鳞翅目	蛱蝶科		未评估
1580	多眼蝶	*Kirinia epaminondas*	鳞翅目	蛱蝶科		未评估
1581	婀蛱蝶	*Abrota ganga*	鳞翅目	蛱蝶科		未评估
1582	二尾蛱蝶	*Polyura narcaea*	鳞翅目	蛱蝶科		未评估
1583	啡环蛱蝶	*Neptis philyra*	鳞翅目	蛱蝶科		未评估
1584	斐豹蛱蝶	*Argyreus hyperbius*	鳞翅目	蛱蝶科		未评估
1585	孤斑带蛱蝶	*Athyma zeroca*	鳞翅目	蛱蝶科		未评估
1586	古眼蝶	*Palaeonympha opalina*	鳞翅目	蛱蝶科		未评估
1587	褐蓓翠蛱蝶	*Euthalia hebe*	鳞翅目	蛱蝶科		近危（NT）
1588	褐眉眼蝶	*Mycalesis unica*	鳞翅目	蛱蝶科		近危（NT）
1589	黑绢斑蝶	*Parantica melanea*	鳞翅目	蛱蝶科		未评估
1590	黑脉蛱蝶	*Hestina assimilis*	鳞翅目	蛱蝶科		未评估
1591	黑纱白眼蝶	*Melanargia lugens*	鳞翅目	蛱蝶科		近危（NT）
1592	黑紫蛱蝶	*Sasakia funebris*	鳞翅目	蛱蝶科	二级	易危（VU）
1593	红裙边翠蛱蝶	*Euthalia irrubescens*	鳞翅目	蛱蝶科		未评估
1594	虎斑蝶	*Danaus genutia*	鳞翅目	蛱蝶科		未评估
1595	黄斑荫眼蝶	*Neope pulaha*	鳞翅目	蛱蝶科		未评估
1596	黄豹盛蛱蝶	*Symbrenthia brabira*	鳞翅目	蛱蝶科		未评估
1597	黄钩蛱蝶	*Polygonia c-aureum*	鳞翅目	蛱蝶科		未评估
1598	黄环蛱蝶	*Neptis themis*	鳞翅目	蛱蝶科		未评估
1599	黄裙翠蛱蝶	*Euthalia cocytus*	鳞翅目	蛱蝶科		未评估
1600	黄帅蛱蝶	*Sephisa princeps*	鳞翅目	蛱蝶科		未评估
1601	黄荫眼蝶	*Neope contrasta*	鳞翅目	蛱蝶科		未评估
1602	灰翅串珠环蝶	*Faunis aerope*	鳞翅目	蛱蝶科		未评估
1603	戟眉线蛱蝶	*Limenitis homeyeri*	鳞翅目	蛱蝶科		未评估
1604	尖尾黛眼蝶	*Lethe sinorix*	鳞翅目	蛱蝶科		未评估
1605	箭环蝶	*Stichophthalma howqua*	鳞翅目	蛱蝶科		未评估

序号	中文名	学名	目名	科名	保护等级	濒危等级
1606	绢蛱蝶	*Calinaga buddha*	鳞翅目	蛱蝶科		未评估
1607	矍眼蝶	*Ypthima balda*	鳞翅目	蛱蝶科		未评估
1608	珂环蛱蝶	*Neptis clinia*	鳞翅目	蛱蝶科		未评估
1609	蓝斑丽眼蝶	*Mandarinia regalis*	鳞翅目	蛱蝶科		未评估
1610	蓝点紫斑蝶	*Euploea midamus*	鳞翅目	蛱蝶科		未评估
1611	老豹蛱蝶	*Argyronome laodice*	鳞翅目	蛱蝶科		未评估
1612	连纹黛眼蝶	*Lethe syrcis*	鳞翅目	蛱蝶科		未评估
1613	莲花环蛱蝶	*Neptis hesione*	鳞翅目	蛱蝶科		未评估
1614	链环蛱蝶	*Neptis pryeri*	鳞翅目	蛱蝶科		未评估
1615	羚环蛱蝶	*Neptis antilope*	鳞翅目	蛱蝶科		未评估
1616	琉璃蛱蝶	*Kaniska canace*	鳞翅目	蛱蝶科		未评估
1617	柳紫闪蛱蝶	*Apatura ilia*	鳞翅目	蛱蝶科		未评估
1618	孪斑黛眼蝶	*Lethe gemina*	鳞翅目	蛱蝶科		未评估
1619	罗丹黛眼蝶	*Lethe laodamia*	鳞翅目	蛱蝶科		未评估
1620	绿豹蛱蝶	*Argynnis paphia*	鳞翅目	蛱蝶科		未评估
1621	绿裙边翠蛱蝶	*Euthalia niepelti*	鳞翅目	蛱蝶科		未评估
1622	玛环蛱蝶	*Neptis manasa*	鳞翅目	蛱蝶科		未评估
1623	猫蛱蝶	*Timelaea maculata*	鳞翅目	蛱蝶科		未评估
1624	矛环蛱蝶	*Neptis armandia*	鳞翅目	蛱蝶科		未评估
1625	美眼蛱蝶	*Junonia almana*	鳞翅目	蛱蝶科		未评估
1626	蒙链荫眼蝶	*Neope muirheadii*	鳞翅目	蛱蝶科		未评估
1627	密纹矍眼蝶	*Ypthima multistriata*	鳞翅目	蛱蝶科		易危（VU）
1628	暮眼蝶	*Melanitis leda*	鳞翅目	蛱蝶科		未评估
1629	娜环蛱蝶	*Neptis nata*	鳞翅目	蛱蝶科		未评估
1630	拟稻眉眼蝶	*Mycalesis francisca*	鳞翅目	蛱蝶科		未评估
1631	珀翠蛱蝶	*Euthalia pratti*	鳞翅目	蛱蝶科		近危（NT）
1632	朴喙蝶	*Libythea lepita*	鳞翅目	蛱蝶科		未评估
1633	前雾矍眼蝶	*Ypthima praenubila*	鳞翅目	蛱蝶科		未评估
1634	青豹蛱蝶	*Damora sagana*	鳞翅目	蛱蝶科		未评估
1635	虬眉带蛱蝶	*Athyma opalina*	鳞翅目	蛱蝶科		未评估
1636	曲纹黛眼蝶	*Lethe chandica*	鳞翅目	蛱蝶科		未评估
1637	曲纹蜘蛱蝶	*Araschnia doris*	鳞翅目	蛱蝶科		未评估
1638	散纹盛蛱蝶	*Symbrenthia lilaea*	鳞翅目	蛱蝶科		未评估
1639	僧袈眉眼蝶	*Mycalesis sangaica*	鳞翅目	蛱蝶科		未评估
1640	蛇神黛眼蝶	*Lethe satyrina*	鳞翅目	蛱蝶科		未评估
1641	蛇眼蝶	*Minois dryas*	鳞翅目	蛱蝶科		未评估
1642	深山黛眼蝶	*Lethe insana*	鳞翅目	蛱蝶科		未评估
1643	帅蛱蝶	*Sephisa chandra*	鳞翅目	蛱蝶科		未评估

序号	中文名	学名	目名	科名	保护等级	濒危等级
1644	双星箭环蝶	*Stichophthalma neumogeni*	鳞翅目	蛱蝶科		未评估
1645	司环蛱蝶	*Neptis speyeri*	鳞翅目	蛱蝶科		未评估
1646	丝链荫眼蝶	*Neope yama*	鳞翅目	蛱蝶科		未评估
1647	素饰蛱蝶	*Stibochiona nicea*	鳞翅目	蛱蝶科		未评估
1648	娑环蛱蝶	*Neptis soma*	鳞翅目	蛱蝶科		未评估
1649	苔娜黛眼蝶	*Lethe diana*	鳞翅目	蛱蝶科		未评估
1650	网丝蛱蝶	*Cyrestis thyodamas*	鳞翅目	蛱蝶科		未评估
1651	网眼蝶	*Rhaphicera dumicola*	鳞翅目	蛱蝶科		未评估
1652	忘忧尾蛱蝶	*Polyura nepenthes*	鳞翅目	蛱蝶科		未评估
1653	纹环蝶	*Aemona amathusia*	鳞翅目	蛱蝶科		未评估
1654	西藏翠蛱蝶	*Euthalia thibetana*	鳞翅目	蛱蝶科		未评估
1655	小红蛱蝶	*Vanessa cardui*	鳞翅目	蛱蝶科		未评估
1656	小环蛱蝶	*Neptis sappho*	鳞翅目	蛱蝶科		未评估
1657	小眉眼蝶	*Mycalesis mineus*	鳞翅目	蛱蝶科		未评估
1658	新月带蛱蝶	*Athyma selenophora*	鳞翅目	蛱蝶科		未评估
1659	幸福带蛱蝶	*Athyma fortuna*	鳞翅目	蛱蝶科		未评估
1660	玄珠带蛱蝶	*Athyma perius*	鳞翅目	蛱蝶科		未评估
1661	亚洲白眼蝶	*Melanargia asiatica*	鳞翅目	蛱蝶科		未评估
1662	扬眉线蛱蝶	*Limenitis helmanni*	鳞翅目	蛱蝶科		未评估
1663	银白蛱蝶	*Helcyra subalba*	鳞翅目	蛱蝶科		未评估
1664	银豹蛱蝶	*Childrena childreni*	鳞翅目	蛱蝶科		未评估
1665	鹰翠蛱蝶	*Euthalia anosia*	鳞翅目	蛱蝶科		未评估
1666	幽矍眼蝶	*Ypthima conjuncta*	鳞翅目	蛱蝶科		未评估
1667	玉杵带蛱蝶	*Athyma jina*	鳞翅目	蛱蝶科		未评估
1668	圆翅黛眼蝶	*Lethe butleri*	鳞翅目	蛱蝶科		未评估
1669	云豹蛱蝶	*Nephargynnis anadyomene*	鳞翅目	蛱蝶科		未评估
1670	长纹黛眼蝶	*Lethe europa*	鳞翅目	蛱蝶科		未评估
1671	折环蛱蝶	*Neptis beroe*	鳞翅目	蛱蝶科		未评估
1672	折线蛱蝶	*Limenitis sydyi*	鳞翅目	蛱蝶科		未评估
1673	直带黛眼蝶	*Lethe lanaris*	鳞翅目	蛱蝶科		未评估
1674	中华矍眼蝶	*Ypthima chinensis*	鳞翅目	蛱蝶科		未评估
1675	中环蛱蝶	*Neptis hylas*	鳞翅目	蛱蝶科		未评估
1676	重环蛱蝶	*Neptis alwina*	鳞翅目	蛱蝶科		未评估
1677	重瞳黛眼蝶	*Lethe trimacula*	鳞翅目	蛱蝶科		未评估
1678	珠翠蛱蝶	*Euthalia perlella*	鳞翅目	蛱蝶科		易危（VU）
1679	珠履带蛱蝶	*Athyma asura*	鳞翅目	蛱蝶科		未评估
1680	蛛环蛱蝶	*Neptis arachne*	鳞翅目	蛱蝶科		未评估
1681	苎麻珍蝶	*Acraea issoria*	鳞翅目	蛱蝶科		未评估

序号	中文名	学名	目名	科名	保护等级	濒危等级
1682	卓矍眼蝶	*Ypthima zodia*	鳞翅目	蛱蝶科		未评估
1683	紫线黛眼蝶	*Lethe violaceopicta*	鳞翅目	蛱蝶科		未评估
1684	棕褐黛眼蝶	*Lethe christophi*	鳞翅目	蛱蝶科		未评估
1685	安灰蝶	*Ancema ctesia*	鳞翅目	灰蝶科		未评估
1686	白斑妩灰蝶	*Udara albocaerulea*	鳞翅目	灰蝶科		未评估
1687	白带褐蚬蝶	*Abisara fylloides*	鳞翅目	灰蝶科		未评估
1688	白点褐蚬蝶	*Abisara burnii*	鳞翅目	灰蝶科		未评估
1689	白梳灰蝶	*Ahlbergia aleucopuncta*	鳞翅目	灰蝶科		未评估
1690	百娆灰蝶	*Arhopala bazala*	鳞翅目	灰蝶科		未评估
1691	波太玄灰蝶	*Tongeia potanini*	鳞翅目	灰蝶科		未评估
1692	波蚬蝶	*Zemeros flegyas*	鳞翅目	灰蝶科		未评估
1693	齿翅娆灰蝶	*Arhopala rama*	鳞翅目	灰蝶科		未评估
1694	大洒灰蝶	*Satyrium grandis*	鳞翅目	灰蝶科		未评估
1695	大紫琉璃灰蝶	*Celastrina oreas*	鳞翅目	灰蝶科		未评估
1696	淡黑玳灰蝶	*Deudorix rapaloides*	鳞翅目	灰蝶科		未评估
1697	点玄灰蝶	*Tongeia filicaudis*	鳞翅目	灰蝶科		未评估
1698	黑灰蝶	*Niphanda fusca*	鳞翅目	灰蝶科		未评估
1699	红灰蝶	*Lycaena phlaeas*	鳞翅目	灰蝶科		未评估
1700	红珠灰蝶	*Lycaeides argyrognomon*	鳞翅目	灰蝶科		未评估
1701	黄带褐蚬蝶	*Abisara fylla*	鳞翅目	灰蝶科		未评估
1702	尖翅银灰蝶	*Curetis acuta*	鳞翅目	灰蝶科		未评估
1703	锯灰蝶	*Orthomiella pontis*	鳞翅目	灰蝶科		未评估
1704	蓝灰蝶	*Everes argiades*	鳞翅目	灰蝶科		未评估
1705	蓝燕灰蝶	*Rapala caerulea*	鳞翅目	灰蝶科		未评估
1706	亮灰蝶	*Lampides boeticus*	鳞翅目	灰蝶科		未评估
1707	琉璃灰蝶	*Celastrina argiolus*	鳞翅目	灰蝶科		未评估
1708	绿灰蝶	*Artipe eryx*	鳞翅目	灰蝶科		未评估
1709	玛灰蝶	*Mahathala ameria*	鳞翅目	灰蝶科		未评估
1710	毛眼灰蝶	*Zizina otis*	鳞翅目	灰蝶科		未评估
1711	梅尔何华灰蝶	*Howarthia melli*	鳞翅目	灰蝶科		未评估
1712	宓妮珂灰蝶	*Cordelia minerva*	鳞翅目	灰蝶科		未评估
1713	缪斯金灰蝶	*Chrysozephyrus mushaellus*	鳞翅目	灰蝶科		未评估
1714	尼采梳灰蝶	*Ahlbergia nicevillei*	鳞翅目	灰蝶科		未评估
1715	青灰蝶	*Antigius attilia*	鳞翅目	灰蝶科		未评估
1716	曲纹紫灰蝶	*Chilades pandava*	鳞翅目	灰蝶科		未评估
1717	蛇目褐蚬蝶	*Abisara echerius*	鳞翅目	灰蝶科		未评估
1718	生灰蝶	*Sinthusa chandrana*	鳞翅目	灰蝶科		未评估
1719	梳灰蝶	*Ahlbergia ferrea*	鳞翅目	灰蝶科		未评估

序号	中文名	学名	目名	科名	保护等级	濒危等级
1720	妩灰蝶	*Udara dilecta*	鳞翅目	灰蝶科		未评估
1721	玄灰蝶	*Tongeia fischeri*	鳞翅目	灰蝶科		未评估
1722	丫灰蝶	*Amblopala avidiena*	鳞翅目	灰蝶科		未评估
1723	蚜灰蝶	*Taraka hamada*	鳞翅目	灰蝶科		未评估
1724	燕灰蝶	*Rapala varuna*	鳞翅目	灰蝶科		未评估
1725	银灰蝶	*Curetis bulis*	鳞翅目	灰蝶科		未评估
1726	银纹尾蚬蝶	*Dodona eugenes*	鳞翅目	灰蝶科		未评估
1727	银线灰蝶	*Spindasis lohita*	鳞翅目	灰蝶科		未评估
1728	圆翅银灰蝶	*Curetis saronis*	鳞翅目	灰蝶科		近危（NT）
1729	长尾蓝灰蝶	*Everes lacturnus*	鳞翅目	灰蝶科		未评估
1730	酢浆灰蝶	*Pseudozizeeria maha*	鳞翅目	灰蝶科		未评估
1731	白斑捷弄蝶	*Gerosis bhagava*	鳞翅目	弄蝶科		未评估
1732	白斑赭弄蝶	*Ochlodes subhyalina*	鳞翅目	弄蝶科		未评估
1733	白弄蝶	*Abraximorpha davidii*	鳞翅目	弄蝶科		未评估
1734	斑星弄蝶	*Celaenorrhinus maculosus*	鳞翅目	弄蝶科		未评估
1735	豹弄蝶	*Thymelicus leoninus*	鳞翅目	弄蝶科		未评估
1736	窗弄蝶	*Coladenia maeniata*	鳞翅目	弄蝶科		未评估
1737	刺纹孔弄蝶	*Polytremis zina*	鳞翅目	弄蝶科		未评估
1738	放踵珂弄蝶	*Caltoris cahira*	鳞翅目	弄蝶科		未评估
1739	匪夷捷弄蝶	*Gerosis phisara*	鳞翅目	弄蝶科		未评估
1740	钩形黄斑弄蝶	*Ampittia virgata*	鳞翅目	弄蝶科		未评估
1741	河伯锷弄蝶	*Aeromachus inachus*	鳞翅目	弄蝶科		未评估
1742	黑边裙弄蝶	*Tagiades menaka*	鳞翅目	弄蝶科		未评估
1743	黑锷弄蝶	*Aeromachus piceus*	鳞翅目	弄蝶科		未评估
1744	黑弄蝶	*Daimio tethys*	鳞翅目	弄蝶科		未评估
1745	花弄蝶	*Pyrgus maculatus*	鳞翅目	弄蝶科		未评估
1746	花裙陀弄蝶	*Thoressa submacula*	鳞翅目	弄蝶科		未评估
1747	黄斑蕉弄蝶	*Erionota torus*	鳞翅目	弄蝶科		未评估
1748	黄斑弄蝶	*Ampittia dioscorides*	鳞翅目	弄蝶科		未评估
1749	黄弄蝶	*Taractrocera flavoides*	鳞翅目	弄蝶科		未评估
1750	姜弄蝶	*Udaspes folus*	鳞翅目	弄蝶科		未评估
1751	宽边赭弄蝶	*Ochlodes ochracea*	鳞翅目	弄蝶科		未评估
1752	宽纹袖弄蝶	*Notocrypta feisthamelii*	鳞翅目	弄蝶科		未评估
1753	绿弄蝶	*Choaspes benjaminii*	鳞翅目	弄蝶科		未评估
1754	绿伞弄蝶	*Bibasis striata*	鳞翅目	弄蝶科		未评估
1755	密纹飒弄蝶	*Satarupa monbeigi*	鳞翅目	弄蝶科		未评估
1756	拟籼弄蝶	*Pseudoborbo bevani*	鳞翅目	弄蝶科		未评估
1757	讴弄蝶	*Onryza maga*	鳞翅目	弄蝶科		未评估

序号	中文名	学名	目名	科名	保护等级	濒危等级
1758	曲纹稻弄蝶	*Parnara ganga*	鳞翅目	弄蝶科		未评估
1759	曲纹黄室弄蝶	*Potanthus flavus*	鳞翅目	弄蝶科		未评估
1760	曲纹袖弄蝶	*Notocrypta curvifascia*	鳞翅目	弄蝶科		未评估
1761	雀麦珂弄蝶	*Caltoris bromus*	鳞翅目	弄蝶科		未评估
1762	梳翅弄蝶	*Ctenoptilum vasava*	鳞翅目	弄蝶科		未评估
1763	双带弄蝶	*Lobocla bifasciata*	鳞翅目	弄蝶科		未评估
1764	透纹孔弄蝶	*Polytremis pellucida*	鳞翅目	弄蝶科		未评估
1765	籼弄蝶	*Borbo cinnara*	鳞翅目	弄蝶科		未评估
1766	小赭弄蝶	*Ochlodes venata*	鳞翅目	弄蝶科		未评估
1767	幺纹稻弄蝶	*Parnara bada*	鳞翅目	弄蝶科		未评估
1768	疑锷弄蝶	*Aeromachus dubius*	鳞翅目	弄蝶科		未评估
1769	旖弄蝶	*Isoteinon lamprospilus*	鳞翅目	弄蝶科		未评估
1770	隐纹谷弄蝶	*Pelopidas mathias*	鳞翅目	弄蝶科		未评估
1771	窄翅弄蝶	*Apostictopterus fuliginosus*	鳞翅目	弄蝶科		近危（NT）
1772	长标弄蝶	*Telicota colon*	鳞翅目	弄蝶科		未评估
1773	中华谷弄蝶	*Pelopidas sinensis*	鳞翅目	弄蝶科		未评估
1774	中华捷弄蝶	*Gerosis sinica*	鳞翅目	弄蝶科		未评估
1775	珠弄蝶	*Erynnis tages*	鳞翅目	弄蝶科		未评估
1776	比氏普大蚊	*Tipula pieli*	双翅目	大蚊科		未评估
1777	短尾窗大蚊	*Pedicia subfalcata*	双翅目	大蚊科		未评估
1778	多突短柄大蚊	*Nephrotoma virgata*	双翅目	大蚊科		未评估
1779	黄盾短柄大蚊	*Nephrotoma flavonota*	双翅目	大蚊科		未评估
1780	尖突短柄大蚊	*Nephrotoma impigra*	双翅目	大蚊科		未评估
1781	双尾普大蚊	*Tipula biaciculifera*	双翅目	大蚊科		未评估
1782	细刺尖大蚊	*Tipula stenacantha*	双翅目	大蚊科		未评估
1783	新雅大蚊	*Tipula nova*	双翅目	大蚊科		未评估
1784	浙江短柄大蚊	*Nephrotoma zhejiangensis*	双翅目	大蚊科		未评估
1785	中华叉烛大蚊	*Diogma sinensis*	双翅目	大蚊科		未评估
1786	中华日大蚊	*Tipula sinica*	双翅目	大蚊科		未评估
1787	百山祖毛蚊	*Bibio baishanzunus*	双翅目	毛蚊科		未评估
1788	短脉毛蚊	*Bibio brevineurus*	双翅目	毛蚊科		未评估
1789	泛叉毛蚊	*Penthetria japonica*	双翅目	毛蚊科		未评估
1790	环凹毛蚊	*Bibio subrotundus*	双翅目	毛蚊科		未评估
1791	透翅毛蚊	*Bibio hyalipterus*	双翅目	毛蚊科		未评估
1792	斜襀毛蚊	*Plecia clina*	双翅目	毛蚊科		未评估
1793	浙叉毛蚊	*Penthetria zheana*	双翅目	毛蚊科		未评估
1794	直襀毛蚊	*Plecia stys*	双翅目	毛蚊科		未评估
1795	冷杉细蚊	*Dixa abiettica*	双翅目	细蚊科		未评估

序号	中文名	学名	目名	科名	保护等级	濒危等级
1796	八刺植眼蕈蚊	*Phytosciara octospina*	双翅目	眼蕈蚊科		未评估
1797	白孔翼眼蕈蚊	*Corynoptera albistigmata*	双翅目	眼蕈蚊科		未评估
1798	百山祖迟眼蕈蚊	*Bradysia baishanzuna*	双翅目	眼蕈蚊科		未评估
1799	百山祖厉眼蕈蚊	*Lycoriella baishanzuna*	双翅目	眼蕈蚊科		未评估
1800	草履迟眼蕈蚊	*Bradysia sandalimorpha*	双翅目	眼蕈蚊科		未评估
1801	侧棘迟眼蕈蚊	*Bradysia latispinosa*	双翅目	眼蕈蚊科		未评估
1802	茶梅迟眼蕈蚊	*Bradysia chamei*	双翅目	眼蕈蚊科		未评估
1803	赤膊眼蕈蚊	*Brachisia calva*	双翅目	眼蕈蚊科		未评估
1804	春贵迟眼蕈蚊	*Bradysia chunguii*	双翅目	眼蕈蚊科		未评估
1805	大尾迟眼蕈蚊	*Bradysia macrura*	双翅目	眼蕈蚊科		未评估
1806	淡刺迟眼蕈蚊	*Bradysia pallespina*	双翅目	眼蕈蚊科		未评估
1807	等刺厉眼蕈蚊	*Lycoriella isoacantha*	双翅目	眼蕈蚊科		未评估
1808	鼎刺迟眼蕈蚊	*Bradysia trigonospina*	双翅目	眼蕈蚊科		未评估
1809	独刺迟眼蕈蚊	*Bradysia monacantha*	双翅目	眼蕈蚊科		未评估
1810	短鞭迟眼蕈蚊	*Bradysia brachytoma*	双翅目	眼蕈蚊科		未评估
1811	耳尾迟眼蕈蚊	*Bradysia auriculata*	双翅目	眼蕈蚊科		未评估
1812	方尾迟眼蕈蚊	*Bradysia quadrata*	双翅目	眼蕈蚊科		未评估
1813	肥迟眼蕈蚊	*Bradysia obesa*	双翅目	眼蕈蚊科		未评估
1814	钩臂眼蕈蚊	*Sciara harmatilis*	双翅目	眼蕈蚊科		未评估
1815	钩菇迟眼蕈蚊	*Bradysia uncipleuroti*	双翅目	眼蕈蚊科		未评估
1816	喙尾迟眼蕈蚊	*Bradysia rostrata*	双翅目	眼蕈蚊科		未评估
1817	基中迟眼蕈蚊	*Bradysia basalimedia*	双翅目	眼蕈蚊科		未评估
1818	荚黑迟眼蕈蚊	*Bradysia siliquaris*	双翅目	眼蕈蚊科		未评估
1819	尖尾翼眼蕈蚊	*Corynoptera acutula*	双翅目	眼蕈蚊科		未评估
1820	节刺迟眼蕈蚊	*Bradysia noduspina*	双翅目	眼蕈蚊科		未评估
1821	开化迟眼蕈蚊	*Bradysia kaihuana*	双翅目	眼蕈蚊科		未评估
1822	六刺迟眼蕈蚊	*Bradysia hexacantha*	双翅目	眼蕈蚊科		未评估
1823	毛瘤迟眼蕈蚊	*Bradysia verruca*	双翅目	眼蕈蚊科		未评估
1824	毛脉迟眼蕈蚊	*Bradysia lasiphlepia*	双翅目	眼蕈蚊科		未评估
1825	内三刺植眼蕈蚊	*Phytosciara endotriacantha*	双翅目	眼蕈蚊科		未评估
1826	彭尾迟眼蕈蚊	*Bradysia tumidicauda*	双翅目	眼蕈蚊科		未评估
1827	庆元植眼蕈蚊	*Phytosciara qingyuana*	双翅目	眼蕈蚊科		未评估
1828	球尾迟眼蕈蚊	*Bradysia bulbiformis*	双翅目	眼蕈蚊科		未评估
1829	曲尾迟眼蕈蚊	*Bradysia introflexa*	双翅目	眼蕈蚊科		未评估
1830	梳尾植眼蕈蚊	*Phytosciara pectinata*	双翅目	眼蕈蚊科		未评估
1831	束刺迟眼蕈蚊	*Bradysia sarcinispina*	双翅目	眼蕈蚊科		未评估
1832	双瓣厉眼蕈蚊	*Lycoriella dipetala*	双翅目	眼蕈蚊科		未评估
1833	硕厉眼蕈蚊	*Lycoriella maxima*	双翅目	眼蕈蚊科		未评估

序号	中文名	学名	目名	科名	保护等级	濒危等级
1834	四指手眼蕈蚊	*Manusciara quadridigitata*	双翅目	眼蕈蚊科		未评估
1835	梯鞭毛眼蕈蚊	*Trichosia trapezia*	双翅目	眼蕈蚊科		未评估
1836	歪毛眼蕈蚊	*Trichosia obliquicapilli*	双翅目	眼蕈蚊科		未评估
1837	威宁迟眼蕈蚊	*Bradysia weiningana*	双翅目	眼蕈蚊科		未评估
1838	吴鸿厉眼蕈蚊	*Lycoriella wuhongi*	双翅目	眼蕈蚊科		未评估
1839	吴氏植眼蕈蚊	*Phytosciara wui*	双翅目	眼蕈蚊科		未评估
1840	膝尾迟眼蕈蚊	*Bradysia gonata*	双翅目	眼蕈蚊科		未评估
1841	狭尾植眼蕈蚊	*Phytosciara stenura*	双翅目	眼蕈蚊科		未评估
1842	下刺厉眼蕈蚊	*Lycoriella hypacantha*	双翅目	眼蕈蚊科		未评估
1843	小毛眼蕈蚊	*Trichosia pumila*	双翅目	眼蕈蚊科		未评估
1844	肖叉刺迟眼蕈蚊	*Bradysia furcatina*	双翅目	眼蕈蚊科		未评估
1845	斜颈迟眼蕈蚊	*Bradysia yungata*	双翅目	眼蕈蚊科		未评估
1846	异宽尾眼蕈蚊	*Lycoriella abrevicaudata*	双翅目	眼蕈蚊科		未评估
1847	圆尾齿眼蕈蚊	*Phorodonta cyclota*	双翅目	眼蕈蚊科		未评估
1848	长鞭迟眼蕈蚊	*Bradysia longitoma*	双翅目	眼蕈蚊科		未评估
1849	长喙厉眼蕈蚊	*Lycoriella longirostris*	双翅目	眼蕈蚊科		未评估
1850	长节植眼蕈蚊	*Phytosciara dolichotoma*	双翅目	眼蕈蚊科		未评估
1851	浙粪眼蕈蚊	*Scatopsciara zheana*	双翅目	眼蕈蚊科		未评估
1852	指尾迟眼蕈蚊	*Bradysia dactylina*	双翅目	眼蕈蚊科		未评估
1853	珠角迟眼蕈蚊	*Bradysia phalerata*	双翅目	眼蕈蚊科		未评估
1854	锥尾植眼蕈蚊	*Phytosciara conicudata*	双翅目	眼蕈蚊科		未评估
1855	白间摇蚊	*Paratendipes albimanus*	双翅目	摇蚊科		未评估
1856	百山祖小突摇蚊	*Micropsectra baishanzua*	双翅目	摇蚊科		未评估
1857	斑翅毛胸摇蚊	*Heleniella osarumaculata*	双翅目	摇蚊科		未评估
1858	斑带多足摇蚊	*Polypedilum medivittatum*	双翅目	摇蚊科		未评估
1859	草地施密摇蚊	*Smittia pratorum*	双翅目	摇蚊科		未评估
1860	冲绳多足摇蚊	*Polypedilum benokiense*	双翅目	摇蚊科		未评估
1861	冲绳摇蚊	*Chironomus okinawanus*	双翅目	摇蚊科		未评估
1862	刺铗长足摇蚊	*Tanypus punctipenms*	双翅目	摇蚊科		未评估
1863	刺拟中足摇蚊	*Parametriocnemus stylatus*	双翅目	摇蚊科		未评估
1864	灯蕊小突摇蚊	*Micropsectra junci*	双翅目	摇蚊科		未评估
1865	独毛多足摇蚊	*Polypedilum henicurum*	双翅目	摇蚊科		未评估
1866	二色多足摇蚊	*Polypedilum acutum*	双翅目	摇蚊科		未评估
1867	黑趋流摇蚊	*Rheocricotopus nigrus*	双翅目	摇蚊科		未评估
1868	黑施密摇蚊	*Smittia aterrima*	双翅目	摇蚊科		未评估
1869	喙隐摇蚊	*Cryptochironomus rostratus*	双翅目	摇蚊科		未评估
1870	箭前突摇蚊	*Proctadius sagitalis*	双翅目	摇蚊科		未评估
1871	九斑多足摇蚊	*Polypedilum masudai*	双翅目	摇蚊科		未评估

序号	中文名	学名	目名	科名	保护等级	濒危等级
1872	亮铗真凯氏摇蚊	*Eukiefferilla claripennis*	双翅目	摇蚊科		未评估
1873	蒙塔努斯环足摇蚊	*Cricotopus montanus*	双翅目	摇蚊科		未评估
1874	平铗枝角摇蚊	*Cladopelma edwardsi*	双翅目	摇蚊科		未评估
1875	强脉前突摇蚊	*Procladius crassinevis*	双翅目	摇蚊科		未评估
1876	日本多足摇蚊	*Polypedilum japonicum*	双翅目	摇蚊科		未评估
1877	软铁小摇蚊	*Microchironomus trner*	双翅目	摇蚊科		未评估
1878	萨摩亚摇蚊	*Chironomus samoensis*	双翅目	摇蚊科		未评估
1879	塞特狭摇蚊	*Stenochironomus satorui*	双翅目	摇蚊科		未评估
1880	三带环足摇蚊	*Cricotopus trifasciatus*	双翅目	摇蚊科		未评估
1881	十斑菱摇蚊	*Clinotanypus decempuctatus*	双翅目	摇蚊科		未评估
1882	双鬃多足摇蚊	*Polypedilum bisetosum*	双翅目	摇蚊科		未评估
1883	台湾长跗摇蚊	*Tanytarsus formosanus*	双翅目	摇蚊科		未评估
1884	微小沼摇蚊	*Limnophyes minimus*	双翅目	摇蚊科		未评估
1885	细麦捶摇蚊	*Metriocnemus gracei*	双翅目	摇蚊科		未评估
1886	霞甫多足摇蚊	*Polypedilum convexum*	双翅目	摇蚊科		未评估
1887	线环足摇蚊	*Cricotopus similis*	双翅目	摇蚊科		未评估
1888	项圈旋刺摇蚊	*Ablabsmyia monilis*	双翅目	摇蚊科		未评估
1889	楔铗苔摇蚊	*Bryophaenocladius cuneiformis*	双翅目	摇蚊科		未评估
1890	爪哇摇蚊	*Chironomus javanus*	双翅目	摇蚊科		未评估
1891	百山祖埃菌蚊	*Epicypta baishanzuensis*	双翅目	菌蚊科		未评估
1892	百山祖粘菌蚊	*Sciophila baishanzua*	双翅目	菌蚊科		未评估
1893	北京新菌蚊	*Neoempheria beijingana*	双翅目	菌蚊科		未评估
1894	毕氏真菌蚊	*Mycomya byersi*	双翅目	菌蚊科		未评估
1895	扁角新菌蚊	*Neoempheria platycera*	双翅目	菌蚊科		未评估
1896	波曲埃菌蚊	*Epicypta sinuosa*	双翅目	菌蚊科		未评估
1897	草菇折翅菌蚊	*Allactoneura volvoceae*	双翅目	菌蚊科		未评估
1898	陈氏埃菌蚊	*Epicypta cheni*	双翅目	菌蚊科		未评估
1899	淡色布菌蚊	*Boletina pallidula*	双翅目	菌蚊科		未评估
1900	东方埃菌蚊	*Epicypta orientalia*	双翅目	菌蚊科		未评估
1901	多毛粘菌蚊	*Sciophila pilusolenta*	双翅目	菌蚊科		未评估
1902	二叉巧菌蚊	*Phronia diplocladia*	双翅目	菌蚊科		未评估
1903	反曲真菌蚊	*Mycomya recurvata*	双翅目	菌蚊科		未评估
1904	贵州真菌蚊	*Mycomya guizhouana*	双翅目	菌蚊科		未评估
1905	何氏布菌蚊	*Boletina hei*	双翅目	菌蚊科		未评估
1906	湖北巧菌蚊	*Phronia hubeiana*	双翅目	菌蚊科		未评估
1907	华丽真菌蚊	*Mycomya aureola*	双翅目	菌蚊科		未评估
1908	极乐真菌蚊	*Mycomya paradisa*	双翅目	菌蚊科		未评估
1909	简单埃菌蚊	*Epicypta simplex*	双翅目	菌蚊科		未评估

序号	中文名	学名	目名	科名	保护等级	濒危等级
1910	居山埃菌蚊	*Epicypta monticola*	双翅目	菌蚊科		未评估
1911	科氏亚菌蚊	*Anatella coheri*	双翅目	菌蚊科		未评估
1912	林茂埃菌蚊	*Epicypta silviabunda*	双翅目	菌蚊科		未评估
1913	龙栖埃菌蚊	*Epicypta longqishana*	双翅目	菌蚊科		未评估
1914	莫干巧菌蚊	*Phronia moganshanana*	双翅目	菌蚊科		未评估
1915	普通新菌蚊	*Neoempheria pervulgata*	双翅目	菌蚊科		未评估
1916	庆元粘菌蚊	*Sciophila qingyuanensis*	双翅目	菌蚊科		未评估
1917	弯肢真菌蚊	*Mycomya procurva*	双翅目	菌蚊科		未评估
1918	威氏巧菌蚊	*Phronia willistoni*	双翅目	菌蚊科		未评估
1919	沃氏真菌蚊	*Mycomya wuorentausi*	双翅目	菌蚊科		未评估
1920	武当巧菌蚊	*Phronia wudangana*	双翅目	菌蚊科		未评估
1921	杨氏埃菌蚊	*Epicypta yangi*	双翅目	菌蚊科		未评估
1922	隐真菌蚊	*Mycomya occultans*	双翅目	菌蚊科		未评估
1923	杂色粘菌蚊	*Sciophila nebulosa*	双翅目	菌蚊科		未评估
1924	长尾布菌蚊	*Boletina longicauda*	双翅目	菌蚊科		未评估
1925	浙江阿菌蚊	*Aglaomyia zhejiangensis*	双翅目	菌蚊科		未评估
1926	中华埃菌蚊	*Epicypta sinica*	双翅目	菌蚊科		未评估
1927	中华新菌蚊	*Neoempheria sinica*	双翅目	菌蚊科		未评估
1928	广粪蚊	*Coboldia fuscipes*	双翅目	粪蚊科		未评估
1929	华联脉粪蚊	*Holoplagia sinica*	双翅目	粪蚊科		未评估
1930	乳突粪蚊	*Scatopse mastoidea*	双翅目	粪蚊科		未评估
1931	长足裸粪蚊	*Apiloscatopse longipes*	双翅目	粪蚊科		未评估
1932	珠角粪蚊	*Colobostema torulosa*	双翅目	粪蚊科		未评估
1933	齿突姬蜂虻	*Systropus serratus*	双翅目	蜂虻科		未评估
1934	古田山姬蜂虻	*Systropus gutianshanus*	双翅目	蜂虻科		未评估
1935	黄翅姬蜂虻	*Systropus flavalatus*	双翅目	蜂虻科		未评估
1936	箭尾姬蜂虻	*Systropus oestrus*	双翅目	蜂虻科		未评估
1937	金刺姬蜂虻	*Systropus aurantispinus*	双翅目	蜂虻科		未评估
1938	长刺姬蜂虻	*Systropus dolichochaetaus*	双翅目	蜂虻科		未评估
1939	日本斑虻	*Chrysops japonicus*	双翅目	虻科		未评估
1940	阿姆毛腹食虫虻	*Laphria amurensis*	双翅目	食虫虻科		未评估
1941	埃菲毛腹食虫虻	*Laphria ephippium*	双翅目	食虫虻科		未评估
1942	白毛叉胫食虫虻	*Promachus albopilosus*	双翅目	食虫虻科		未评估
1943	斑叉胫食虫虻	*Promachus maculatus*	双翅目	食虫虻科		未评估
1944	残低颜食虫虻	*Cerdistus debilis*	双翅目	食虫虻科		未评估
1945	灿弯顶毛食虫虻	*Neoitamus splendidus*	双翅目	食虫虻科		未评估
1946	盾圆突食虫虻	*Machimus scutellaris*	双翅目	食虫虻科		未评估
1947	粉微芒食虫虻	*Microstylum trimelas*	双翅目	食虫虻科		未评估

序号	中文名	学名	目名	科名	保护等级	濒危等级
1948	黑纹棒腹食虫虻	*Lagynogaster fuliginosa*	双翅目	食虫虻科		未评估
1949	黑羽芒食虫虻	*Ommatius nigripes*	双翅目	食虫虻科		未评估
1950	红腿弯毛食虫虻	*Neoitamus rubrofemoratus*	双翅目	食虫虻科		未评估
1951	黄毛切突食虫虻	*Eutolmus rufibarbis*	双翅目	食虫虻科		未评估
1952	坎邦羽芒食虫虻	*Ommatius kambangensis*	双翅目	食虫虻科		未评估
1953	蓝弯顶毛食虫虻	*Neoitamus cyanurus*	双翅目	食虫虻科		未评估
1954	毛腹鬃腿食虫虻	*Hoplopheromerus hirtiventris*	双翅目	食虫虻科		未评估
1955	微芒食虫虻	*Microstylum dux*	双翅目	食虫虻科		未评估
1956	靴弯顶毛食虫虻	*Neoitamus cothurnatus*	双翅目	食虫虻科		未评估
1957	印叉径食虫虻	*Promachus indigenus*	双翅目	食虫虻科		未评估
1958	中华叉胫食虫虻	*Promachus chinensis*	双翅目	食虫虻科		未评估
1959	中华基径食虫虻	*Philodius chinensis*	双翅目	食虫虻科		未评估
1960	尖突星水虻	*Actina acutula*	双翅目	水虻科		未评估
1961	金黄指突水虻	*Ptecticus aurifer*	双翅目	水虻科		未评估
1962	南方指突水虻	*Ptecticus australis*	双翅目	水虻科		未评估
1963	浙江指突水虻	*Ptecticus zhejiangensis*	双翅目	水虻科		未评估
1964	斑翅驼舞虻	*Hybos alamaculatus*	双翅目	舞虻科		未评估
1965	背鬃驼舞虻	*Hybos dorsalis*	双翅目	舞虻科		未评估
1966	淡侧裸螳舞虻	*Chelifera lateralis*	双翅目	舞虻科		未评估
1967	淡翅宽喜舞虻	*Platyhilara pallala*	双翅目	舞虻科		未评估
1968	端钩驼舞虻	*Hybos apicihamatus*	双翅目	舞虻科		未评估
1969	端黄驼舞虻	*Hybos apiciflavus*	双翅目	舞虻科		未评估
1970	短板驼舞虻	*Hybos brevis*	双翅目	舞虻科		未评估
1971	褐芒螳舞虻	*Hemerodromia nigrescens*	双翅目	舞虻科		未评估
1972	灰翅驼舞虻	*Hybos griseus*	双翅目	舞虻科		未评估
1973	近截驼舞虻	*Hybos similaris*	双翅目	舞虻科		未评估
1974	条背螳舞虻	*Hemerodromia elongata*	双翅目	舞虻科		未评估
1975	无斑短胫喜舞虻	*Hilarigona unmaculata*	双翅目	舞虻科		未评估
1976	吴氏驼舞虻	*Hybos wui*	双翅目	舞虻科		未评估
1977	浙江准驼舞虻	*Parahybos zhejiangensis*	双翅目	舞虻科		未评估
1978	中华裸螳舞虻	*Chelifera sinensis*	双翅目	舞虻科		未评估
1979	中华隐脉驼舞虻	*Syndyas sinensis*	双翅目	舞虻科		未评估
1980	百山祖寡长足虻	*Hercostomus baishanzuensis*	双翅目	长足虻科		未评估
1981	大寡长足虻	*Hercostomus grandis*	双翅目	长足虻科		未评估
1982	钩头寡长足虻	*Hercostomus ancistrus*	双翅目	长足虻科		未评估
1983	黑端银长足虻	*Argyra arrogans*	双翅目	长足虻科		未评估
1984	畸跗嵌长足虻	*Syntormon miritarsus*	双翅目	长足虻科		未评估
1985	尖须寡长足虻	*Hercostomus cuspidicercus*	双翅目	长足虻科		未评估

序号	中文名	学名	目名	科名	保护等级	濒危等级
1986	近新寡长足虻	*Hercostomus subnovus*	双翅目	长足虻科		未评估
1987	雾斑毛瘤长足虻	*Condylostylus nebulosus*	双翅目	长足虻科		未评估
1988	伊文聚脉长足虻	*Medetera evenhuisi*	双翅目	长足虻科		未评估
1989	异突锥长足虻	*Rhaphium dispar*	双翅目	长足虻科		未评估
1990	异鬃聚脉长足虻	*Medetera abnormis*	双翅目	长足虻科		未评估
1991	长须寡长足虻	*Hercostomus longicercus*	双翅目	长足虻科		未评估
1992	浙江聚脉长足虻	*Medetera zhejiangensis*	双翅目	长足虻科		未评估
1993	黄背芒角臭虻	*Dialysis flava*	双翅目	臭虻科		未评估
1994	非显长角菌蚊	*Macrocera inconspicua*	双翅目	扁角菌蚊科		未评估
1995	黄褐长角菌蚊	*Macrocera tawnia*	双翅目	扁角菌蚊科		未评估
1996	交互长角菌蚊	*Macrocera alternata*	双翅目	扁角菌蚊科		未评估
1997	辛汉长角菌蚊	*Macrocera simhanjangana*	双翅目	扁角菌蚊科		未评估
1998	雅长角菌蚊	*Macrocera elegantula*	双翅目	扁角菌蚊科		未评估
1999	棘鬃秆蝇	*Togeciphus katoi*	双翅目	秆蝇科		未评估
2000	角突剑芒秆蝇	*Steleocerellus cornifer*	双翅目	秆蝇科		未评估
2001	狷秆蝇	*Anatrichus pygmaeus*	双翅目	秆蝇科		未评估
2002	普通瘤秆蝇	*Elachiptera sibirica*	双翅目	秆蝇科		未评估
2003	圆角颜脊秆蝇	*Eurina rotunda*	双翅目	秆蝇科		未评估
2004	长芒平胸秆蝇	*Mepachymerus elongates*	双翅目	秆蝇科		未评估
2005	浙江宽头秆蝇	*Platycephala zhejiangensis*	双翅目	秆蝇科		未评估
2006	中华粉秆蝇	*Anthracophagella sinensis*	双翅目	秆蝇科		未评估
2007	中华突距秆蝇	*Discadrema sinica*	双翅目	秆蝇科		未评估
2008	中黄剑芒秆蝇	*Steleocerellus ensifer*	双翅目	秆蝇科		未评估
2009	白纹厕蝇	*Fannia leucosticta*	双翅目	厕蝇科		未评估
2010	瘤胫厕蝇	*Fannia scalaris*	双翅目	厕蝇科		未评估
2011	夏厕蝇	*Fannia canicularis*	双翅目	厕蝇科		未评估
2012	元厕蝇	*Fannia prisca*	双翅目	厕蝇科		未评估
2013	森林地禾蝇	*Geomyza silvatica*	双翅目	禾蝇科		未评估
2014	灰地种蝇	*Delia platura*	双翅目	花蝇科		未评估
2015	四条泉蝇	*Pegomya quadrivittata*	双翅目	花蝇科		未评估
2016	乡隰蝇	*Hydrophoria ruralis*	双翅目	花蝇科		未评估
2017	小灰粪种蝇	*Adia cinerella*	双翅目	花蝇科		未评估
2018	蚕饰腹寄蝇	*Blepharipa zebina*	双翅目	寄蝇科		未评估
2019	刺腹短须寄蝇	*Linnaemya microchaeta*	双翅目	寄蝇科		未评估
2020	毒蛾蜉寄蝇	*Phorocera agilis*	双翅目	寄蝇科		未评估
2021	冠毛长唇寄蝇	*Siphona cristata*	双翅目	寄蝇科		未评估
2022	杰克饰腹寄蝇	*Blepharipa jacobsoni*	双翅目	寄蝇科		未评估
2023	萨毛瓣寄蝇	*Nemoraea sapporensis*	双翅目	寄蝇科		未评估

序号	中文名	学名	目名	科名	保护等级	濒危等级
2024	梳胫饰腹寄蝇	*Blepharipa schineri*	双翅目	寄蝇科		未评估
2025	艳斑茸毛寄蝇	*Servillia lateromaculata*	双翅目	寄蝇科		未评估
2026	榆毒蛾嗜寄蝇	*Schineria tergestina*	双翅目	寄蝇科		未评估
2027	长角髭寄蝇	*Vibrissina turrita*	双翅目	寄蝇科		未评估
2028	织卷蛾寄蝇	*Blondelia hyphantriae*	双翅目	寄蝇科		未评估
2029	华毛狭甲蝇	*Spaniocelphus papposus*	双翅目	甲蝇科		未评估
2030	凹腿尖翅蝇	*Lonchoptera excavata*	双翅目	尖翅蝇科		未评估
2031	古田山尖翅蝇	*Lonchoptera gutianshana*	双翅目	尖翅蝇科		未评估
2032	尾翼尖翅蝇	*Lonchoptera caudala*	双翅目	尖翅蝇科		未评估
2033	叉丽蝇	*Triceratopyga calliphoroides*	双翅目	丽蝇科		未评估
2034	大头金蝇	*Chrysomya megacephala*	双翅目	丽蝇科		未评估
2035	巨尾阿丽蝇	*Aldrichina grahami*	双翅目	丽蝇科		未评估
2036	亮绿蝇	*Lucilia illustris*	双翅目	丽蝇科		未评估
2037	浙江拟粉蝇	*Polleniopsis zhejianga*	双翅目	丽蝇科		未评估
2038	上海细麻蝇	*Pierretia ugamskii*	双翅目	麻蝇科		未评估
2039	线纹折麻蝇	*Blaesoxipha redempta*	双翅目	麻蝇科		未评估
2040	中国奇蝇	*Teratomyza chinica*	双翅目	奇蝇科		未评估
2041	侧斑直脉蚜蝇	*Dideoides latus*	双翅目	食蚜蝇科		未评估
2042	东方黑蚜蝇	*Melanostoma orientate*	双翅目	食蚜蝇科		未评估
2043	短角宽扁蚜蝇	*Xanthandrus talamaui*	双翅目	食蚜蝇科		未评估
2044	方斑蚜蝇	*Melanostoma mellinum*	双翅目	食蚜蝇科		未评估
2045	黑带蚜蝇	*Episyrphus balteatus*	双翅目	食蚜蝇科		未评估
2046	黄带狭腹蚜蝇	*Meliscaeva cinctella*	双翅目	食蚜蝇科		未评估
2047	黄腹狭口蚜蝇	*Asarkina porcina*	双翅目	食蚜蝇科		未评估
2048	灰带管蚜蝇	*Eristalis cerealis*	双翅目	食蚜蝇科		未评估
2049	绿黑斑眼蚜蝇	*Eristalinus viridis*	双翅目	食蚜蝇科		未评估
2050	三色棒腹蚜蝇	*Sphegina tricoloripes*	双翅目	食蚜蝇科		未评估
2051	台湾缺伪蚜蝇	*Graptomyza formosana*	双翅目	食蚜蝇科		未评估
2052	梯斑蚜蝇	*Melanostoma scalare*	双翅目	食蚜蝇科		未评估
2053	狭带贝蚜蝇	*Betasyrphus serarius*	双翅目	食蚜蝇科		未评估
2054	纤细巴蚜蝇	*Baccha maculata*	双翅目	食蚜蝇科		未评估
2055	印度细腹蚜蝇	*Sphaerophoria indiana*	双翅目	食蚜蝇科		未评估
2056	长尾管蚜蝇	*Eristalis tenax*	双翅目	食蚜蝇科		未评估
2057	四斑泰突眼蝇	*Teleopsis quadriguttata*	双翅目	突眼蝇科		未评估
2058	斑蹠黑蝇	*Ophyra chalcogaster*	双翅目	蝇科		未评估
2059	北栖家蝇	*Musca bezzii*	双翅目	蝇科		未评估
2060	刺血喙蝇	*Haematobosca sanguinolenta*	双翅目	蝇科		未评估
2061	大叶芒蝇	*Atherigona falcata*	双翅目	蝇科		未评估

序号	中文名	学名	目名	科名	保护等级	濒危等级
2062	稻芒蝇	*Atherigona oryzae*	双翅目	蝇科		未评估
2063	东方溜蝇	*Lispe orientalis*	双翅目	蝇科		未评估
2064	钝突芒蝇	*Atherigona crassibifurca*	双翅目	蝇科		未评估
2065	绯胫纹蝇	*Graphomya rufitibia*	双翅目	蝇科		未评估
2066	高粱芒蝇	*Atherigona soccata*	双翅目	蝇科		未评估
2067	黑边家蝇	*Musca hervei*	双翅目	蝇科		未评估
2068	花裸圆蝇	*Brontaea tonitrui*	双翅目	蝇科		未评估
2069	蓝翠蝇	*Neomyia timorensis*	双翅目	蝇科		未评估
2070	亮家蝇	*Musca cassara*	双翅目	蝇科		未评估
2071	琉球棘蝇	*Phaonia ryukyuensis*	双翅目	蝇科		未评估
2072	欧妙蝇	*Myospila meditabunda*	双翅目	蝇科		未评估
2073	骚家蝇	*Musca tempestiva*	双翅目	蝇科		未评估
2074	铜腹重毫蝇	*Dichaetomyia bibax*	双翅目	蝇科		未评估
2075	狭额腐蝇	*Muscina angustifrons*	双翅目	蝇科		未评估
2076	隐斑池蝇	*Limnophora fallax*	双翅目	蝇科		未评估
2077	隐齿股蝇	*Hydrotaea floccosa*	双翅目	蝇科		未评估
2078	印度螫蝇	*Stomoxys indicus*	双翅目	蝇科		未评估
2079	逐畜家蝇	*Musca conducens*	双翅目	蝇科		未评估
2080	紫翠蝇	*Neomyia gavisa*	双翅目	蝇科		未评估
2081	高帽裂蚤蝇	*Metopina grandimitralis*	双翅目	蚤蝇科		未评估
2082	中华奇蚤蝇	*Teratophora sinica*	双翅目	蚤蝇科		未评估
2083	百山祖三节叶蜂	*Arge baishanzua*	膜翅目	三节叶蜂科		未评估
2084	白肩平缝叶蜂	*Nesoselandria collaris*	膜翅目	叶蜂科		未评估
2085	黄带凹颚叶蜂	*Aneugmenus pteridii*	膜翅目	叶蜂科		未评估
2086	条跗平缝叶蜂	*Nesoselandria metotarsis*	膜翅目	叶蜂科		未评估
2087	吴氏拟栉叶蜂	*Priophorus wui*	膜翅目	叶蜂科		未评估
2088	烟翅直脉叶蜂	*Hemocla infumata*	膜翅目	叶蜂科		未评估
2089	浙江锉叶蜂	*Pristiphora zhejiangensis*	膜翅目	叶蜂科		未评估
2090	日本截胫小蜂	*Haltichella nipponensis*	膜翅目	小蜂科		未评估
2091	暗滑茧蜂	*Homolobus infumator*	膜翅目	茧蜂科		未评估
2092	百山祖横纹茧蜂	*Ciinocentrus baishanzuensis*	膜翅目	茧蜂科		未评估
2093	黑脊茧蜂	*Aleiodes microculatus*	膜翅目	茧蜂科		未评估
2094	红骗赛茧蜂	*Zele deceptor*	膜翅目	茧蜂科		未评估
2095	脊腹脊茧蜂	*Aleiodes cariniventris*	膜翅目	茧蜂科		未评估
2096	两色合腹茧蜂	*Phanerotomella bicoloratus*	膜翅目	茧蜂科		未评估
2097	绿眼赛茧蜂	*Zele chlorophthalmus*	膜翅目	茧蜂科		未评估
2098	日本滑茧蜂	*Homolobus nipponensis*	膜翅目	茧蜂科		未评估
2099	台湾缺沟茧蜂	*Laccagathis formosana*	膜翅目	茧蜂科		未评估

序号	中文名	学名	目名	科名	保护等级	濒危等级
2100	吴氏阔跗茧蜂	*Yelicones wui*	膜翅目	茧蜂科		未评估
2101	细足脊茧蜂	*Aleiodes gracilipes*	膜翅目	茧蜂科		未评估
2102	眼蝶脊茧蜂	*Aleiodes coxalis*	膜翅目	茧蜂科		未评估
2103	异脊茧蜂	*Aleiodes dispar*	膜翅目	茧蜂科		未评估
2104	粘虫脊茧蜂	*Aleiodes mythimnae*	膜翅目	茧蜂科		未评估
2105	浙江合腹茧蜂	*Phanerotomella zhejiangensis*	膜翅目	茧蜂科		未评估
2106	白基多印姬蜂	*Zatypota albicoxa*	膜翅目	姬蜂科		未评估
2107	棒腹方盾姬蜂	*Acerataspis clavata*	膜翅目	姬蜂科		未评估
2108	薄膜细颚姬蜂	*Enicospilus tenuinubeculus*	膜翅目	姬蜂科		未评估
2109	蝙蛾角突姬蜂	*Megalomya hepialivora*	膜翅目	姬蜂科		未评估
2110	茶毛虫细颚姬蜂	*Enicospilus pseudoconspersae*	膜翅目	姬蜂科		未评估
2111	稻纵卷叶螟白星姬蜂	*Vulgichneumon diminutus*	膜翅目	姬蜂科		未评估
2112	稻纵卷叶螟黄脸姬蜂	*Chorinacus facialis*	膜翅目	姬蜂科		未评估
2113	福建畸脉姬蜂	*Neurogenia fujianensis*	膜翅目	姬蜂科		未评估
2114	高氏细颚姬蜂	*Enicospilus gauldi*	膜翅目	姬蜂科		未评估
2115	光爪等距姬蜂	*Hypsicera lita*	膜翅目	姬蜂科		未评估
2116	黑斑细颚姬蜂	*Enicospilus melanocarpus*	膜翅目	姬蜂科		未评估
2117	后斑尖腹姬蜂	*Stenichneiunon posticalis*	膜翅目	姬蜂科		未评估
2118	花胫蚜蝇姬蜂	*Diplazon laetatorius*	膜翅目	姬蜂科		未评估
2119	环跗钝杂姬蜂	*Amblyjoppa annulitarsis*	膜翅目	姬蜂科		未评估
2120	黄褐齿胫姬蜂	*Scolobates testaceus*	膜翅目	姬蜂科		未评估
2121	脊额黑瘤姬蜂	*Pimpla carinifrons*	膜翅目	姬蜂科		未评估
2122	假角细颚姬蜂	*Enicospilus pseudantennatus*	膜翅目	姬蜂科		未评估
2123	金光盾脸姬蜂	*Metopius metallicus*	膜翅目	姬蜂科		未评估
2124	具瘤畸脉姬蜂	*Neurogenia tuberculuta*	膜翅目	姬蜂科		未评估
2125	螟虫顶姬蜂	*Acropimpla persimilis*	膜翅目	姬蜂科		未评估
2126	螟黄抱缘姬蜂	*Temelucha biguttula*	膜翅目	姬蜂科		未评估
2127	螟蛉埃姬蜂	*Itoptectis naranyae*	膜翅目	姬蜂科		未评估
2128	苹毒蛾细颚姬蜂	*Enicospilus pudibundae*	膜翅目	姬蜂科		未评估
2129	青腹姬蜂	*Lareiga abdominalis*	膜翅目	姬蜂科		未评估
2130	日本黑瘤姬蜂	*Coccygomimus nipponicus*	膜翅目	姬蜂科		未评估
2131	桑蟥聚瘤姬蜂	*Iseropus kuwanae*	膜翅目	姬蜂科		未评估
2132	双条黑瘤姬蜂	*Coccygomimus bilineatus*	膜翅目	姬蜂科		未评估
2133	松毛虫异足姬蜂	*Heteropelma amictum*	膜翅目	姬蜂科		未评估
2134	台湾等距姬蜂	*Hypsicera formosana*	膜翅目	姬蜂科		未评估
2135	台湾细颚姬蜂	*Enicospilus formosensis*	膜翅目	姬蜂科		未评估
2136	台湾长尾姬蜂	*Ephialtes taiwanus*	膜翅目	姬蜂科		未评估
2137	同心细颗姬蜂	*Enicospilus concentralis*	膜翅目	姬蜂科		未评估

序号	中文名	学名	目名	科名	保护等级	濒危等级
2138	网脊嵌翅姬蜂	*Dicamptus reticulatus*	膜翅目	姬蜂科		未评估
2139	线角圆丘姬蜂	*Cobunus filicornis*	膜翅目	姬蜂科		未评估
2140	相似外姬蜂	*Exenterus similis*	膜翅目	姬蜂科		未评估
2141	野蚕黑瘤姬蜂	*Pimpla luctuosus*	膜翅目	姬蜂科		未评估
2142	游走巢姬蜂	*Acroricnus ambulator*	膜翅目	姬蜂科		未评估
2143	缘盾凸脸姬蜂	*Exochus scutellatus*	膜翅目	姬蜂科		未评估
2144	粘虫棘领姬蜂	*Therion circumflexum*	膜翅目	姬蜂科		未评估
2145	长尾曼姬蜂	*Mansa longicauda*	膜翅目	姬蜂科		未评估
2146	中华短硬姬蜂	*Brachyscleroma chinensis*	膜翅目	姬蜂科		未评估
2147	中华饰骨姬蜂	*Lophyroplectus chinensis*	膜翅目	姬蜂科		未评估
2148	中华外姬蜂	*Exenterus chinensis*	膜翅目	姬蜂科		未评估
2149	朱色遏姬蜂	*Eccoptosage miniata*	膜翅目	姬蜂科		未评估
2150	纵卷叶螟钝唇姬蜂	*Eriborus vulgaris*	膜翅目	姬蜂科		未评估
2151	背毛姬小蜂	*Pnigalio soemias*	膜翅目	姬小蜂科		未评估
2152	侧毛姬小蜂	*Pnigalio longulus*	膜翅目	姬小蜂科		未评估
2153	长柄短颊姬小蜂	*Ckrysocharis chilo*	膜翅目	姬小蜂科		未评估
2154	百山祖单爪螯蜂	*Anteon baishanzhuense*	膜翅目	螯蜂科		未评估
2155	澳门马蜂	*Polistes macaensis*	膜翅目	胡蜂科		未评估
2156	变侧异腹胡蜂	*Parapolybia varia*	膜翅目	胡蜂科		未评估
2157	常见黄胡蜂	*Vespula vulgaris*	膜翅目	胡蜂科		未评估
2158	黑尾胡蜂	*Vespa ducalis*	膜翅目	胡蜂科		未评估
2159	黄脚胡蜂	*Vespa velutina*	膜翅目	胡蜂科		未评估
2160	陆马蜂	*Polistes rothneyi*	膜翅目	胡蜂科		未评估
2161	畦马蜂	*Polistes sulcatus*	膜翅目	胡蜂科		未评估
2162	印度侧异腹胡蜂	*Parapolybia indica*	膜翅目	胡蜂科		未评估
2163	约马蜂	*Polistes jokahamae*	膜翅目	胡蜂科		未评估
2164	棕马蜂	*Polistes gigas*	膜翅目	胡蜂科		未评估
2165	日本元蜾蠃	*Discoelius japonicus*	膜翅目	蜾蠃科		未评估
2166	斯旁喙蜾蠃	*Pararrhynchium smithii*	膜翅目	蜾蠃科		未评估
2167	镶黄蜾蠃	*Eumenes decoratus*	膜翅目	蜾蠃科		未评估
2168	中华唇蜾蠃	*Eumenes labiatus*	膜翅目	蜾蠃科		未评估
2169	多沙泥蜂	*Ammophila sabulosa*	膜翅目	泥蜂科		未评估
2170	黑毛泥蜂	*Sphex haemorrhoidalis*	膜翅目	泥蜂科		未评估
2171	红足沙泥蜂	*Ammophila atripes*	膜翅目	泥蜂科		未评估
2172	瘤额沙泥蜂	*Ammophila globifrontalis*	膜翅目	泥蜂科		未评估
2173	日本蓝泥蜂	*Chalybion japonicum*	膜翅目	泥蜂科		未评估
2174	壮足唇叶泥蜂	*Palmodesocdtanicus perplexus*	膜翅目	泥蜂科		未评估
2175	仿熊蜂	*Bombus imitator*	膜翅目	蜜蜂科		未评估

序号	中文名	学名	目名	科名	保护等级	濒危等级
2176	角拟熊蜂	*Psithyrus cornutus*	膜翅目	蜜蜂科		未评估
2177	三条熊蜂	*Bombus trifasciatus*	膜翅目	蜜蜂科		未评估
2178	疏熊蜂	*Bombus emotus*	膜翅目	蜜蜂科		未评估
2179	忠拟熊蜂	*Psithyrus pieli*	膜翅目	蜜蜂科		未评估
2180	重黄熊蜂	*Bombus flavus*	膜翅目	蜜蜂科		未评估
2181	埃氏真结蚁	*Euprenolepis emmae*	膜翅目	蚁科		未评估
2182	布立毛蚁	*Paratrechina bourbonica*	膜翅目	蚁科		未评估
2183	光柄双节行军蚁	*Aenictus laeviceps*	膜翅目	蚁科		未评估
2184	哈氏刺蚁	*Polyrhachis halidayi*	膜翅目	蚁科		未评估
2185	黑毛蚁	*Lasius niger*	膜翅目	蚁科		未评估
2186	黄足短猛蚁	*Bmchyponem iuteipes*	膜翅目	蚁科		未评估
2187	江华刺蚁	*Polyrhachis jianghuaensis*	膜翅目	蚁科		未评估
2188	结刺蚁	*Polyrhachis rastellata*	膜翅目	蚁科		未评估
2189	玛格丽特氏红蚁	*Myrmica margaritae*	膜翅目	蚁科		未评估
2190	梅氏多刺蚁	*Polyrhachis illaudata*	膜翅目	蚁科		未评估
2191	内氏前结蚁	*Prenolepis naoroji*	膜翅目	蚁科		未评估
2192	飘细长蚁	*Tetraponera allaborans*	膜翅目	蚁科		未评估
2193	日本弓背蚁	*Camponotus japonicus*	膜翅目	蚁科		未评估
2194	日本黑褐蚁	*Formica japonica*	膜翅目	蚁科		未评估
2195	山大齿猛蚁	*Odontomachus monticola*	膜翅目	蚁科		未评估
2196	上海举腹蚁	*Crematogaster zoceensis*	膜翅目	蚁科		未评估
2197	史氏盘腹蚁	*Aphaenogaster smythiesii*	膜翅目	蚁科		未评估
2198	双齿多刺蚁	*Polyrhachis dives*	膜翅目	蚁科		未评估
2199	四川曲颊猛蚁	*Gnamptogenys panda*	膜翅目	蚁科		未评估
2200	长角立毛蚁	*Paratrechina longicornis*	膜翅目	蚁科		未评估

8 淡水鱼类名录

序号	中文名	学名	目名	科名	濒危等级	保护等级	中国特有种
1	青鱼	*Mylopharyngodon piceus*	鲤形目	鲤科	无危（LC）		
2	草鱼	*Ctenopharyngodon idella*	鲤形目	鲤科	无危（LC）		
3	鲢	*Hypophthalmichthys molitrix*	鲤形目	鲤科	无危（LC）		
4	鳙	*Hypophthalmichthys nobilis*	鲤形目	鲤科	无危（LC）		
5	马口鱼	*Opsariichthys bidens*	鲤形目	鲤科	无危（LC）		
6	棘颊鱲	*Zacco acanthogenys*	鲤形目	鲤科	无危（LC）		
7	长鳍马口鱼	*Opsariichthys evolans*	鲤形目	鲤科	无危（LC）		

序号	中文名	学名	目名	科名	濒危等级	保护等级	中国特有种
8	赤眼鳟	*Squaliobarbus curriculus*	鲤形目	鲤科	无危（LC）		
9	圆吻鲴	*Distoechodon tumirostris*	鲤形目	鲤科	无危（LC）		
10	细鳞鲴	*Xenocypris macrolepis*	鲤形目	鲤科	无危（LC）		
11	中华鳑鲏	*Rhodeus sinensis*	鲤形目	鲤科	无危（LC）		是
12	大鳍鱊	*Acheilognathus macropterus*	鲤形目	鲤科	无危（LC）		
13	兴凯鱊	*Acheilognathus chankaensis*	鲤形目	鲤科	无危（LC）		
14	齐氏副田中鱊	*Paratanakia chii*	鲤形目	鲤科	无危（LC）		是
15	刺鲃	*Spinibarbus caldwelli*	鲤形目	鲤科	无危（LC）		是
16	武夷光唇鱼	*Acrossocheilus wuyiensis*	鲤形目	鲤科	无危（LC）		是
17	温州光唇鱼	*Acrossocheilus wenchowensis*	鲤形目	鲤科	无危（LC）		是
18	台湾白甲鱼	*Onychostoma barbatulum*	鲤形目	鲤科	近危（NT）		是
19	鲫	*Carassius auratus auratus*	鲤形目	鲤科	无危（LC）		
20	鲤	*Cyprinus carpio*	鲤形目	鲤科	无危（LC）		
21	䱻	*Hemibarbus labeo*	鲤形目	鲤科	无危（LC）		
22	黑鳍鳈	*Sarcocheilichthys n. nigripinnis*	鲤形目	鲤科	无危（LC）		是
23	麦穗鱼	*Pseudorasbora parva*	鲤形目	鲤科	无危（LC）		
24	似鮈	*Pseudogobio vaillanti*	鲤形目	鲤科	无危（LC）		
25	点纹银鮈	*Squalidus wolterstorff*	鲤形目	鲤科	无危（LC）		是
26	浙江花鳅	*Cobitis zhejiangensis*	鲤形目	鲤科	无危（LC）		
27	斑条花鳅	*Cobitis laterimaculata*	鲤形目	鲤科	数据缺乏（DD）		是
28	泥鳅	*Misgurnus anguillicaudatus*	鲤形目	鲤科	无危（LC）		
29	大鳞副泥鳅	*Paramisgurnus dabryanus*	鲤形目	鲤科	无危（LC）		
30	尖头鲹	*Rhynchocypris oxycephalus*	鲤形目	鲤科	数据缺乏（DD）		是
31	拟腹吸鳅	*Pseudogastromyzon fasciatus*	鲤形目	平鳍鳅科	数据缺乏（DD）		是
32	原缨口鳅	*Vanmanenia stenosoma*	鲤形目	平鳍鳅科	数据缺乏（DD）		是
33	纵纹原缨口鳅	*Vanmanenia caldwelli*	鲤形目	平鳍鳅科	数据缺乏（DD）		是
34	亮斑缨口鳅	*Crossostoma galericula*	鲤形目	平鳍鳅科	数据缺乏（DD）		是
35	斑纹缨口鳅	*Crossostoma stigmata*	鲤形目	平鳍鳅科	数据缺乏（DD）		是
36	鲶	*Silurus asotus*	鲶形目	鲶科	无危（LC）		
37	黄颡鱼	*Tachyurus fulvidraco*	鲶形目	鲿科	无危（LC）		
38	白边拟鲿	*Tachysurus albomarginatus*	鲶形目	鲿科	无危（LC）		是
39	鳗尾鉠	*Liobagrus anguillicauda*	鲶形目	钝头鮠科	无危（LC）		
40	福建纹胸鮡	*Glyptothorax fokiensis*	鲶形目	鮡科	无危（LC）		是
41	食蚊鱼	*Gambusia affinis*	鳉形目	胎鳉科	外来种		
42	黄鳝	*Monopterus albus*	合鳃鱼目	合鳃鱼科	无危（LC）		
43	鳜	*Siniperca chuatsi*	鲈形目	鳜科	无危（LC）		
44	斑鳜	*Siniperca scherzeri*	鲈形目	鳜科	无危（LC）		

序号	中文名	学名	目名	科名	濒危等级	保护等级	中国特有种
45	波纹鳜	*Siniperca undulata*	鲈形目	鳜科	近危（NT）		是
46	大眼鳜	*Siniperca kneri*	鲈形目	鳜科	无危（LC）		
47	小黄黝鱼	*Micropercops swinhonis*	鲈形目	虾虎鱼科	无危（LC）		
48	子陵吻虾虎鱼	*Rhinogobius similis*	鲈形目	虾虎鱼科	无危（LC）		
49	波氏吻虾虎鱼	*Rhinogobius cliffordpopei*	鲈形目	虾虎鱼科	无危（LC）		是
50	长汀吻虾虎鱼	*Rhinogobius cheni*	鲈形目	虾虎鱼科	数据缺乏（DD）		是
51	黑吻虾虎鱼	*Rhinogobius niger*	鲈形目	虾虎鱼科	数据缺乏（DD）		是
52	绿太阳鱼	*Lepomis cyanellus*	鲈形目	日鲈科	外来种		
53	月鳢	*Channa asiatica*	鲈形目	鳢科	无危（LC）		

9 大型底栖无脊椎动物名录

序号	中文名	学名	门名	纲名
1	三角涡虫	*Dugesia* sp.	扁形动物门	涡虫纲
2	日本医蛭	*Hirudo nipponica*	环节动物门	蛭纲
3	八目石蛭	*Erpodella octoculata*	环节动物门	蛭纲
4	霍甫水丝蚓	*Limnodrilus hoffmeisteri*	环节动物门	寡毛纲
5	苏氏尾鳃蚓	*Branchiura sowerbyi*	环节动物门	寡毛纲
6	中华颤蚓	*Tubifex sinicus*	环节动物门	寡毛纲
7	角形环棱螺	*Bellamya angularis*	软体动物门	腹足纲
8	长河螺	*Rivularia elongata*	软体动物门	腹足纲
9	色带短沟蜷	*Semisulcospira mandarina*	软体动物门	腹足纲
10	椭圆萝卜螺	*Radix swinhoei*	软体动物门	腹足纲
11	卵萝卜螺	*Radix ovata*	软体动物门	腹足纲
12	二翼蜉	*Cloeon dipterum*	节肢动物门	昆虫纲
13	动蜉属一种	*Cinygma* sp.	节肢动物门	昆虫纲
14	斜纹似动蜉	*Cinygmina obliguistrita*	节肢动物门	昆虫纲
15	红斑似动蜉	*Cinygmina rubromaculata*	节肢动物门	昆虫纲
16	宜兴似动蜉	*Cinygmina yixingensis*	节肢动物门	昆虫纲
17	扁蜉属一种	*Heptagenia* sp.	节肢动物门	昆虫纲
18	假蜉蝣属一种	*Iron* sp.	节肢动物门	昆虫纲
19	双刺花翅蜉	*Baetiella bispinosa*	节肢动物门	昆虫纲
20	宜兴宽基蜉	*Choroterps yixingensis*	节肢动物门	昆虫纲
21	带肋蜉属一种	*Cincticostella* sp.	节肢动物门	昆虫纲
22	大鳃蜉属一种	*Torleya* sp.	节肢动物门	昆虫纲
23	小蜉属一种	*Ephemerella* sp.	节肢动物门	昆虫纲

序号	中文名	学名	门名	纲名
24	细裳蜉	*Leptophlebia* sp.	节肢动物门	昆虫纲
25	思罗蜉属一种	*Thraulus* sp.	节肢动物门	昆虫纲
26	黑点细蜉	*Caenis nigropunctata*	节肢动物门	昆虫纲
27	蜉蝣属一种	*Ephemera* sp.	节肢动物门	昆虫纲
28	纯石蝇属一种	*Paragnetina* sp.	节肢动物门	昆虫纲
29	亚力施春蜓	*Sieboldius alexanderi*	节肢动物门	昆虫纲
30	曦春蜓属一种	*Heliogomphus* sp.	节肢动物门	昆虫纲
31	金光伪蜻属一种	*Somatochlora* sp.	节肢动物门	昆虫纲
32	绿综蟌属一种	*Megalestes* sp.	节肢动物门	昆虫纲
33	准鱼蛉属一种	*Parachauliodes* sp.	节肢动物门	昆虫纲
34	塘水螟属一种	*Elophila* sp.	节肢动物门	昆虫纲
35	斑水螟属一种	*Eoophyia* sp.	节肢动物门	昆虫纲
36	端毛龙虱属一种	*Agabus* sp.	节肢动物门	昆虫纲
37	纯扁泥甲属一种	*Mataeopsephus* sp.	节肢动物门	昆虫纲
38	扁泥甲属一种	*Psephenus* sp.	节肢动物门	昆虫纲
39	原石蛾属一种	*Rhyacophila* sp.	节肢动物门	昆虫纲
40	长角纹石蛾属一种	*Macrostemum* sp.	节肢动物门	昆虫纲
41	角石蛾属一种	*Stenopsyche* sp.	节肢动物门	昆虫纲
42	栖长角石蛾属一种	*Oecetis* sp.	节肢动物门	昆虫纲
43	鳞石蛾属一种	*Lepidostoma* sp.	节肢动物门	昆虫纲
44	库蠓属一种	*Culicoides* sp.	节肢动物门	昆虫纲
45	黑大蚊属一种	*Hexatoma* sp.	节肢动物门	昆虫纲
46	锥长足虻属一种	*Rhaphium* sp.	节肢动物门	昆虫纲
47	双大蚊属一种	*Dicranota* sp.	节肢动物门	昆虫纲
48	短柄大蚊属一种	*Nephrotoma* sp.	节肢动物门	昆虫纲
49	帕摇蚊属一种	*Pagastia* sp.	节肢动物门	昆虫纲
50	项圈无突摇蚊	*Ablabesmyia monilis*	节肢动物门	昆虫纲
51	长铗无突摇蚊	*Ablabesmyia longistyla*	节肢动物门	昆虫纲
52	宽斑壳粗腹摇蚊	*Conchapelopia togamaculosa*	节肢动物门	昆虫纲
53	拉粗腹摇蚊属一种	*Larsia* sp.	节肢动物门	昆虫纲
54	大粗腹摇蚊属一种	*Macropelopia* sp.	节肢动物门	昆虫纲
55	尼罗长足摇蚊属一种	*Nilotanypus* sp.	节肢动物门	昆虫纲
56	彩拟麦氏摇蚊	*Paramerina divisa*	节肢动物门	昆虫纲
57	蚊型前突摇蚊	*Procladius culiciformis*	节肢动物门	昆虫纲
58	三叉粗腹摇蚊属一种	*Trissopelopia* sp.	节肢动物门	昆虫纲
59	扎长足摇蚊属一种	*Zavrelimyia* sp.	节肢动物门	昆虫纲
60	端心突摇蚊	*Cardiocladius capcinus*	节肢动物门	昆虫纲
61	小型棒脉摇蚊	*Corynoneura carriana*	节肢动物门	昆虫纲

序号	中文名	学名	门名	纲名
62	双斑环足摇蚊	*Cricotopus bimaculatus*	节肢动物门	昆虫纲
63	棒脉摇蚊属一种	*Corynoneura* sp.	节肢动物门	昆虫纲
64	双线环足摇蚊	*Cricotopus bicinctus*	节肢动物门	昆虫纲
65	浮得真开氏摇蚊	*Eukiefferiella fuldensis*	节肢动物门	昆虫纲
66	瘦真开氏摇蚊	*Eukiefferiella clypeata*	节肢动物门	昆虫纲
67	陆生光中足摇蚊	*Gymnometriocnemus terestris*	节肢动物门	昆虫纲
68	施密摇蚊属一种	*Krenosmittia* sp.	节肢动物门	昆虫纲
69	矮突摇蚊属一种	*Nanocladius* sp.	节肢动物门	昆虫纲
70	滤水直突摇蚊	*Orthocladius rivicola*	节肢动物门	昆虫纲
71	溪流直突摇蚊	*Orthocladius rivulorum*	节肢动物门	昆虫纲
72	刀突摇蚊属一种	*Psectrocladius* sp.	节肢动物门	昆虫纲
73	散趋流摇蚊	*Rheocricotopus effuses*	节肢动物门	昆虫纲
74	褐色流环足摇蚊	*Rheocricotopus fucipes*	节肢动物门	昆虫纲
75	流环足摇蚊	*Rheocricotopus* sp.	节肢动物门	昆虫纲
76	半绿同直突摇蚊	*Synorthocladius semivirens*	节肢动物门	昆虫纲
77	提尼曼摇蚊属一种	*Thienemanniella* sp.	节肢动物门	昆虫纲
78	雅明摇蚊属一种	*Tokunagia* sp.	节肢动物门	昆虫纲
79	花翅摇蚊	*Chironomus kiiensis*	节肢动物门	昆虫纲
80	锥昏眼摇蚊属一种	*Constempellina* sp.	节肢动物门	昆虫纲
81	范德枝长跗摇蚊	*Cladotanytarsus vanderwulpi*	节肢动物门	昆虫纲
82	胫斑隐摇蚊	*Cryptochironomus maculus*	节肢动物门	昆虫纲
83	叶二叉摇蚊	*Dicrotendipes lobifer*	节肢动物门	昆虫纲
84	哈摇蚊属一种	*Harnischia* sp.	节肢动物门	昆虫纲
85	日本哈摇蚊	*Harnischia japonica*	节肢动物门	昆虫纲
86	软铗小摇蚊	*Microchironomus tene*	节肢动物门	昆虫纲
87	小足倒毛摇蚊	*Microtendipes pedellus*	节肢动物门	昆虫纲
88	黑斑倒毛摇蚊	*Microtendipes chloris*	节肢动物门	昆虫纲
89	伦氏乌烈摇蚊	*Olecryptotendipes lenzi*	节肢动物门	昆虫纲
90	拟长跗摇蚊属一种	*Paratanytarsus* sp.	节肢动物门	昆虫纲
91	白角多足摇蚊	*Polypedilum albicorne*	节肢动物门	昆虫纲
92	筑波多足摇蚊	*Polypedilum tsukubaense*	节肢动物门	昆虫纲
93	浅川多足摇蚊	*Polypedilum asakawaense*	节肢动物门	昆虫纲
94	云集多足摇蚊	*Polypedilum nubifer*	节肢动物门	昆虫纲
95	九斑多足摇蚊	*Polypedilum masudai*	节肢动物门	昆虫纲
96	细铗突多足摇蚊	*Polypedilum surugense*	节肢动物门	昆虫纲
97	刀铗多足摇蚊	*Polypedilum cultellatum*	节肢动物门	昆虫纲
98	台湾长跗摇蚊	*Tanytarsus formosanus*	节肢动物门	昆虫纲

10 大型真菌名录

序号	中文名	学名	目名	科名	濒危等级	中国特有种
1	假紫红蘑菇	*Agaricus parasubrutilescens*	蘑菇目	蘑菇科		
2	紫红蘑菇	*Agaricus subrutilescens*	蘑菇目	蘑菇科	无危（LC）	
3	田头菇	*Agrocybe praecox*	蘑菇目	球盖菇科	无危（LC）	
4	卵孢鹅膏	*Amanita ovalispora*	蘑菇目	鹅膏科	无危（LC）	
5	假黄盖鹅膏菌	*Amanita pseudogemmata*	蘑菇目	鹅膏科	无危（LC）	
6	中华鹅膏	*Amanita sinensis*	蘑菇目	鹅膏科	无危（LC）	
7	博韦环纹炭团菌	*Annulohypoxylon bovei*	炭角菌目	炭角菌科		
8	臧氏金牛肝菌	*Aureoboletus zangii*	牛肝菌目	牛肝菌科	数据缺乏（DD）	是
9	黑木耳	*Auricularia heimuer*	木耳目	木耳科	无危（LC）	
48	宽鳞大孔菌	*Cerioporus squamosus*	多孔菌目	多孔菌科	无危（LC）	
10	环带小薄孔菌	*Cerrena zonata*	多孔菌目	齿毛菌科	无危（LC）	
11	易混色钉菇	*Chroogomphus confusus*	牛肝菌目	铆钉菇科	近危（NT）	是
12	脆珊瑚菌	*Clavaria fragilis*	蘑菇目	珊瑚菌科	无危（LC）	
13	珊瑚状锁瑚菌	*Clavulina coralloides*	鸡油菌目	齿菌科	无危（LC）	
14	金赤拟锁瑚菌	*Clavulinopsis aurantiocinnabarina*	蘑菇目	珊瑚菌科	无危（LC）	
15	红拟锁瑚菌	*Clavulinopsis miyabeana*	蘑菇目	珊瑚菌科	无危（LC）	
16	中国斜盖伞	*Clitopilus sinoapalus*	蘑菇目	粉褶蕈科		
17	雪白金钱菌	*Collybia nivea*	蘑菇目	科未定	无危（LC）	
18	厚集毛孔菌	*Coltricia crassa*	刺革菌目	刺革菌科	数据缺乏（DD）	是
19	火烧集毛孔菌	*Coltricia focicola*	刺革菌目	刺革菌科	数据缺乏（DD）	
20	魏氏集毛孔菌	*Coltricia weii*	刺革菌目	刺革菌科	数据缺乏（DD）	是
21	肉色锥盖伞	*Conocybe incarnata*	蘑菇目	粪伞科	数据缺乏（DD）	
22	疏绒毛锥盖伞	*Conocybe subpubescens*	蘑菇目	粪伞科		
23	白绒拟鬼伞	*Coprinopsis neolagopus*	蘑菇目	小脆柄菇科	数据缺乏（DD）	
24	荨麻小鬼伞	*Coprinopsis urticicola*	蘑菇目	小脆柄菇科		
25	叶状耳盘菌	*Cordierites frondosus*	柔膜菌目	耳盘菌科	无危（LC）	
74	细脚棒束孢	*Cordyceps tenuipes*	肉座菌目	虫草科		
26	掷丝膜菌	*Cortinarius bolaris*	蘑菇目	丝膜菌科	数据缺乏（DD）	
27	丝膜菌属待拟	*Cortinarius calaisopus*	蘑菇目	丝膜菌科		
28	钝顶丝膜菌	*Cortinarius obtusus*	蘑菇目	丝膜菌科	数据缺乏（DD）	
29	齿缘靴耳	*Crepidotus dentatus*	蘑菇目	靴耳科		
30	条盖靴耳	*Crepidotus striatus*	蘑菇目	靴耳科		
31	毛缘靴耳	*Crepidotus trichocraspedotus*	蘑菇目	靴耳科		
32	多形靴耳	*Crepidotus variabilis*	蘑菇目	靴耳科	无危（LC）	
33	毛皮伞	*Crinipellis dipterocarpi*	蘑菇目	小皮伞科		

序号	中文名	学名	目名	科名	濒危等级	中国特有种
34	乳白蛋巢菌	*Crucibulum laeve*	蘑菇目	科未定	无危（LC）	
35	头状花耳	*Dacrymyces capitatus*	花耳目	花耳科	无危（LC）	
36	云南花耳	*Dacrymyces yunnanensis*	花耳目	花耳科	数据缺乏（DD）	是
37	桂花耳	*Dacryopinax spathularia*	花耳目	花耳科	无危（LC）	
38	野生滑盖菇	*Deconica phyllogena*	蘑菇目	球盖菇科	数据缺乏（DD）	
39	干皮滑盖伞	*Deconica xeroderma*	蘑菇目	球盖菇科		
40	橙红二头孢盘菌	*Dicephalospora rufocornea*	柔膜菌目	柔膜菌科		
42	蓝鳞粉褶蕈	*Entoloma azureosquamulosum*	蘑菇目	粉褶蕈科	数据缺乏（DD）	是
43	粉褶蕈属待拟	*Entoloma cetratum*	蘑菇目	粉褶蕈科		
44	暗蓝粉褶蕈	*Entoloma chalybeum*	蘑菇目	粉褶蕈科	无危（LC）	
45	粉褶蕈属待拟	*Entoloma nitens*	蘑菇目	粉褶蕈科		
46	黄条纹粉褶蕈	*Entoloma omiense*	蘑菇目	粉褶蕈科		
47	淡色粉褶蕈	*Entoloma pallidocarpum*	蘑菇目	粉褶蕈科	数据缺乏（DD）	
49	牛舌菌	*Fistulina hepatica*	蘑菇目	科未定	无危（LC）	
50	木蹄层孔菌	*Fomes fomentarius*	多孔菌目	多孔菌科	无危（LC）	
51	帆孢盔孢伞	*Galerina calyptrata*	蘑菇目	层腹菌科		
52	条纹盔孢伞	*Galerina vittiformis*	蘑菇目	层腹菌科	无危（LC）	
53	弯柄灵芝	*Ganoderma flexipes*	多孔菌目	多孔菌科	无危（LC）	
54	有柄灵芝	*Ganoderma gibbosum*	多孔菌目	多孔菌科	无危（LC）	
55	林地老伞	*Gerronema nemorale*	蘑菇目	科未定		
56	粘地舌菌	*Glutinoglossum glutinosum*	地舌菌目	地舌菌科		
57	条缘裸伞	*Gymnopilus liquiritiae*	蘑菇目	层腹菌科	无危（LC）	
61	狭褶裸脚伞	*Gymnopus stenophyllus*	蘑菇目	类脐菇科	无危（LC）	
62	变色裸脚伞	*Gymnopus variicolor*	蘑菇目	类脐菇科		
63	巴卢圆孔牛肝菌	*Gyroporus ballouii*	牛肝菌目	圆孢牛肝菌科	无危（LC）	
64	酒红褶滑锈伞	*Hebeloma vinosophyllum*	蘑菇目	层腹菌科	数据缺乏（DD）	
65	勺状亚侧耳	*Hohenbuehelia petaloides*	蘑菇目	侧耳科	无危（LC）	
66	舟湿伞	*Hygrocybe cantharellus*	蘑菇目	蜡伞科	无危（LC）	
67	锥形湿伞	*Hygrocybe conica*	蘑菇目	蜡伞科	无危（LC）	
68	小红湿伞	*Hygrocybe miniata*	蘑菇目	蜡伞科	无危（LC）	
69	湿伞属待拟	*Hygrocybe rajendrae*	蘑菇目	蜡伞科		
70	湿伞属待拟	*Hygrocybe reidii*	蘑菇目	蜡伞科		
71	长垂幕菇	*Hypholoma elongatum*	蘑菇目	球盖菇科	数据缺乏（DD）	
72	簇生垂幕菇	*Hypholoma fasciculare*	蘑菇目	球盖菇科	无危（LC）	
73	丝盖伞属待拟	*Inocybe petchii*	蘑菇目	丝盖伞科		
75	红蜡蘑	*Laccaria laccata*	蘑菇目	轴腹菌科	无危（LC）	
76	弯柄蜡蘑	*Laccaria prava*	蘑菇目	轴腹菌科		
77	热带垂齿伞	*Lacrymaria hypertropicalis*	蘑菇目	小脆柄菇科		
78	垂齿伞	*Lacrymaria lacrymabunda*	蘑菇目	小脆柄菇科	无危（LC）	

序号	中文名	学名	目名	科名	濒危等级	中国特有种
79	橙褐乳菇	*Lactarius aurantiobrunneus*	红菇目	红菇科		
80	鸡足山乳菇	*Lactarius chichuensis*	红菇目	红菇科	无危（LC）	是
81	纤细乳菇	*Lactarius gracilis*	红菇目	红菇科	无危（LC）	
82	思茅乳菇	*Lactarius kesiyae*	红菇目	红菇科		
83	假脆乳菇	*Lactarius pseudofragilis*	红菇目	红菇科		
84	红乳菇	*Lactarius rufus*	红菇目	红菇科	无危（LC）	
85	粉灰滑孔菌	*Leiotrametes menziesii*	多孔菌目	多孔菌科	无危（LC）	
86	丽水丽丝盖伞	*Leucoinocybe lishuiensis*	蘑菇目	突孔菌科		
87	灰盖地衣小荷叶	*Lichenomphalia velutina*	蘑菇目	蜡伞科	数据缺乏（DD）	
88	网纹马勃	*Lycoperdon perlatum*	蘑菇目	灰包科	无危（LC）	
58	双型裸脚伞	*Marasmiellus biformis*	蘑菇目	类脐菇科		
59	华丽裸脚伞	*Marasmiellus luxurians*	蘑菇目	类脐菇科		
89	微皮伞属待拟	*Marasmiellus melanopus*	蘑菇目	类脐菇科		
60	微皮伞属待拟	*Marasmiellus quercophilus*	蘑菇目	类脐菇科		
90	枝生微皮伞	*Marasmiellus ramealis*	蘑菇目	类脐菇科	无危（LC）	
91	小皮伞属待拟	*Marasmius felix*	蘑菇目	小皮伞科		
92	大帚枝小皮伞	*Marasmius grandisetulosus*	蘑菇目	小皮伞科		
93	小皮伞属待拟	*Marasmius indojasminodorus*	蘑菇目	小皮伞科		
94	无柄小皮伞	*Marasmius neosessilis*	蘑菇目	小皮伞科	无危（LC）	
95	褐芝小孔菌	*Microporus affinis*	多孔菌目	多孔菌科	无危（LC）	
96	拟白色小蘑菇	*Micropsalliota pseudoarginea*	蘑菇目	蘑菇科		
97	弯生小菇	*Mycena adnexa*	蘑菇目	小菇科		
98	鹰色小菇	*Mycena aetites*	蘑菇目	小菇科	数据缺乏（DD）	
99	纤弱小菇	*Mycena alphitophora*	蘑菇目	小菇科	无危（LC）	
100	双囊小菇	*Mycena biscystidiatata*	蘑菇目	小菇科		
101	褐缘小菇	*Mycena olivaceomarginata*	蘑菇目	小菇科		
102	彩丽小菇	*Xeromphalina picta*	蘑菇目	小菇科	数据缺乏（DD）	
103	洁小菇	*Mycena pura*	蘑菇目	小菇科	无危（LC）	
104	紫褐小菇	*Mycena purpureofusca*	蘑菇目	小菇科		
105	*Mycetinis* 属待拟	*Mycetinis querceus*	蘑菇目	类脐菇科		
106	白绒红蛋巢菌	*Nidularia farcta*	蘑菇目	科未定		
107	暗褐金钱菌	*Phaeocollybia fallax*	蘑菇目	层腹菌科	数据缺乏（DD）	
108	鳞伞属待拟	*Pholiota carbonicola*	蘑菇目	球盖菇科		
109	鳞伞属待拟	*Pholiota multicingulata*	蘑菇目	球盖菇科		
110	喙囊鳞伞	*Pholiota veris*	蘑菇目	球盖菇科	无危（LC）	
111	褐盖褶孔牛肝菌	*Phylloporus brunneiceps*	牛肝菌目	牛肝菌科	数据缺乏（DD）	是
112	波扎里光柄菇	*Pluteus pouzarianus*	蘑菇目	光柄菇科	数据缺乏（DD）	
113	多孔菌待拟	*Polyporus ulleungus*	多孔菌目	多孔菌科		
114	黄白小脆柄菇	*Psathyrella candolleana*	蘑菇目	小脆柄菇科	无危（LC）	

序号	中文名	学名	目名	科名	濒危等级	中国特有种
115	裸盖菇待拟	*Psilocybe cokeriana*	蘑菇目	层腹菌科		
116	喀拉拉邦裸盖菇	*Psilocybe keralensis*	蘑菇目	层腹菌科		
117	巴布亚新几内亚裸盖菇	*Psilocybe papuana*	蘑菇目	层腹菌科		
118	鲜红密孔菌	*Pycnoporus cinnabarinus*	多孔菌目	多孔菌科	无危（LC）	
119	血红密孔菌	*Pycnoporus sanguineus*	多孔菌目	多孔菌科	无危（LC）	
120	芬兰枝瑚菌	*Ramaria fennica*	钉菇目	钉菇科	无危（LC）	
121	波状根盘菌	*Rhizina undulata*	盘菌目	根盘菌科	无危（LC）	
122	藓菇	*Rickenella fibula*	刺革菌目	藓菇科	无危（LC）	
123	黏柄小菇	*Roridomyces roridus*	蘑菇目	小菇科	无危（LC）	
124	蜜味红菇	*Russula melliolens*	蘑菇目	红菇科	数据缺乏（DD）	
125	美红菇	*Russula puellaris*	蘑菇目	红菇科	无危（LC）	
126	红菇属待拟	*Russula rufobasalis*	蘑菇目	红菇科		
127	血红菇	*Russula sanguinea*	蘑菇目	红菇科	无危（LC）	
128	点柄黄红菇	*Russula senecis*	蘑菇目	红菇科	无危（LC）	
129	微紫柄红菇	*Russula violeipes*	蘑菇目	红菇科	无危（LC）	
130	变绿红菇	*Russula virescens*	蘑菇目	红菇科	无危（LC）	
131	耐冷白齿菌	*Sistotrema brinkmannii*	鸡油菌目	齿菌科	数据缺乏（DD）	
132	干皮菌属待拟	*Skeletocutis friata*	多孔菌目	结晶伏孔菌科		
133	疣柄松塔牛肝菌	*Strobilomyces verruculosus*	牛肝菌目	牛肝菌科	无危（LC）	
134	黏盖乳牛肝菌	*Suillus bovinus*	牛肝菌目	乳牛肝菌科	无危（LC）	
135	点柄乳牛肝菌	*Suillus granulatus*	牛肝菌目	乳牛肝菌科	无危（LC）	
136	白四角孢	*Tetrapyrgos alba*	蘑菇目	小皮伞科		
137	近灰四角孢	*Tetrapyrgos nigripes*	蘑菇目	小皮伞科	数据缺乏（DD）	
138	头花革菌	*Thelephora anthocephala*	革菌目	革菌科	数据缺乏（DD）	
41	奇异大团囊虫草	*Tolypocladium paradoxum*	肉座菌目	线虫草科		
139	杂色云芝	*Trametes versicolor*	多孔菌目	多孔菌科	无危（LC）	
140	橙黄银耳	*Tremella mesenterica*	银耳目	银耳科	数据缺乏（DD）	
141	拟口蘑属待拟	*Tricholomopsis lammula*	蘑菇目	科未定		
142	赭红拟口蘑	*Tricholomopsis rutilans*	蘑菇目	科未定	无危（LC）	
143	长条纹光柄菇	*Pluteus longistriatus*	蘑菇目	光柄菇科	无危（LC）	
144	鳞皮假脐菇	*Tubaria furfuracea*	蘑菇目	假脐菇科	数据缺乏（DD）	
145	果生炭角菌	*Xylaria carpophila*	炭角菌目	炭角菌科	无危（LC）	
146	绒座炭角菌	*Xylaria filiformis*	炭角菌目	炭角菌科	无危（LC）	
147	痂状炭角菌	*Xylaria escharoidea*	炭角菌目	炭角菌科	数据缺乏（DD）	
148	枫果炭角菌	*Xylaria liquidambaris*	炭角菌目	炭角菌科	数据缺乏（DD）	
149	炭角菌属待拟	*Xylaria termiticola*	炭角菌目	炭角菌科		

附图 1 庆元县生态系统类型

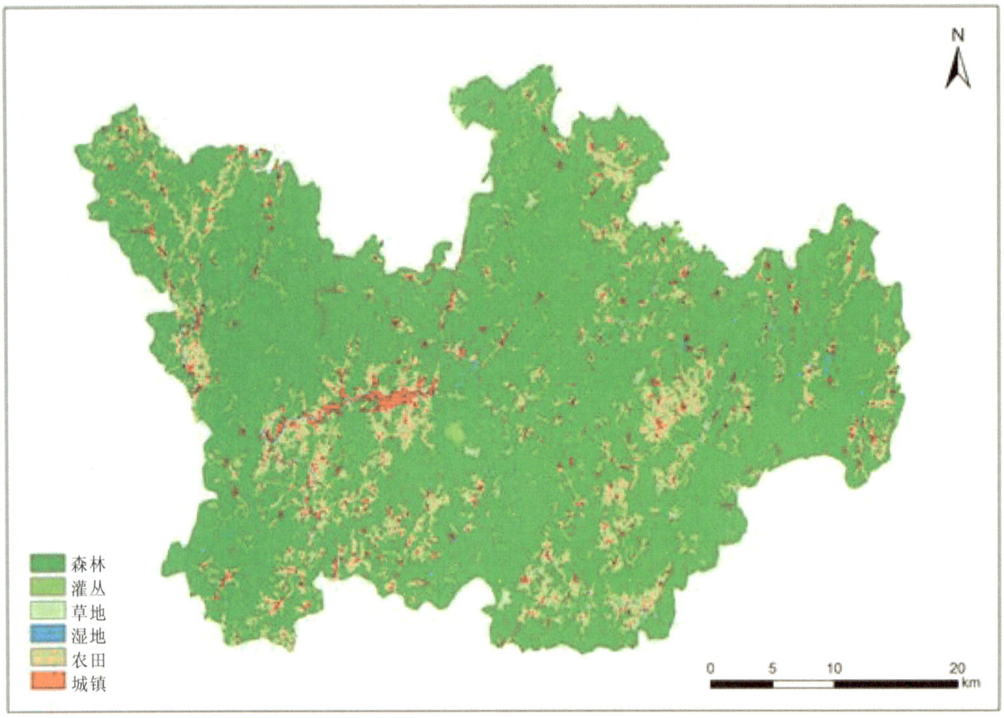

2010 年一级生态系统

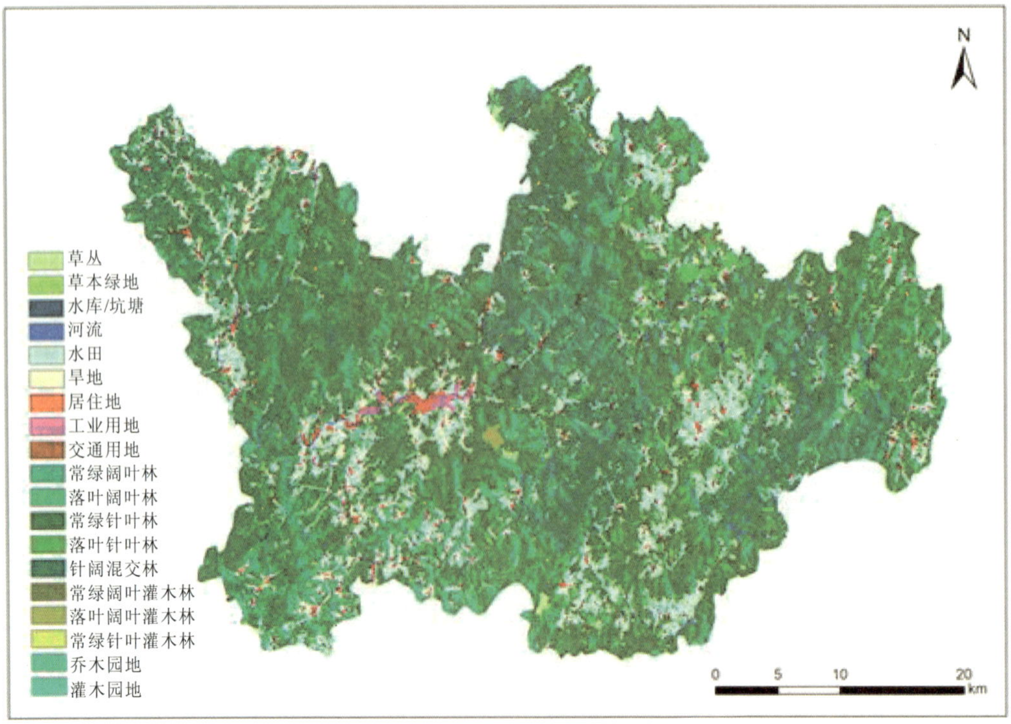

2010 年三级生态系统

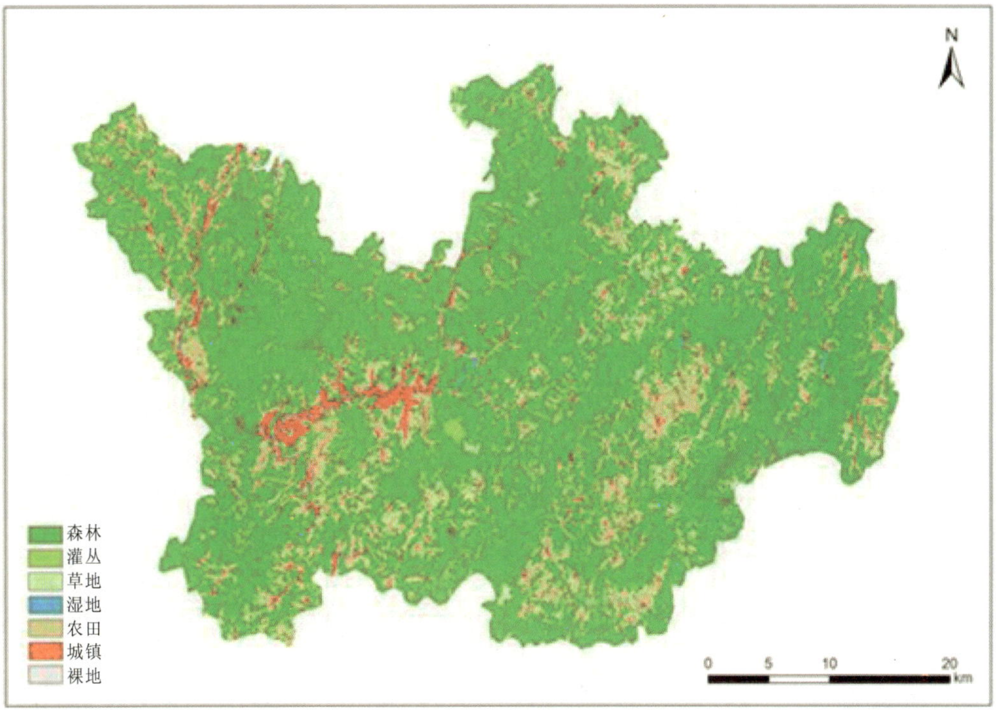

2019 年一级生态系统

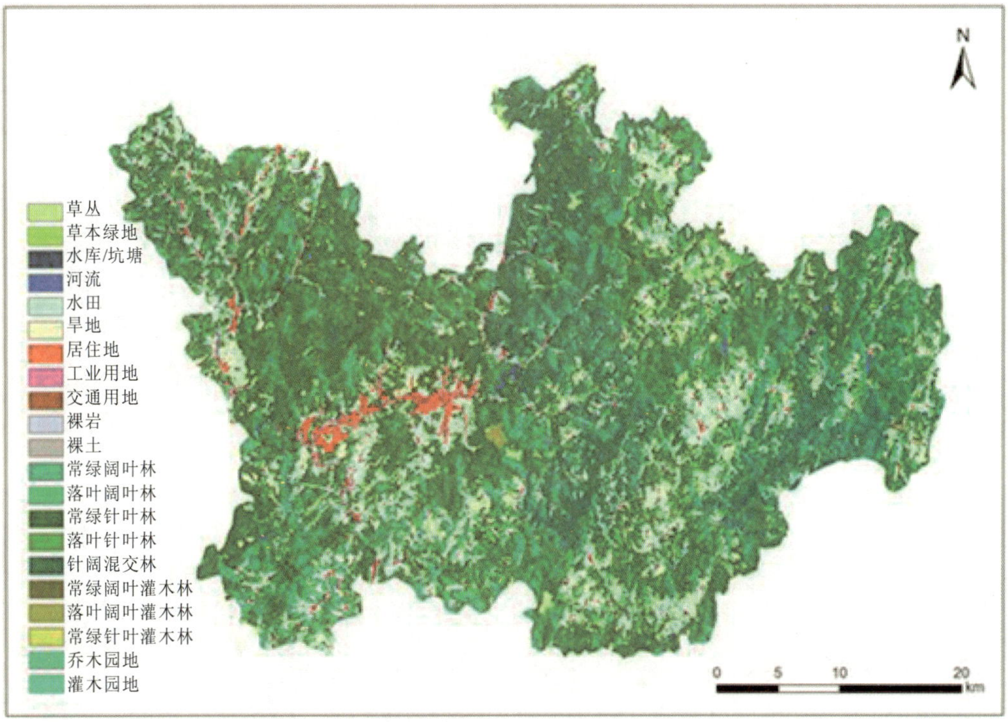

2019 年三级生态系统

附图 2　庆元县高等植物

百山祖冷杉

莼菜

东方古柯

福建柏

猴欢喜

华重楼

三腺金丝桃

鹿角杜鹃

球果假沙晶兰

山矾

蛇足石杉

台湾独蒜兰

卫矛

乌蕨

五岭龙胆

小叶猕猴桃

金钱松

金荞麦

银钟花

迎春樱桃

油桐

附图 3 庆元县哺乳动物

藏酋猴

猕猴

果子狸

黑麂

中华鬣羚

小麂

鼬獾

野猪

豹猫

附图 4 庆元县鸟类

白颈长尾雉

草鸮

雕鸮

凤头鹰

褐林鸮

黑翅鸢

红头咬鹃

黄腹角雉

林雕

领角鸮

领鸺鹠

勺鸡

蛇雕

鹰雕

鸳鸯

附图 5　庆元县两栖动物

秉志肥螈

中国大鲵

福建掌突蟾

淡肩角蟾

百山祖角蟾

北仑姬蛙

中国雨蛙

三港雨蛙

中华蟾蜍

川村陆蛙

虎纹蛙

福建大头蛙

小棘蛙

九龙棘蛙

武夷湍蛙

附图6　庆元县爬行动物

铅山壁虎

多疣壁虎

蓝尾石龙子

中国石龙子

铜蜓蜥

北草蜥

崇安草蜥

福建竹叶青

原矛头蝮

尖吻蝮

挂墩后棱蛇

紫灰锦蛇

灰腹绿锦蛇

玉斑锦蛇

附图 7　庆元县陆生昆虫

菜粉蝶

波蚬蝶

稻纵卷叶螟

二尾蛱蝶

黑紫蛱蝶

蓝凤蝶

金斑喙凤蝶

曲纹蜘蛱蝶

长尾大蚕蛾

离斑虎甲

透顶单脉色蟌

阳彩臂金龟

仲黑缘黄钩蛾

酢浆灰蝶

附图 8　庆元县淡水鱼类

棘颊鱲

马口鱼

斑鳜

刺鲃

长鳍马口鱼

似鮈

斑纹缨口鳅

齐氏副田中鱊

黑吻虾虎鱼

拟腹吸鳅

原缨口鳅

子陵吻虾虎鱼

附图 9　庆元县大型真菌

新种 丽水丽丝盖伞

果生炭角菌

叶状耳盘菌

鳞皮假脐菇

舟湿伞

血红密孔菌

红蜡蘑

脆珊瑚菌

黑柄四角孢

纤细乳菇

乳白蛋巢菌

彩丽小菇

齿缘靴耳

后　记

本书的出版得到了生态环境部生物多样性保护重大工程、丽水市生物多样性本底调查（一期）、浙江省瓯江源头区域山水林田湖草沙一体化保护修复工程子项目——丽水市生物多样性保护项目的支持。

参与本书撰写的主要人员分工如下：全书组织、结构和内容审定由雷金松、陈灵敏和刘春龙完成，第一章由李一娇、林德新、吴有富、胡建强完成，第二章由崔鹏、刘春龙、吴翼、王艺霏完成，第三章由吴翼、葛晓敏完成，第四章由郑笑、周旭、陈水飞、丁晖完成，第五章由张文文、雍凡、赵圣军、高朔、黄兆南、马号号、崔鹏、吴军完成，第六章由张彦静、马方舟完成，第七章由朱滨清、王乐、齐鑫、吴军完成，第八章由胡亚萍、盖宇鹏、娜琴完成。

值此出版之际，感谢生态环境部自然生态保护司、浙江省生态环境厅对丽水市生物多样性保护工作给予的关心和指导。在本书编写过程中难免存在一些不足和谬误，有待今后深入研究并不断完善。